Heinrich Hemme
Das große Buch der Paradoxien

Heinrich Hemme

Das große Buch der Paradoxien

Anaconda

Die Deutsche Nationalbibliothek verzeichnet diese Publikation
in der Deutschen Nationalbibliografie; detaillierte bibliografische Daten
sind im Internet unter http://dnb.d-nb.de abrufbar.

© 2018 Anaconda Verlag GmbH, Köln
Alle Rechte vorbehalten.
Umschlagmotiv: »Optische Täuschung«, picture-alliance, Frankfurt am Main
(© blickwinkel)
Umschlaggestaltung: total italic (Thierry Wijnberg), Amsterdam/Berlin
Satz und Layout: Andreas Paqué, www.paque.de
Printed in Slovakia 2018
ISBN 978-3-7306-0569-1
www.anacondaverlag.de
info@anacondaverlag.de

Inhalt

0	Einleitung	7
1	Paradoxien der Antike	10
2	Das Barbier-Paradoxon	34
3	Die unerwartete Hinrichtung	40
4	Hempels Raben	47
5	Paradoxien der Wahrscheinlichkeit	56
6	Pascals Wette	75
7	Hilberts Hotel	85
8	Unfaire Spiele	89
9	Ich sehe was, was du nicht siehst	95
10	Die Welt steht Kopf	116
11	Der verschwundene Chinese	132
12	Unmögliche Welten	158
13	Der unendliche Regress	176
14	Benfords Gesetz	190
15	Queen Pippi	194
16	Rätselhafte Erde	223
17	Palindrome	241
18	Mechanische Paradoxien	253
19	Das Möbiusband	259
20	Das Phänomen der kleinen Welt	269
∞	Ende	272
	Personenverzeichnis	273
	Register	283
	Bildnachweis	288

0 Einleitung

Unsere Welt steckt voller Paradoxien. Sie begegnen uns täglich und überall. Oft bemerken wir sie nicht einmal, und wenn sie uns auffallen, stören sie uns meist gar nicht. Manchmal amüsieren sie uns auch wie das Paradoxon in *Das Leben des Brian*. In diesem Monty-Python-Film aus dem Jahr 1979 wird der Protagonist Brian zu seinem großen Unwillen von einer wachsenden Menschenmenge für den Messias gehalten. Um sie von diesem Glauben abzubringen, hält er eine kleine Rede.

Brian: „Hört zu, ihr versteht das alles falsch. Es ist wirklich nicht nötig, dass ihr mir folgt. Es ist völlig unnötig, einem Menschen zu folgen, den ihr nicht mal kennt! Ihr müsst nur an euch selbst denken! Ihr seid doch alle Individuen."

Die Menge (einstimmig): „Ja, wir sind alle Individuen!"

Brian: „Und ihr seid alle völlig verschieden."

Die Menge (einstimmig): „Ja, wir sind alle völlig verschieden!"

Einzelne Stimme aus der Menge: „Ich nicht."

Sind Sie sich ganz sicher, dass es Sie gibt und dass Sie in diesem Augenblick in meinem Buch lesen? Denn eigentlich ist das unmöglich. Schauen Sie sich doch einmal den Kasten mit den drei Sätzen an.

> 1. Dieses Buch, das Sie gerade lesen, gibt es tatsächlich.
> 2. Sie, die dieses Buch gerade lesen, gibt es tatsächlich.
> 3. Mindestens ein Satz in diesem Kasten ist falsch.

Jeder dieser Sätze kann grundsätzlich wahr oder falsch sein, das will ich gar nicht in Abrede stellen. Ist der dritte Satz falsch, bedeutet dies, dass alle drei Sätze wahr sein müssen. Das ist aber unmöglich, da es dem dritten Satz widerspräche. Folglich ist der dritte Satz wahr und somit mindestens einer der beiden ersten Sätze falsch. Also gibt es entweder dieses Buch nicht, oder es gibt Sie selbst nicht, oder es gibt weder Sie noch das Buch. Welcher der drei Fälle zutrifft, kann ich zwar nicht entscheiden, aber in allen drei Fällen können Sie dieses Buch nicht lesen.

Ich habe das Vorwort dieses Buchs zum Schluss geschrieben. Hätte ich mit dem Vorwort angefangen, hätte ich vermutlich gar nicht weitergearbeitet, denn warum sollte ich ein nicht existierendes Buch für nicht existierende Leser schreiben? Da kann man als Autor wirklich an sich selbst zweifeln. Darum versuche ich erst einmal, die Zweifel auszuräumen. Schauen Sie sich den folgenden Kasten an.

> 1. Den Autor dieses Buches, Heinrich Hemme, gibt es gar nicht.
> 2. Beide Sätze in diesem Kasten sind falsch.

Wieder können die Sätze im Kasten grundsätzlich wahr oder falsch sein. Wenn der zweite Satz wahr wäre, wären beide Sätze falsch, also auch der zweite Satz. Das ist aber ein Widerspruch. Folglich muss der zweite Satz falsch sein, und es gibt mindestens einen wahren Satz. Dies kann nur der erste Satz sein. Also gibt es mich gar nicht. Meine Selbstzweifel sind also durchaus berechtigt gewesen.

Selbst wenn es mich nicht gibt und Sie oder dieses Buch gar nicht existieren, so möchte ich Ihnen doch ans Herz legen, mein Werk zu lesen, denn das ist besser als die ewige Glückseligkeit. Warum? Letzten Endes ist nichts besser als die ewige Glückseligkeit, und das Lesen dieses Buches ist besser als nichts. Folglich ist das Lesen dieses Buches besser als die ewige Glückseligkeit.

Umgangssprachlich nennt man alles, was sich anders verhält, als man erwartet, paradox. Dies ist zwar eine recht grobe Verallgemeinerung des wissenschaftlichen Begriffs „paradox", trifft aber seine ursprüngliche Bedeutung ziemlich gut. Denn das Wort „Paradoxon" stammt von dem altgriechischen Adjektiv παράδοξος, das „wider Erwarten" oder „gegen die gewöhnliche Meinung" bedeutet. In diesem Buch geht es natürlich auch um die Paradoxien der formalen Logik, aber vor allem um Paradoxien in der ursprünglichen Bedeutung des Wortes. Ihnen werden daher viele Paradoxien, Widersinnigkeiten, Kuriositäten, Überraschungen, Spielereien, Absurditäten und Skurrilitäten begegnen, und ich hoffe, Sie finden Gefallen daran.

In den meisten Kapiteln werden Sie eingeladen, selbst Probleme zu lösen. Natürlich verrate ich Ihnen die Lösungen dieser Aufgaben. Sie finden sie jeweils am Ende des Kapitels.

Heinrich Hemme
Aachen, Januar 2018

Bitte lesen Sie diesen Satz nicht.

1 Paradoxien der Antike

Das Lügnerparadoxon

Der Philosoph Epimenides war ein berühmter Seher und Reinigungspriester, der in Knossos auf Kreta und in Athen wirkte. Wann genau er lebte, ist nicht bekannt, wahrscheinlich irgendwann im 5., 6. oder 7. vorchristlichen Jahrhundert. Er gehörte dem enthusiastischen Kult des Zeus und der Kureten an. Über Epimenides waren bereits in der Antike viele Legenden im Umlauf. Angeblich schlief er 57 Jahre in einer Höhle auf Kreta – als Vorläufer der sieben Schläfer von Ephesus und des Rip van Winkle. Die Spartaner sollen ihn in einem Krieg gefangen genommen und hingerichtet haben, weil er ihnen nur Unheil weissagte. Er soll auch oft wiedergeboren worden sein, und ihm wurde ein biblisches Alter von 150 bis 299 Jahren nachgesagt.

Unsterblich wurde Epimenides aber erst durch einen Hexameter, der anonym in der Bibel im Brief des Apostels Paulus an Titus zitiert ist und ihm um 200 n. Chr. vom griechischen Theologen Clemens von Alexandria zugeschrieben wurde: *Einer von ihnen hat als ihr eigener Prophet gesagt: Kreter sind immer Lügner, wilde Tiere, faule Bäuche.*[1] Dass Kreter lügen, erwähnt schon zuvor das Gedicht *Ad iovem* von Kallimachos von Kyrene aus dem dritten vorchristlichen Jahrhundert, aber ohne einen Hinweis auf Epimenides. Eine deutlich ältere Variante der Behauptung findet sich schon im Alten Testament im *Buch der Psalmen*: *Ich sprach in meiner Bestürzung: Alle Menschen sind Lügner!*[2]

Der Bibelvers aus dem Paulusbrief ist die Urform des berühmten Lügnerparadoxons. Der englische Philosoph und Mathematiker Bertrand Russell hat ihn 1908 zunächst in eine griffige Kurzform gebracht: Epimenides der Kreter sagte: „Alle Kreter sind Lügner." Dann fasste er ihn noch knapper und schärfer: Ein Mann sagte: „Ich lüge gerade."[3]

Wenn man annimmt, dass entweder alle Kreter Lügner oder alle Kreter Wahrheitsager sind und ein Lügner immer lügt und ein Wahrheitsager nie lügt, dann wird der Paulusvers zum Paradoxon. Wenn die Kreter Lügner sind, erklärt sich Epimenides, der ja ebenfalls Kreter ist, durch seine eigene Behauptung zum Lügner. Folglich hat er gelogen, und alle Kreter sind

Wahrheitsager. Dann jedoch ist auch Epimenides ein Wahrheitsager und seine Behauptung, alle Kreter seien Lügner, wäre wahr. Aus diesem logischen Teufelskreis kann man sich nicht befreien.

Die griechischen Philosophen der Antike zerbrachen sich den Kopf darüber, wie es möglich sein konnte, dass eine sinnvoll erscheinende Behauptung weder wahr noch falsch sein kann, ohne sich selbst zu widersprechen.

Tatsächlich ist Epimenides' Behauptung gar kein Paradoxon, aus mehreren Gründen. Einer ist, dass man unter einem Lügner für gewöhnlich keineswegs einen Menschen versteht, der immer und unter allen Umständen die Unwahrheit sagt. Ein Lügner, der stets lügt, wäre in unserer Welt gar nicht überlebensfähig. Wollte ein solcher Lügner beispielsweise in ein Restaurant gehen, um etwas zu essen, und der Ober würde ihn fragen: „Möchten Sie etwas essen?", müsste er unwahrheitsgemäß mit „nein" antworten. Unter einem Lügner versteht man normalerweise jemanden, der mehr oder weniger häufig lügt, aber nicht immer. So kann es sein, dass tatsächlich alle Kreter einschließlich Epimenides Lügner sind, er aber gerade bei dieser Behauptung die Wahrheit gesagt hat. Andererseits ist es auch möglich, dass nur manche Kreter Lügner sind, Epimenides zu ihnen gehört und er bei seiner Behauptung gelogen hat.

Nehmen wir trotzdem an, ein Lügner würde immer und unter allen Umständen die Unwahrheit sagen, so gibt es dennoch einen Grund, warum Epimenides' Behauptung kein Paradoxon ist. Wenn alle Kreter Lügner wären, wäre der Satz aus dem Mund des Kreters Epimenides tatsächlich ein Widerspruch. Ist die Behauptung jedoch falsch, sind also nicht alle Kreter Lügner, heißt dies aber keineswegs, dass alle Kreter stets die Wahrheit sagen, sondern nur, dass mindestens ein Kreter kein Lügner ist. Ist also beispielsweise der Kreter Minos ein Wahrheitsager und Epimenides ein Lügner, stellt Epimenides' Behauptung kein Paradoxon dar.

Erst Bertrand Russells Verschärfung des Epimenidesverses wird zu einem echten Paradoxon. Ein Mann sagt: „Ich lüge gerade." Sagt der Mann die Wahrheit, so lügt er gerade und kann nicht die Wahrheit sagen. Lügt er aber, so sagt er die Wahrheit und kann nicht lügen. Wie man ihn auch dreht und wendet, der Satz ist stets widersprüchlich.

Auch diese Form des Epimenidesverses war lange vor Russells Zeiten bekannt. Vermutlich hat schon der griechische Philosoph Eubulides von Milet im 4. vorchristlichen Jahrhundert das Paradoxon in der Form „Ich lüge gerade" beschrieben. Da seine Schriften verloren gingen und es dafür nur Indizien in den Schriften späterer Autoren gibt, ist dies aber nicht ganz sicher.

Das Lügnerparadoxon benötigt einen Sprecher, der eine Aussage über sich selbst macht. Auf ihn kann man aber auch verzichten und das Paradoxon auf nur vier Wörter reduzieren: Diese Aussage ist falsch. Wenn die Aussage richtig ist, muss sie falsch sein. Ist sie aber richtig, muss sie falsch sein. Kann man diesen logischen Teufelskreis verlassen? Die Sprache selbst öffnet einem keine Hintertür, denn der Satz ist orthografisch und grammatikalisch korrekt.

Eine andere Möglichkeit wäre, Aussagen, die sich auf sich selbst beziehen, in der Logik als sinnlos zu verbieten. Doch dieses Verbot kann man leicht durch eine Zwei-Satz-Version des Lügnerparadoxons umgehen. Schauen Sie einmal die nächste Seite an und blättern dann um.

Der Satz auf der folgenden Seite ist falsch.

Der Satz auf der vorherigen Seite ist wahr.

Diese Form des Lügnerparadoxons stammt von dem englischen Mathematiker Philip Jourdain, der sie 1913 veröffentlichte. Sie ist auch unter dem Namen Kartenparadoxon bekannt.

Kein Satz bezieht sich jetzt mehr auf sich selbst, aber das Paradoxon ist noch immer da. Man kann natürlich auch wechselseitige Bezüge zweier Sätze verbieten. Aber auch das nützt noch nichts, denn was passiert bei folgenden Sätzen?

> Der nächste Satz ist wahr.
> Der nächste Satz ist wahr.
> Der nächste Satz ist wahr.
> Der nächste Satz ist wahr.
> Der nächste Satz ist wahr.
> Der nächste Satz ist wahr.
> Der nächste Satz ist wahr.
> Der nächste Satz ist wahr.
> Der nächste Satz ist wahr.
> Der nächste Satz ist wahr.
> Der erste Satz ist falsch.

Das Paradoxon ist auch bei elf Sätzen nicht verschwunden und würde nicht bei hundert oder tausend Sätzen verschwinden. Also verbieten wir in unserer Logik zudem alle Zirkelbezüge von beliebig vielen Sätzen. Doch das hilft uns ebenfalls noch nicht aus der Klemme, denn man kann auch eine unendlich lange Folge von Behauptungen bilden, die sich nicht in zirkelartiger Weise aufeinander beziehen.

> 1. Die 2. Behauptung und alle folgenden Behauptungen sind wahr.
> 2. Die 3. Behauptung und alle folgenden Behauptungen sind falsch.
> 3. Die 4. Behauptung und alle folgenden Behauptungen sind wahr.
> 4. Die 5. Behauptung und alle folgenden Behauptungen sind falsch.
> …

Jede Behauptung macht alle ihre Vorgängerinnen falsch. Das Gefüge verhält sich paradox. Um dies zu retten, müsste man in seiner Sprache jedes Satzgefüge, das Bezüge aufeinander enthält, die sich schließlich wieder auf sich selbst beziehen, als unsinnig verbieten. Ein extrem mühsames Unterfangen!

Auch der amerikanische Philosoph Stephen Yablo hat 1993 eine Variante des Lügnerparadoxons entworfen, die ohne zirkelartigen Selbstbezug auskommt.[4] Sie besteht aus einer unendlich langen Liste gleicher Sätze.

Alle folgenden Sätze sind falsch.
Alle folgenden Sätze sind falsch.
Alle folgenden Sätze sind falsch.
Alle folgenden Sätze sind falsch.
…

Man kann das Paradoxon in folgender Weise analysieren. Angenommen, der n-te Satz der Liste sei wahr. Dann bedeutet dies, alle folgenden Sätze müssen falsch sein. Zu ihnen zählt natürlich auch der (n+1)-te Satz. Dies jedoch heißt, dass mindestens einer der darauf folgenden Sätze wahr sein muss, was aber ein Widerspruch ist zu der Annahme, der n-te Satz der Liste sei wahr. Folglich muss der n-te Satz falsch sein. Da diese Überlegung für jeden Wert von n möglich ist, müssen alle Sätze wahr sein, darunter natürlich auch der erste Satz. Dies wiederum bedeutet, dass alle anderen Sätze falsch sein müssen. Yablos Liste von Sätzen verhält sich also paradox.

Ein dritter Ausweg wäre die Annahme, dass eine Behauptung nicht nur wahr oder falsch sein kann, sondern auch sowohl wahr als auch falsch oder weder wahr noch falsch. Damit hätte man das Problem vorerst vermieden, allerdings zu dem Preis der unbestimmten Aussagen. In der klassischen Logik gibt es sie nicht. Dort gilt das *tertium non datur*, das Prinzip des ausgeschlossenen Dritten. Eine Behauptung ist entweder wahr oder falsch; eine dritte Möglichkeit gibt es nicht.

Es gibt zahllose weitere Varianten des Lügnerparadoxons. Bertrand Russell soll einmal den englischen Philosophen George Edward Moore gefragt haben: „Hast du schon einmal gelogen?" Nach kurzem Nachdenken antwortete dieser: „Nein, aber dies ist die erste Lüge meines Lebens." Wenn Moore nie zuvor gelogen hätte, wäre der erste Teil seiner Antwort „Nein" wahr, was dann dem zweiten Teil seiner Antwort widerspräche. Hätte er aber bereits vorher schon gelogen, wäre der erste Teil seiner Antwort falsch, was aber auch wiederum dem zweiten Teil seiner Antwort widerspräche.

Der irische Schriftsteller Lord Dunsany erzählt in seiner Kurzgeschichte *Unter Eid* aus dem Jahr 1952 von einem Mann, der ihm schwor, dass die Geschichte, die er ihm erzählen wolle, ganz der Wahrheit entspreche.[5] Er habe, so erzählte der Mann, einen Pakt mit dem Teufel geschlossen. Dem Mann, der zuvor der schlechteste Spieler in seinem Golfclub war, hatte der Teufel die Fähigkeit verliehen, jedes Loch mit nur einem Schlag zu treffen. Den anderen Clubmitgliedern kam diese plötzliche Leistungssteigerung suspekt vor. Sie glaubten, der Mann betrüge beim Spiel, und schlossen ihn aus dem Club aus. Die Erzählung endet damit, dass Dunsany den Mann fragt, was der Teufel als Gegenleistung von ihm erhalten habe. „Er hat mir die Fähigkeit genommen, jemals wieder die Wahrheit zu sagen", antwortete der Mann.

Falls die Geschichte stimmt, die der Mann erzählt, kann sie nicht stimmen, weil der Teufel ihm dann die Fähigkeit genommen hätte, die Wahrheit zu sagen.

Pinocchio, die zum Leben erwachte Holzpuppe aus Carlo Collodis Kinderbuch *Abenteuer des Pinocchio* von 1883, hat eine Nase, die stets beträchtlich wächst, wenn er gerade lügt.[6] Stellen Sie sich vor, Pinocchio würde sagen: „Meine Nase wächst gerade." Hätte Pinocchio die Wahrheit gesagt und die Nase würde tatsächlich wachsen, müsste er gelogen haben. Hätte Pinocchio jedoch gelogen und die Nase würde nicht wachsen, müsste er die Wahrheit gesagt haben.

Bekanntlich hat jede Regel eine Ausnahme. Wenn dieser Satz auch eine Regel ist, gibt es Probleme, denn dann muss sie eine Ausnahme haben. Wenn sie aber eine Ausnahme hat, muss es eine Regel geben, die keine Ausnahme hat. Und wir sind in einem Teufelskreis angekommen, den wir nicht wieder verlassen können.

Pinocchios Nase wächst, wenn er lügt.

Der amerikanische Mathematiker und Logiker Haskell Brooks Curry veröffentlichte 1942 einen selbstbezüglichen Satz, mit dem er die Gültigkeit jeder beliebigen Behauptung beweisen konnte.[7] In einer etwas anderen und leicht skurrilen Formulierung lautet er:

> Wenn dieser Satz wahr ist, besteht der Mond aus grünem Käse.

Lösen wir uns von der konkreten Aussage des Satzes und nennen den gesamten Satz S und die Behauptung in seinem zweiten Teil A. Nun kann man schreiben:

> Wenn S gilt, dann gilt A.

Dabei sollte man sich vor Augen halten, dass S = „Wenn S gilt, dann gilt A" ist. Da A eine völlig beliebige Aussage ist, kann man für A auch den Spezialfall A = S wählen.

Wenn S gilt, dann gilt S.

Dieser Satz ist selbstverständlich wahr. Nun kann man für den zweiten Halbsatz des Spezialfalls wieder den ursprünglichen Satz einsetzen:

Wenn S gilt, dann gilt „Wenn S gilt, dann gilt A".

Da wir an dem Satz eigentlich nichts verändert haben, muss er immer noch wahr sein. Nun kann man aber eine wiederholte Bedingung einfach weglassen, ohne dass sich der Sinn und Wahrheitsgehalt dadurch ändern. Was bleibt, ist:

Wenn S gilt, dann gilt A.

Das ist genau der Satz S, und er muss wahr sein. Damit gilt die Prämisse von S, und man kann A folgern. Mit einer skurrilen Behauptung, deren Wahrheitsgehalt unklar ist, ist jede beliebige Aussage beweisbar, auch wenn sie noch so absurd ist. Das Paradoxon entsteht durch einen Selbstbezug, der zwar formulierbar, aber nicht gültig ist.

1929 malte der belgische Surrealist René Magritte sein berühmtes Bild *La trahison des images* (Der Verrat der Bilder). Es hängt im Los Angeles County Museum of Art und zeigt eine Pfeife, unter der der Satz *Ceci n'est pas une pipe* (Dies ist keine Pfeife) zu lesen ist.

Ceci n'est pas une pipe von René Magritte (1929).

Auf den ersten Blick wirkt das Bild widersprüchlich, denn eine Pfeife soll keine Pfeife sein? Schaut man genauer hin, löst sich dieser Widerspruch schnell auf. Zu sehen ist das Bild einer Pfeife, und das Bild einer Pfeife ist, auch wenn es noch so realistisch gemalt ist, keine Pfeife, die man stopfen und rauchen kann.

35 Jahre später variierte Magritte das Thema. Er malte das Bild eines Apfels und schrieb darunter „Ceci n'est pas une pomme" (Dies ist kein Apfel). 2007 griff der deutsche Zeichner Matthias Schwoerer Magrittes Idee auf und zeichnete ein Bild einer Margerite, unter die er schrieb: „Ceci n'est pas une magritte" (Dies ist keine Margerite). Sein Werk *Die Rache der Pfeife* hat eine Bedeutungsebene mehr als Magrittes Pfeife und Apfel. Es sagt zudem, dass das Bild nicht von Magritte stammt.

Die Rache der Pfeife von Matthias Schwoerer

Der Wettlauf mit der Schildkröte

In Elea, einer von den Griechen gegründeten Stadt im Süden Italiens, lebte um 500 v. Chr. Parmenides, einer der bedeutendsten griechischen Philosophen. Er gilt als der erste Logiker der griechischen Wissenschaft. Parmenides lehrte, dass die Welt vollendet und unveränderlich und jede Änderung nur scheinbar sei.

Auch der Philosoph Zenon lebte im 5. vorchristlichen Jahrhundert in Elea. Vermutlich war er ein Schüler von Parmenides, auch wenn sich dies nicht nachweisen lässt. Zenon sah seine Mission darin, die Lehre des Parmenides gegen kritische Einwände zu verteidigen. Dabei gelang ihm eine überaus scharfsinnige Kunst der Beweisführung, weshalb ihn der Philosoph Aristoteles als Erfinder der Dialektik, der Kunst des Argumentierens, bezeichnete.

Zenon grübelte über die Probleme des Kontinuums und den Zusammenhang mit Raum, Zeit und Bewegung. Seine Überlegungen fasste er, wie Proklos im 5. Jahrhundert n. Chr. berichtete, in mehr als vierzig Trugschlüssen zusammen, von denen zehn die Reise von der Antike bis in den Gegenwart überstanden haben. Am bekanntesten ist das Paradoxon von Achilles und der Schildkröte.

Achilles war der größte Held der Griechen im Trojanischen Krieg. Zenon erzählt, Achilles sei eines Tages zu einem Wettrennen gegen eine

Achilles und Ajax beim Brettspiel. Amphore des Töpfers und Vasenmalers Exekias, etwa 520–530 v. Chr.

Schildkröte angetreten. Großzügig gibt dieser der Schildkröte zehn Schritte Vorsprung. Bevor Achilles die Schildkröte überholen kann, muss er zuerst ihren Vorsprung aufholen. In der Zeit, die er dafür benötigt, hat die Schildkröte aber einen neuen, wenn auch kleineren Vorsprung gewonnen, den Achilles ebenfalls erst aufholen muss. Ist ihm auch das gelungen, hat die Schildkröte wiederum einen, wenn auch noch kleineren, Vorsprung gewonnen, und so geht das immer weiter. Zenon sagt nun, der Vorsprung, den die Schildkröte hat, werde zwar immer kleiner, bleibe aber immer ein Vorsprung, sodass Achilles sich der Schildkröte zwar immer weiter nähere, sie aber niemals einholen und somit auch nicht überholen könne.

Wir wissen alle, dass Achilles die Schildkröte überholen und den Wettkampf gewinnen wird, und natürlich hat auch Zenon dies gewusst. Aber darum wird es ihm gar nicht gegangen sein. Er wollte vermutlich zeigen, dass die philosophischen Begriffe und Methoden der Parmenides-Kritiker falsch und Parmenides' Ideen von der Unveränderlichkeit der Welt richtig sind.

Was ist in Zenons Argumentation denn nun falsch? Er machte zwei Fehler. Zum einen bedachte er nicht, dass eine unendliche Reihe durchaus eine endliche Summe haben kann.

Addiert man die Brüche beginnend mit ½, bei denen der Nenner jedes Bruches doppelt so groß ist wie der seines Vorgängers, hat man zwar unendlich viele Summanden, aber kein unendlich großes Ergebnis. Im Gegenteil: Die Summe ist sogar recht klein, denn sie beträgt nur 1.

$$\frac{1}{2}+\frac{1}{4}+\frac{1}{8}+\frac{1}{16}+\frac{1}{32}+\cdots = 1$$

Dass dies so sein muss, lässt sich leicht geometrisch zeigen. Teilt man ein Quadrat mit der Seitenlänge 1 in der Mitte der Länge nach durch, erhält man zwei Rechtecke mit dem Flächeninhalt ½. Das rechte Rechteck wird nun in der Mitte der Breite nach halbiert und ergibt zwei Rechtecke mit der Fläche ¼. Das Rechteck ganz rechts wird wieder halbiert und ergibt zwei Rechtecke der Größe ⅛. So geht das immer weiter, und man kann sich leicht vorstellen, dass nach unendlich vielen Schritten das komplette Quadrat mit unendlich vielen immer schmaler werdenden Rechtecken gefüllt ist.

Ein Quadrat aus unendlich vielen immer schmaler werdenden Rechtecken.

Eine hübsche Variante dieser Quadratteilung sind die Papierformate, die in Deutschland nach DIN 476 normiert sind und von den meisten Ländern der Welt in sehr ähnlicher Form übernommen wurden.

Das Grundmaß aller Papierformate ist ein rechteckiger Bogen von einem Quadratmeter Größe, dessen Seitenlängen im Verhältnis $1:\sqrt{2}$ zueinander stehen. Sein Format wird als A0 bezeichnet. Halbiert man einen A0-Bogen parallel zu seinen kurzen Seiten, erhält man zwei A1-Bögen. Auch die Seiten des A1-Bogens stehen wieder im Verhältnis $1:\sqrt{2}$ zueinander. Dass das Seitenverhältnis genau $1:\sqrt{2}$ ist, hat einen guten Grund: Nur dann bleibt bei der Halbierung eines Bogens das Seitenverhältnis erhalten. Durch weitere Halbierungen erhält man die anderen A-Formate. Einen A0-Bogen kann man also so zerschneiden, dass man je ein Blatt aller anderen Formate von A1 bis A∞ erhält.

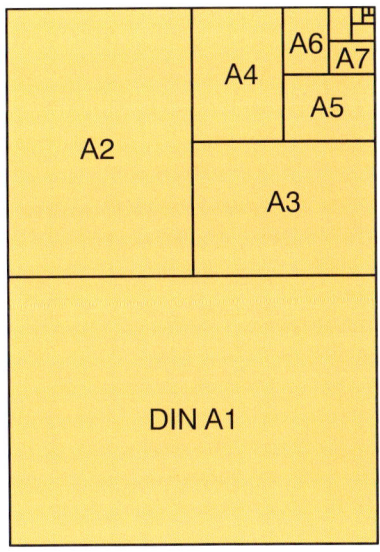

Unterteilung eines DIN-A0-Bogens in ein A1-Blatt, ein A2-Blatt, ein A3-Blatt usw.

Der britische Philosoph James F. Thomson entdeckte 1954 eine neue Facette von Zenons Paradoxon, die er als Lampenparadoxon formulierte.[8] Eine Lampe kann mit einem Schalter ein- und ausgeschaltet werden. Baldur, der Gott des Lichts, für den Zeit und Geschwindigkeit keine Hexerei sind, schaltet die Lampe genau um Mitternacht ein und nach genau einer Stunde wieder aus. Eine halbe Stunde später schaltet er sie wieder an und dann eine Viertelstunde später wieder aus. So schaltet er nun ständig die Lampe an und aus und halbiert jedes Mal die Zeit zwischen den Schaltvorgängen. Diese unendlich häufige Schalterei ist um genau 2 Uhr zu Ende. Brennt dann die Lampe oder brennt sie nicht?

00:00:00 Uhr – 01:00:00 Uhr	an
01:00:00 Uhr – 01:30:00 Uhr	aus
01:30:00 Uhr – 01:45:00 Uhr	an
01:45:00 Uhr – 01:52:30 Uhr	aus
01:52:30 Uhr – 01:56:15 Uhr	an
⋮ ⋮	⋮
??:??:?? Uhr – 02:00:00 Uhr	?

Es ist unmöglich, diese Frage zu beantworten. Die Lampe kann um 2 Uhr nicht brennen, denn jedes Mal, wenn Baldur die Lampe einschaltet, schaltet er sie auch einige Zeit später wieder aus. Die Lampe kann aber auch nicht ausgeschaltet sein, denn die erste Stunde brennt sie, und jedes Mal, wenn Baldur danach die Lampe ausschaltet, schaltet er sie auch einige Zeit später wieder an. Sie kann also um 2 Uhr weder ein- noch ausgeschaltet sein, was aber widersprüchlich ist, da die Lampe eines von beiden sein muss.

Aufgabe 1:
Eine über hundert Jahre alte Denksportaufgabe wirft das gleiche Problem auf. Ein Jäger geht nach der Jagd mit seinem Hund nach Hause. Er ist noch zehn Kilometer von seinem Heim entfernt und marschiert mit einer Geschwindigkeit von fünf Kilometern pro Stunde. Sein Hund ist dreimal so schnell wie er und läuft schon zum Haus vor. Dort macht er kehrt und rennt zu seinem Herrn zurück. Wieder beim Jäger angekommen, wiederholt er das Spiel, und das so oft, bis beide, Herr und Hund, zu Hause sind. Der französische Politiker und Mathematiker Charles-Ange Laisant fragt 1906 in einem Buch seine Leser: Wie viele Kilometer ist der Hund gelaufen?[9]

An das interessantere Problem dieses Rätsels hatte Laisant offenbar gar nicht gedacht: In welche Richtung läuft der Hund, wenn der Jäger zu Hause eintrifft? Das Problem ist das gleiche wie bei Thompsons Lampenparadoxon: Die Frage lässt sich prinzipiell nicht beantworten.

Kehren wir zurück in die Antike. Zenons Trugschluss beruht noch auf einem zweiten Fehler. Achilles' Weg vom Startpunkt bis zu dem Punkt, an dem er die Schildkröte einholt, kann beliebig oft, sogar unendlich oft in Vorsprünge der Schildkröte unterteilt werden. Daraus folgt jedoch keineswegs, dass die zu durchlaufende Strecke unendlich lang wäre oder dass unendlich viel Zeit benötigt würde, sie zurückzulegen.

Mit ein wenig Mathematik und Physik ist es nicht schwer, auszurechnen, wann und wo Achilles die Schildkröte bei dem Wettlauf überholt. Wenn Achilles versucht, die Schildkröte mit der Geschwindigkeit v einzuholen, und diese mit der Geschwindigkeit u vor ihm wegläuft, schrumpft der Abstand zwischen den beiden mit der Geschwindigkeit $v - u$. Hat Achilles der Schildkröte einen Vorsprung der Länge a gegeben, hat er sie nach der Zeit $t = a/(v - u)$ eingeholt. In der Zeit ist er eine Strecke der Länge $s = vt = va/(v - u) = a/(1 - u/v)$ gerannt. Ist der Vorsprung beispielsweise 90 Meter lang und rennt Achilles zehnmal so schnell wie die Schildkröte, ist also $u/v = 1/10$, so hat Achilles die Schildkröte nach 100 Metern eingeholt.

Eng verwandt mit dem Paradoxon von Achilles und der Schildkröte ist Zenons Teilungsparadoxon. Ein Läufer will die Strecke einer bestimmten Länge rennen. Dazu muss er zunächst die Hälfte dieser Strecke zurücklegen. Um dies zu erreichen, muss er zuerst die Hälfte der Hälfte, also ein Viertel der Gesamtlänge hinter sich bringen. Mit diesem Verfahren zerteilt man die Strecke in unendlich viele Teilstrecken, deren jeweilige Überwindung eine positive, endliche Zeit beansprucht. Infolgedessen muss der Läufer eine unendlich lange Zeit rennen, um die Gesamtstrecke zurückzulegen. Natürlich ist auch hier wieder der Denkfehler, dass eine unendliche Reihe durchaus eine endliche Summe haben kann.

Aufgabe 2:
In ein gleichschenkliges Dreieck mit der Schenkellänge 13 und der Grundseitenlänge 10 ist der Inkreis eingezeichnet und eine unendliche Folge weiterer Kreise, die jeweils die beiden gleichen Schenkel des Dreiecks und den nächstgrößeren und nächstkleineren Kreis berühren. Wie groß ist die Summe der Umfänge aller Kreise?[10]

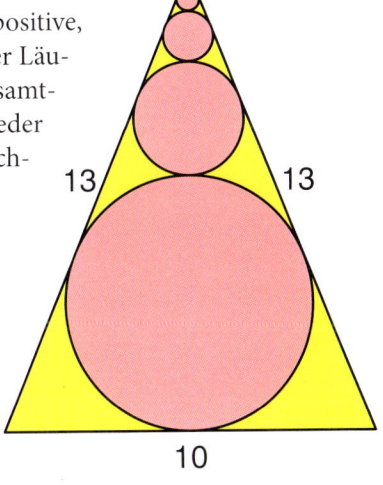

Ein gleichschenkliges Dreieck mit unendlich vielen Kreisen.

Aufgabe 3:
$$\left(\frac{1}{4}\right)^1 + \left(\frac{1}{4}\right)^2 + \left(\frac{1}{4}\right)^3 + \left(\frac{1}{4}\right)^4 + \left(\frac{1}{4}\right)^5 + \left(\frac{1}{4}\right)^6 + \cdots$$

Wie groß ist die Summe dieser unendlichen Reihe?

Aufgabe 4:

$$\frac{1}{1} + \frac{1}{2} + \frac{1}{3} + \frac{1}{4} + \frac{1}{5} + \frac{1}{6} + \cdots$$

Diese unendlich lange Reihe von Brüchen heißt in der Mathematik harmonische Reihe. Wie groß ist ihre Summe?

Die Treppe aus Dominosteinen.

Aufgabe 5:
Stapelt man an einer Tischkante Dominostein auf Dominostein und verrückt die Steine dann alle etwas gegeneinander, entsteht eine Dominotreppe, die über den Rand des Tisches ins Freie ragt. Angenommen, die Steine sind vier Zentimeter lang, zwei Zentimeter breit und fünf Millimeter dick, und es stehen beliebig viele Steine zur Verfügung: Wie viele Zentimeter kann das äußerste obere Ende über die Tischkante ragen, ohne dass die Treppe umkippt?[11, 12]

Die Ruhe im Flug

Bei seinem dritten Paradoxon dachte Zenon über die Wirklichkeit von Bewegung nach. Er stellte fest, dass ein fliegender Pfeil in jedem Moment seines Fluges einen bestimmten, exakt umrissenen Ort einnimmt. An einem exakt umrissenen Ort befindet sich der Pfeil aber in Ruhe, denn an genau einem Ort kann er sich ja nicht bewegen, dazu bräuchte er mehr Platz. Da sich der Pfeil in jedem Moment also in Ruhe befindet, müsste er folglich ständig ruhen. Dennoch weiß jeder, dass der Pfeil fliegt.

Die klassische Physik beantwortet die Frage nach der Möglichkeit von Bewegung mit dem Konzept des unendlich Kleinen oder, anders gesagt, mit dem mathematischen Begriff des Grenzwertes. Obwohl bereits Archimedes im 3. vorchristlichen Jahrhundert mit diesem Konzept spielte, wurde es erst über zwei Jahrtausende nach Zenon im 17. Jahrhundert vom Engländer Isaac Newton und dem Deutschen Gottfried Wilhelm Leibniz unabhängig voneinander ausgearbeitet. Zu jedem Zeitpunkt t befindet sich der Pfeil genau an einem Ort $s(t)$ und zum nächsten Zeitpunkt t' bereits an einem anderen Ort $s(t')$. Die Geschwindigkeit

$$v(t) = \frac{s(t) - s(t')}{t - t'}$$

bleibt, falls es keine Beschleunigungen oder Abbremsungen gibt, für alle Zeiten t' gleich, also auch im Grenzfall, dass t' gegen t geht. Wenn Zenon also von einem Pfeilort $s(t')$ zu einem Zeitpunkt t' redet, hat der Pfeil auch in diesem Fall die konstante Geschwindigkeit v.

Nach den Gesetzen der Quantenmechanik ist dies jedoch physikalisch nicht richtig. Die Heisenberg'sche Unschärferelation besagt hierzu: Je genauer der Ort s des Pfeils bestimmt ist, desto unbestimmter ist seine Geschwindigkeit v und umgekehrt. Im Gegensatz zu Zenon, der ja behauptet, dass der Pfeil im Ort s ruhe, besagt die Quantenmechanik, dass der Pfeil im Punkt s überhaupt keine definierbare Geschwindigkeit hat.

1977 entdeckten die beiden Physiker E. C. George Sudarshan und Baidyanath Misra von der University of Texas in Austin einen physikalischen Effekt, den sie den Quanten-Zenon-Effekt nannten.[13] Sie stellten fest, dass, wenn man Elementarteilchen in extrem kurzen Abständen beobachtet, sie sich nicht mehr bewegen können. Dies beruht auf der Tatsache, dass in der Welt der Quanten Beobachtungen das Verhalten der beobachteten Teilchen beeinflussen. Senkt man die Frequenz, mutiert sich der Quanten-Zenon-Effekt zum Anti-Quanten-Zenon-Effekt: Das Teilchen neigt zu mehr Bewegung als vorher.

Das Paradoxon des Euathlos

Der griechische Rhetoriker Protagoras von Abdera lebte im 5. Jahrhundert v. Chr. und war ein berühmter Lehrer der Sophistik. Der römische Schriftsteller Aulus Gellius berichtet um 160 n. Chr. in seinem Werk *Attische Nächte*, dass ein gewisser Euathlos sich von Protagoras zum Rhetoriker ausbilden lassen wollte, um später als Rechtsanwalt arbeiten zu können.[14] Sie vereinbarten, dass Euathlos dafür erst bezahlen müsse, wenn er seinen ersten Gerichtsprozess gewonnen habe. Als Euathlos seine Ausbildung abgeschlossen hatte, wurde er aber nicht Rechtsanwalt, sondern wählte einen anderen Beruf. Darum führte er keine Prozesse, konnte folglich auch keine gewinnen und wollte deshalb für seine Ausbildung nicht bezahlen. Protagoras drohte ihm mit Klage und argumentierte: „Euathlos muss auf jeden Fall bezahlen: Entweder nach unserer Vereinbarung, weil er diesen Prozess gewinnt, oder weil ihn das Gericht dazu verurteilt." Euathlos, von Protagoras gut ausgebildeter Sophist, hielt dagegen: „Ich muss auf keinen Fall bezahlen, denn entweder verliere ich den Prozess, dann war meine Ausbildung schlecht und es gilt weiter die Vereinbarung, oder das Gericht entscheidet zu meinen Gunsten."

Aus Sicht der traditionellen Logik ist dieser Sophismus nur ein scheinbares Paradoxon. Euathlos besitzt hier zwei Identitäten: Zum einen ist er Anwalt in eigener Sache, zum anderen ist er Beklagter. Ob er zahlen muss oder nicht, hängt deshalb von der subjektiven Betrachtungsweise ab. Für Anhänger der Sophisten ist dieses Beispiel deshalb von wunderbarer Eleganz.

Der amerikanische Mathematiker und Logiker Raymond M. Smullyan schlug 1978 vor, das Gericht hätte das Urteil zugunsten des Schülers entscheiden sollen.[15] Euathlos müsste nichts bezahlen, aber er hätte dann seinen ersten Prozess gewonnen. Wenn der Fall abgeschlossen wäre, sollte Protagoras seinen Schüler erneut verklagen. Diesmal müsste das Gericht zugunsten von Protagoras entscheiden, denn Euathlos hatte seinen ersten Prozess schließlich schon gewonnen.

Das Schiff des Theseus

„Dies ist die Axt meines Großvaters", hört man manchmal Amerikaner sagen. „Ihr Kopf wurde zwar schon zweimal ausgetauscht und ihr Schaft dreimal, aber es ist immer noch dieselbe gute alte Axt meines Großvaters." Ist sie das?

Der Grundstein zum Berliner Stadtschloss wurde 1443 gelegt. Es diente ein halbes Jahrtausend hindurch Brandenburger Kurfürsten, preußischen Königen und deutschen Kaisern als Residenz. Im Zweiten Weltkrieg brannte es am 3. Februar 1945 nach einem schweren Luftangriff aus, und 1950 beschloss die SED, es vollständig abreißen zu lassen. Seit 2013 wird das Schloss wieder aufgebaut und soll 2019 eröffnet werden. Wird dies nun dasselbe Stadtschloss sein oder ein anderes Schloss, das dem alten nur sehr ähnlich ist? Vermutlich sind sich alle einig: Es wird nicht dasselbe Schloss sein. Was beim Berliner Stadtschloss völlig klar ist, führt bei Theseus' Schiff jedoch zu Verwirrungen.

Der griechische Schriftsteller Plutarch schrieb im ersten Jahrhundert n. Chr.: Theseus fuhr mit sieben Jünglingen und sieben Jungfrauen auf einer Galeere mit dreißig Ruderern von Athen nach Kreta, um den Minotaurus zu erschlagen. Als er wohlbehalten zurückkehrte, wurde die Galeere von den Athenern bis zur Zeit des Demetrios Phaleros aufbewahrt. Von Zeit zu Zeit entfernten sie daraus alte morsche Planken und ersetzten sie durch neue. Das Schiff wurde daher für die Philosophen zu einer ständigen Veranschaulichung zur Streitfrage der Weiterentwicklung: Die einen behaupteten, das Boot sei dasselbe geblieben, die anderen hingegen, es sei nicht mehr dasselbe.[16]

Die meisten Menschen sind sich einig, dass der Austausch nur einer Planke die Identität des Schiffes nicht verändert. Es ist noch immer dasselbe Schiff. Auch der Austausch einer zweiten und einer dritten Planke ändert daran nichts. Irgendwann ist jedoch jede Planke einmal durch eine andere ersetzt worden. Ist es dann immer noch Theseus' Schiff?

Wären die Planken des Schiffs nicht ständig ausgetauscht worden, sondern die Athener hätten aus neuen Planken später Theseus' Schiff nachgebaut, wäre niemand auf den Gedanken gekommen, von etwas anderem zu sprechen als von einer Kopie von Theseus' Schiff.

Mittelalterliche Dome werden durch Abgase und sauren Regen so stark angegriffen, dass die Steine des Mauerwerks und der Statuen zerfallen. Sie werden deshalb von den Dombauschulen nach und nach ersetzt. Irgendwann einmal sind die weltberühmten Dome nur noch Modelle im Maßstab 1:1 ihrer selbst.

Ich bin 1955 zur Welt gekommen, 1962 wurde ich eingeschult, ich habe 1987 geheiratet, und 2017 habe ich diesen Text geschrieben, den Sie gerade lesen. „Ich" ist eines der meistbenutzten Wörter der deutschen Sprache, doch was meinen wir eigentlich damit? Was veranlasst mich dazu, bei dem Säugling von 1955, dem ABC-Schützen von 1962, dem Bräutigam von 1987 und dem Autor von 2017 „ich" zu schreiben? Meine ich damit, dass es sich 1955, 1962, 1987 und 2017 um denselben Menschen gehandelt hat? Derselbe Körper dieses Menschen kann es jedenfalls nicht gewesen sein, denn wie beim Schiff des Theseus wird unser Baumaterial regelmäßig erneuert. Alte Zellen sterben ab, neue entstehen an ihrer Stelle, die genauso aussehen und dieselbe Funktion erfüllen, ganz ähnlich wie die Bretter des Schiffs.

Die gute Nachricht dabei ist, dass unser Körper dadurch kaum altert. Nach etwa sieben bis zehn Jahren sind alle alten Zellen einmal durch neue ersetzt worden. Die schlechte Nachricht allerdings ist, dass der neue Körper doch keine ganz perfekte Kopie des alten ist. Die Kopie wird von Mal zu Mal weniger gut und schließlich so schlecht, dass der Körper nicht mehr lebensfähig ist und der Mensch stirbt. Übrigens werden nicht alle Zellen des Körpers ausgetauscht, einige Nervenzellen im Gehirn bleiben stets die alten. Statistisch gesehen sind sie jedoch zu vernachlässigen. Und selbst in diesen Gehirnzellen werden die Bausteine, die organischen Moleküle, immer wieder ausgetauscht.

Eine konstante Körperlichkeit gibt es also nicht. Zudem würde sie unserem Bild vom „Ich", dem denkenden und fühlenden Wesen, das jeder von uns ist, nicht gerecht werden. Denn ohne Bewusstsein sind wir nichts als austauschbares organisches Gewebe. Das „Ich" als Person entsteht frühestens, wenn das Bewusstsein einsetzt. So wie man bei einem Hirntoten annimmt, die Person sei gestorben und dem gerade noch lebenden Körper dürfen Organe entnommen werden, ist umgekehrt bei einem Embryo im Acht-Zellen-Stadium keine Person denkbar. Das „Ich" ist zu diesem Zeitpunkt noch nicht entstanden.

Das Nachdenken über Theseus' Schiff führt zu weiteren Problemen. Theseus besitzt ein etwas älteres, aber durchaus seetaugliches Schiff. Eines Tages bringt er es in eine Werft, um es erneuern zu lassen. Er bittet den Werfteigner, die Planken gegen neue auszutauschen. Der Eigner der Werft besitzt mehrere Docks und findet es schade, die alten Planken einfach wegzuwerfen. Darum ersetzt er in einem Dock alle Planken von Theseus' Schiff durch neue und bringt die alten Planken in ein anderes Dock. Dort baut er sie in der ursprünglichen Anordnung und an ihren ursprünglichen Positionen wieder zu einem Schiff zusammen.

Nun gibt es zwei Schiffe: das Schiff, das Theseus verwendet und dessen Planken ersetzt wurden, und das Schiff des Werfteigners, das aus allen Originalteilen von Theseus' ursprünglichem Schiff gebaut wurde. Die Frage ist nun, welches der beiden Schiffe Theseus' Schiff ist. Vier verschiedene Antworten sind möglich:

1. Das Schiff aus dem ersten Dock ist Theseus' Schiff.
2. Das Schiff aus dem zweiten Dock ist Theseus' Schiff.
3. Beide Schiffe sind Theseus' Schiff.
4. Keines der Schiffe ist das Schiff des Theseus.

Für welche Antwort Sie sich entscheiden, bleibt Ihnen überlassen.

Lösungen

1. Um die Länge des Weges, den der Hund läuft, zu berechnen, braucht man nicht die einzelnen Teilstrecken zusammenzuzählen, man kann sie aus der Geschwindigkeit und der Zeit ermitteln. Der Jäger braucht für die zehn Kilometer lange Strecke zwei Stunden, genauso lange ist der Hund unterwegs. Er hat eine Geschwindigkeit von fünfzehn Kilometern pro Stunde, also legt er $2 \cdot 15 = 30$ Kilometer zurück.

2. Der Umfang eines Kreises ist das π-fache seines Durchmessers, die Summe aller Umfänge folglich das π-fache der Summe aller Durchmesser. Die Summe aller Durchmesser ist aber gleich der Dreieckshöhe, die man leicht mit dem Satz des Pythagoras zu $h = \sqrt{13^2 - 5^2} = 12$ berechnen kann. Die Summe der Umfänge ist somit $12\pi \approx 37{,}699$.

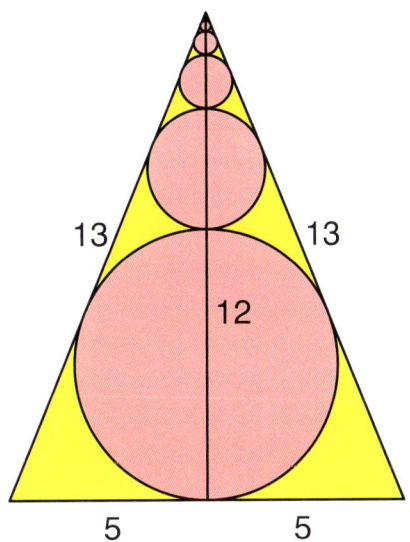

Die Höhe im gleichschenkligen Dreieck ist der Gesamtdurchmesser des Kreisstapels.

3. Das große äußere gleichseitige Dreieck hat den Flächeninhalt 1 und setzt sich aus je unendlich vielen gelben, rosa und beigen gleichseitigen Dreiecken zusammen.[17] Da es von jeder Dreiecksgröße jeweils ein Exemplar gibt, haben die gesamte gelbe, die gesamte rosa und die gesamte beige Fläche jeweils die Größe ⅓. Die Seitenlängen der drei untersten Dreiecke sind halb so lang wie die des äußeren Dreiecks und ihre Flächeninhalte betragen ¼. Von Stufe zu Stufe halbieren sich die Seitenlängen und vierteln sich die Flächen der darüber liegenden Dreiecke. Für die Gesamtfläche der gelben Dreiecke gilt somit:

Ein Dreieck aus unendlich vielen Dreiecken.

$$\left(\frac{1}{4}\right)^1 + \left(\frac{1}{4}\right)^2 + \left(\frac{1}{4}\right)^3 + \left(\frac{1}{4}\right)^4 + \left(\frac{1}{4}\right)^5 + \left(\frac{1}{4}\right)^6 + \cdots = \frac{1}{3}$$

4. Das dritte Element dieser Reihe, ⅓, ist größer als das vierte Element, ¼. Folglich sind das dritte und vierte Element zusammen größer als ½. Die nächsten vier Elemente der Reihe – ⅕, ⅙, ⅐ und ⅛ – sind alle größer oder gleich ⅛ und somit zusammen größer als ½.

$$\frac{1}{1}+\underbrace{\frac{1}{2}+\frac{1}{3}}+\underbrace{\frac{1}{4}+\frac{1}{5}+\frac{1}{6}+\frac{1}{7}+\frac{1}{8}}+\cdots$$
$$>\frac{1}{4}+\frac{1}{4} \qquad >\frac{1}{8}+\frac{1}{8}+\frac{1}{8}+\frac{1}{8}$$

Geht man nun nach diesem Schema weiter und fasst die nächsten acht, dann die nächsten 16, die nächsten 32 usw. Elemente zusammen, erhält man jedes Mal einen Wert, der größer als ½ ist. Das bedeutet, die Summe der Reihe

$$\frac{1}{1}+\frac{1}{2}+\frac{1}{2}+\frac{1}{2}+\frac{1}{2}+\frac{1}{2}+\frac{1}{2}+\cdots$$

ist kleiner als die der ursprünglichen Reihe. Da jedoch diese Reihe schon eine unendlich große Summe hat, muss die der ursprünglichen Reihe natürlich auch unendlich groß sein.[18]

5. Dominosteine haben ihren Schwerpunkt genau in der Mitte. Ein solcher Stein liegt stabil, wenn sich sein Schwerpunkt oberhalb einer festen Unterlage befindet, und er kippt, wenn der Schwerpunkt nicht mehr über der Unterlage liegt. Der Grenzfall liegt vor, wenn der Schwerpunkt sich genau über der Kante der Unterlage befindet.

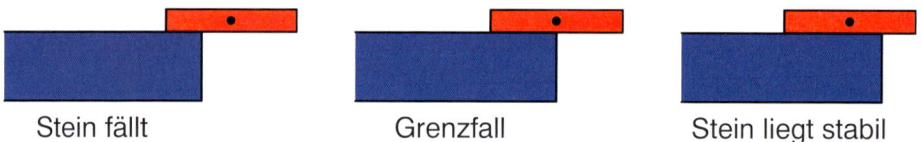

Stein fällt   Grenzfall   Stein liegt stabil

Stabilität eines Dominosteins.

Wir bauen nun die Dominotreppe von oben nach unten auf. Der oberste Stein darf im Grenzfall um eine halbe Steinlänge *l*/2 über seine Unterlage hinausragen, ohne zu fallen.

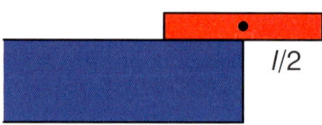

Die erste Stufe der Dominotreppe.

Ersetzt man die Unterlage durch einen zweiten Dominostein, über dessen rechter Kante dann der erste Stein um $l/2$ hinausragt, verschiebt sich der gemeinsame Schwerpunkt der beiden Steine ein Stück nach rechts. Doch wie lang ist dieses Stück? Die horizontale Komponente X_2 des gemeinsamen Schwerpunktes von zwei beliebigen Körpern ist durch die Gleichung

$$X_2 = \frac{m_1 x_1 + m_2 x_2}{m_1 + m_2}$$

gegeben, wobei m_1 und m_2 die Massen der beiden Körper und x_1 und x_2 die Abstände ihrer Schwerpunkte von einem beliebigen Bezugspunkt sind. Das Ergebnis X_2 ist vom selben Bezugspunkt aus gerechnet. Wählt man als Bezugspunkt den Schwerpunkt des ersten Steins, ist $x_1 = 0$ und $x_2 = l/2$. Die Massen beider Steine sind gleich, deshalb können wir sie beide mit m bezeichnen. Dadurch vereinfacht sich die Schwerpunktgleichung zu $X_2 = l/4$. Um diese Strecke $l/4$ kann der zweite Stein über die Tischkante hinausragen.

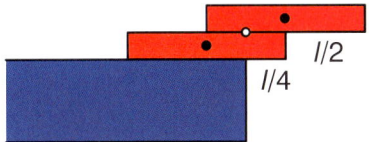

Die ersten zwei Stufen der Dominotreppe.

Mit dem dritten Stein verfährt man genauso. Er wird unter die beiden ersten Steine gelegt, und zwar gerade so, dass die rechte Kante des zweiten Steins um $l/4$ über seine rechte Kante ragt. Der gemeinsame Schwerpunkt der drei Steine verschiebt sich dadurch ein wenig nach rechts. Betrachtet man den Schwerpunkt der beiden ersten Steine als Bezugspunkt, beträgt die Verschiebung.

$$X_3 = \frac{m \cdot l/2}{3m} = \frac{l}{6}.$$

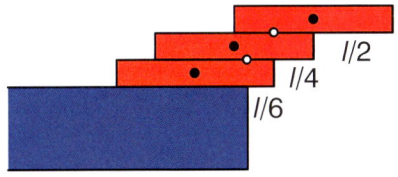

Die ersten drei Stufen der Dominotreppe.

Nach diesem Verfahren schiebt man nun Stein für Stein unter die Treppe. Der Überhang des *i*-ten Dominosteins über die rechte Kante seiner Unterlage beträgt dabei

$$X_i = \frac{1}{i} \cdot \frac{l}{2}.$$

Um den Überhang X_{ges} des obersten Steins über die Tischkante zu berechnen, müssen alle einzelnen Überhänge zusammengezählt werden.

$$X_{ges} = \left(\frac{1}{1} + \frac{1}{2} + \frac{1}{3} + \frac{1}{4} + \frac{1}{5} + \frac{1}{6} + \cdots\right)\frac{l}{2}$$

Der Klammerausdruck auf der rechten Seite der Gleichung ist die harmonische Reihe aus der vorherigen Aufgabe. Die Summe ist unendlich groß. So erstaunlich es auch sein mag: Der oberste Stein kann deshalb beliebig weit über den Rand des Tisches hinausragen. Man muss die Treppe nur hoch genug machen.

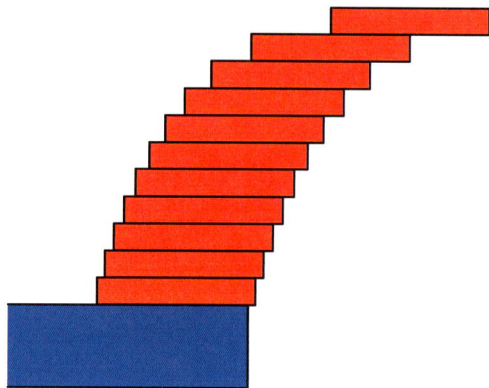

Eine Dominotreppe kann beliebig weit über die Tischkante hinausragen.

Quellen

1. Bibel, Titus 1:12.
2. Bibel, Psalmen 116:11.
3. Bertrand Russell, American Journal of Mathematics 30 (3), 1908, S. 222–262.
4. Stephen Yablo, Analysis 53, 1993, S. 251–252.
5. Lord Dunsany, Darrell Schweitzer (Hg.), The Ghosts of the Heaviside Layer, and Other Fantasms, Philadelphia 1980.
6. Carlo Collodi, Pinocchio, Köln 2011.
7. Haskell B. Curry, Journal of Symbolic Logic 7, Nr. 3, 1942, S. 115–117.
8. James F. Thomson, Analysis 15 (1), Oktober 1954, S. 1–13.
9. Charles-Ange Laisant, Initiation Mathématique, Paris 1906, S. 132–133.
10. Litton Industries, Aviation Week, Nr. 1, 1. Januar 1962.
11. J. G. Coffin, American Mathematical Monthly 30. Februar 1923, S. 76.
12. Charles W. Trigg, Pi Mu Epsilon Journal 1, April 1954, S. 411–412.
13. E. C. G. Sudarshan und B. Misra, Journal of Mathematical Physics 18, 1977, S. 756–763.
14. Georg Fritz Weiß (Hg.), Die attischen Nächte, 2 Bände, 1875–1876, Darmstadt 1981, Buch V, Kap. 10.
15. Raymond M. Smullyan, What is the Name of this Book?, Englewood Cliffs 1978, Kap. 15.
16. Plutarch, Vita Thesei 23, Übersetzung von Konrad Ziegler in: Große Griechen und Römer, Bd. 1, Zürich/Stuttgart 1954, S. 60.
17. Rick Mabry, Mathematics Magazine 72, Februar 1999, S. 63.
18. Nicole Oresme, Questiones super Geometriam Euclidis, zwischen 1340 und 1382, Paris oder Rouen.

2 Das Barbier-Paradoxon

1918 erdachte Bertrand Russell sein bekanntes Barbier-Paradoxon, das er an die berühmte Rossini-Oper *Der Barbier von Sevilla* anlehnte.[1] Der Barbier von Sevilla hat in seinem Schaufenster ein Schild hängen, auf dem zu lesen ist: Ich rasiere alle Männer dieser Stadt, die sich nicht selbst rasieren, und auch nur diese.

Rasiert sich der Barbier von Sevilla selbst oder nicht? Wenn er sich selbst rasiert, gehört er zur Gruppe der Männer, die sich selbst rasieren. Das Schild besagt aber, dass er niemanden rasiert, der sich selbst rasiert. Also kann er sich unmöglich selbst rasieren. Wenn er sich jedoch nicht selbst rasiert, so besagt das Schild, dass er sich genau dann selbst rasiert, was natürlich widersprüchlich ist.

Das Barbier-Paradoxon lässt sich in andere Geschichten kleiden. In einer darf kein Bürgermeister in der Stadt leben, deren Bürgermeister er ist, sondern alle Bürgermeister müssen in die eigens dafür eingerichtete Bürgermeister-Stadt Bümstädt ziehen. Wo nun lebt der Bürgermeister von Bümstädt?[2] Das Barbier-Paradoxon ist nur eine nette Einkleidung eines Paradoxons aus der Mengenlehre, das Russell entdeckt hat.

Die Mengenlehre befasst sich im Wesentlichen mit den Zusammenhängen zwischen zwei Begriffen: Mengen und Elemente. Die Zusammenfassung bestimmter Dinge nennt man Menge und die Dinge selbst heißen Elemente. Elemente können Gegenstände sein, aber auch Lebewesen oder Zahlen oder sogar Mengen selbst. Es gibt die Menge aller Schrauben, die Menge aller Männer in Aachen, die Menge aller Primzahlen, die Menge aller Buchstaben dieses Buches oder die Menge aller Mengen, die genau zwei Elemente enthalten.

So kann es die Menge A aller Äpfel geben, aber auch die Menge X aller Elemente, die keine Äpfel sind. Diese Menge X enthält also zum Beispiel Birnen, Gurken, Zahlen, Sterne, Buchstaben und Leser dieses Buches. Aber sie enthält auch alle nur irgend denkbaren Mengen, denn Mengen sind keine Äpfel. Selbst die Menge A aller Äpfel ist kein Apfel und somit Element der zweiten Menge. Auch die Menge X ist natürlich kein Apfel und folglich Element von sich selbst.

Betrachten wir nun die Menge Y aller Mengen, die sich nicht selbst als Element enthalten. Die Menge A aller Äpfel ist ein Element dieser Menge Y, die Menge X jedoch nicht. Ist Y nun ein Element von sich selbst? Falls man dies bejaht, bedeutet dies, dass Y sich nicht selbst enthalten kann. Falls man dies verneint, bedeutet es umgekehrt, dass Y sich selbst enthalten muss. Egal, wie man sich entscheidet, man gelangt zu einem Widerspruch. Damit hatten die Paradoxien die Logik verlassen und waren in der Mengenlehre und somit in der Mathematik angekommen.

Einer der großen Wendepunkte der Mathematik hatte seine Ursache in diesem Paradoxon. Der berühmte Logiker und Mathematiker Gottlob Frege glaubte, eine widerspruchsfreie Mengenlehre entwickelt zu haben, die als Grundlage der Arithmetik dienen sollte. 1902 hatte er gerade den zweiten Band seiner *Grundgesetze der Arithmetik* fertiggestellt, das Manuskript war bereits im Druck, als ihm Bertrand Russell in einem Brief von seinem Paradoxon berichtete.[3] Da Freges Mengenlehre die Bildung der Menge aller Mengen, die sich nicht selbst als Element enthalten, zuließ, brach sein Lebenswerk aufgrund dieser wenigen Zeilen zusammen.

Frege konnte seinem Buch nur noch ein kurzes Nachwort hinzufügen, das so begann: „Einem wissenschaftlichen Schriftsteller kann kaum etwas Unerwünschteres begegnen, als dass ihm nach Vollendung einer Arbeit eine der Grundlagen seines Baues erschüttert wird. In diese Lage wurde ich durch einen Brief des Herrn Bertrand Russell versetzt, als der Druck dieses Bandes sich seinem Ende näherte." Freges Formulierung „etwas Unerwünschteres" ist die wohl größte Untertreibung in der Geschichte der Mathematik. Frege müssen die Konsequenzen dieses Paradoxons voll bewusst gewesen sein, denn nach 1902 gab er seine Arbeit an der axiomatischen Logik auf.

Russells Brief an Frege führte schließlich zu den Arbeiten des österreichisch-amerikanischen Mathematikers Kurt Gödel, der die Grundfesten der Mathematik zutiefst erschütterte. In seinem ersten Unvollständigkeitssatz konnte er 1931 zeigen, dass es in hinreichend starken widerspruchsfreien Systemen immer unbeweisbare Aussagen gibt, und 1932 in seinem zweiten Unvollständigkeitssatz, dass hinreichend starke widerspruchsfreie Systeme ihre eigene Widerspruchsfreiheit nicht beweisen können.[4, 5]

1908 veröffentlichten die Logiker Kurt Grelling und Leonard Nelson eine Variante des Barbier-Paradoxons.[6] Sie teilten Wörter in Klassen ein, die durch Wörter beschrieben werden. Zum Beispiel bezeichnet das Wort „einsilbig" das Merkmal der Klasse aller einsilbigen Wörter. Sie zerlegten dann die Wörter in zwei Klassen, die folgendermaßen definiert sind: Ein autologisches Wort besitzt selbst das Merkmal, das es bezeichnet, ein heterologisches Wort dagegen nicht. Die Wörter „deutsch", „kurz" oder „dreisilbig" sind autologisch, denn „deutsch" ist ein deutsches Wort, „kurz" ein kurzes und „dreisilbig" ein dreisilbiges Wort. Die meisten Wörter sind aber heterologisch, zum Beispiel „englisch", „lang" und „einsilbig", denn „englisch" ist kein englisches Wort, „lang" kein langes und „einsilbig" kein einsilbiges. Es scheint, dass sich jedes Wort widerspruchsfrei in eine dieser beiden Klassen einordnen lässt, bei genauerer Betrachtung tauchen jedoch Probleme auf.

Wenn „heterologisch" ein autologisches Wort ist, beschreibt es sich selbst und wäre ein heterologisches Wort. Wenn „heterologisch" aber ein heterologisches Wort wäre, würde es sich nicht selbst beschreiben und müsste folglich ein autologisches Wort sein. Das Wort heterologisch kann man also nicht widerspruchsfrei in eine der beiden Klassen einteilen.

Auch der britisch-amerikanische Philosoph Max Black hat das Barbier-Paradoxon variiert.[7] Im vorliegenden Buch kommen sehr viele natürliche Zahlen vor, etwa als Seitenzahlen, als Geburts- und Todesjahre der zitierten Männer und Frauen, in Berechnungen oder durch indirekte Beschreibungen. Ich möchte nun Ihre Aufmerksamkeit auf die kleinste natürliche Zahl lenken, die nicht in diesem Buch erwähnt wird. Gibt es diese Zahl?

Es gibt unendlich viele natürliche Zahlen, und nur eine endliche, wenn auch recht große Anzahl davon wird in diesem Buch erwähnt. Eine dieser nicht erwähnten Zahlen muss die kleinste sein. Doch diese Zahl wird im vorigen Absatz erwähnt, denn dort steht der Satz: Ich möchte nun Ihre Aufmerksamkeit auf die kleinste natürliche Zahl lenken, die nicht in diesem Buch erwähnt wird. Das ist ein Widerspruch. Also gibt es keine kleinste natürliche Zahl, die in diesem Buch nicht erwähnt wird. Das ist aber falsch, denn man kann in einem Buch nicht jede von unendlich vielen Zahlen erwähnen.

George Godfrey Berry, Bibliothekar an der berühmten Bodleian Library in Oxford, entwarf, wie Bertrand Russell 1908 schrieb, eine weitere Variante des Barbier-Paradoxons. Dabei geht man von folgendem Ausdruck aus: Die kleinste natürliche Zahl, die nicht mit weniger als achtundzwanzig Silben definierbar ist.

Da es nur endlich viele Silben gibt, gibt es auch nur endlich viele Sätze aus achtundzwanzig Silben, und somit auch nur endlich viele natürliche Zahlen, die durch Sätze mit weniger als achtundzwanzig Silben definiert werden können. Weil es aber unendlich viele natürliche Zahlen gibt, muss es natürliche Zahlen geben, die nicht mit einem Satz von weniger als achtundzwanzig Silben definiert werden können, nämlich genau jene, die die Eigenschaft haben, nicht mit weniger als achtundzwanzig Silben definiert werden zu können. Da die natürlichen Zahlen der Größe nach geordnet sind, muss es darunter eine kleinste Zahl geben. Demzufolge gibt es eine kleinste natürliche Zahl, die nicht mit weniger als achtundzwanzig Silben definierbar ist. Dies ist die Zahl, die durch Berrys Ausdruck definiert wird.

Da der Ausdruck aber nur sechsundzwanzig Silben enthält, ist die Zahl durch weniger als achtundzwanzig Silben definiert und kann demzufolge nicht die kleinste natürliche Zahl sein, die nicht mit weniger als achtundzwanzig Silben definiert werden kann. Das ist natürlich paradox, denn einerseits muss es die Zahl geben und andererseits kann es sie nicht geben.

Berrys Ausdruck ist durch die systematische Mehrdeutigkeit des Wortes „definierbar" paradox. In anderen Formulierungen des Berry-Paradoxons, beispielsweise „nicht benennbar mit weniger als …", übernehmen andere Wörter diese systematische Mehrdeutigkeit. Formulierungen dieser Art legen den Grundstein für Teufelskreis-Irrtümer. Weitere Begriffe dieser Eigenschaft sind *erfüllbar*, *wahr*, *falsch*, *funktionieren*, *Eigenschaft*, *Klasse*, *Beziehung*, *kardinal* und *ordinal*. Um solche Paradoxien aufzulösen, muss man schauen, an welcher Stelle ein Fehler im Sprachgebrauch gemacht wurde, um dann Regeln zur Vermeidung dieses Fehlers aufzustellen.

Das Argument „Weil es aber unendlich viele natürliche Zahlen gibt, muss es natürliche Zahlen geben, die nicht mit einem Satz von weniger als achtundzwanzig Silben definiert werden können" setzt voraus, dass es eine natürliche Zahl geben muss, die mit diesem Ausdruck definiert wird, was widersinnig ist, weil die meisten Sätze mit weniger als achtundzwanzig Silben mehrdeutig sind hinsichtlich ihrer Definition einer natürlichen Zahl, wofür Berrys Sechsundzwanzig-Silben-Satz ein Beispiel ist. Dass man Sätze in eine Beziehung zu Zahlen setzen könne, ist eine Fehlannahme.

Aufgabe:
1 ist die kleinste natürliche Zahl, deren deutsches Zahlwort „eins" nur aus einer Silbe besteht. Die kleinste natürliche Zahl, deren Zahlwort auf Deutsch aus zwei Silben besteht, ist 7 = sieben. Welches ist die kleinste natürliche Zahl, deren Zahlwort auf Deutsch aus achtundzwanzig Silben besteht? Für manche Zahlen gibt es Varianten der Zahlwörter, bei dieser Aufgabe soll stets die kürzeste gewählt werden. Das bedeutet, die Silbe „und" wird nur zwischen Einer und Zehner gesetzt, nicht zwischen andere Stellen. 243 heißt also zweihundertdreiundvierzig und nicht zweihundertunddreiundvierzig. Die Vorsilbe „ein" wird am Anfang eines Zahlwortes nicht vor „hundert" und „tausend" gesetzt. 121 heißt somit hunderteinundzwanzig und nicht einhunderteinundzwanzig.

Lösungen

In der folgenden Liste ist die jeweils kleinste natürliche Zahl aufgeführt, deren deutsches Zahlwort aus genau n Silben besteht.

1 Silbe: 1 = eins
2 Silben: 7 = sie-ben
3 Silben: 101 = hun-dert-eins
4 Silben: 21 = ein-und-zwan-zig
5 Silben: 27 = sie-ben-und-zwan-zig
6 Silben: 121 = hun-dert-ein-und-zwan-zig
7 Silben: 127 = hun-dert-sie-ben-und-zwan-zig
8 Silben: 227 = zwei-hun-dert-sie-ben-und-zwan-zig
9 Silben: 727 = sie-ben-hun-dert-sie-ben-und-zwan-zig
10 Silben: 1227 = tau-send-zwei-hun-dert-sie-ben-und-zwan-zig
11 Silben: 1727 = tau-send-sie-ben-hun-dert-sie-ben-und-zwan-zig
12 Silben: 2727 = zwei-tau-send-sie-ben-hun-dert-sie-ben-und-zwan-zig
13 Silben: 7727 = sie-ben-tau-send-sie-ben-hun-dert-sie-ben-und-zwan-zig
14 Silben: 21127 = ein-und-zwan-zig-tau-send-ein-hun-dert-sie-ben-und-zwan-zig
15 Silben: 21727 = ein-und-zwan-zig-tau-send-sie-ben-hun-dert-sie-ben-und-zwan-zig
16 Silben: 27727 = sie-ben-und-zwan-zig-tau-send-sie-ben-hun-dert-sie-ben-und-zwan-zig
17 Silben: 121727 = hun-dert-ein-und-zwan-zig-tau-send-sie-ben-hun-dert-sie-ben-und-zwan-zig
18 Silben: 127727 = hun-dert-sie-ben-und-zwan-zig-tau-send-sie-ben-hun-dert-sie-ben-und-zwan-zig
19 Silben: 227727 = zwei-hun-dert-sie-ben-und-zwan-zig-tau-send-sie-ben-hun-dert-sie-ben-und-zwan-zig
20 Silben: 727727 = sie-ben-hun-dert-sie-ben-und-zwan-zig-tau-send-sie-ben-hun-dert-sie-ben-und-zwan-zig
21 Silben: 1027727 = ei-ne Mil-li-on sie-ben-und-zwan-zig-tau-send-sie-ben-hun-dert-sie-ben-und-zwan-zig
22 Silben: 1121727 = ei-ne Mil-li-on hun-dert-ein-und-zwan-zig-tau-send-sie-ben-hun-dert-sie-ben-und-zwan-zig
23 Silben: 1127727 = ei-ne Mil-li-on hun-dert-sie-ben-und-zwan-zig-tau-send-sie-ben-hun-dert-sie-ben-und-zwan-zig

24 Silben: 1227727 = ei-ne Mil-li-on zwei-hun-dert-sie-ben-und-zwan-zig-tau-send-sie-ben-hun-dert-sie-ben-und-zwan-zig
25 Silben: 1727727 = ei-ne Mil-li-on sie-ben-hun-dert-sie-ben-und-zwan-zig-tau-send-sie-ben-hun-dert-sie-ben-und-zwan-zig
26 Silben: 7727727 = sie-ben Mil-li-o-nen sie-ben-hun-dert-sie-ben-und-zwan-zig-tau-send-sie-ben-hun-dert-sie-ben-und-zwan-zig
27 Silben: 21227727 = ein-und-zwan-zig Mil-li-o-nen zwei-hun-dert-sie-ben-und-zwan-zig-tau-send-sie-ben-hun-dert-sie-ben-und-zwan-zig
28 Silben: 21727727 = ein-und-zwan-zig Mil-li-o-nen sie-ben-hun-dert-sie-ben-und-zwan-zig-tau-send-sie-ben-hun-dert-sie-ben-und-zwan-zig

Quellen

1. Bertrand Russell, *The Philosophy of Logical Atomism*, 1918, in: *The Collected Papers of Bertrand Russell*, 1914–1919, Bd. 8, S. 228.
2. Duden, Jürgen C. Hess (Redakteur), *Unnützes Sprachwissen*, Mannheim 2012.
3. Gottlob Frege, *Grundgesetze der Arithmetik*, Band I, Jena 1893, Band II, Jena 1903.
4. Kurt Gödel, *Über formal unentscheidbare Sätze der Principia Mathematica und verwandter Systeme I*, in: Monatshefte für Mathematik und Physik 38, 1931, S. 173–198.
5. Kurt Gödel, *Diskussion zur Grundlegung der Mathematik, Erkenntnis 2*, in: Monatshefte für Mathematik und Physik, 39, 1931–1932, S. 147–148.
6. Kurt Grelling und Leonard Nelson, *Bemerkungen zu den Paradoxien von Russell und Burali-Forti*, in: *Abhandlungen der Fries'schen Schule II*. Göttingen 1908, S. 301–334.
7. Max Black, *The Nature of Mathematics*, London 1933, S. 98–99.

3 Die unerwartete Hinrichtung

Die Logik kann einem böse Streiche spielen, zumal wenn sie nicht den Vorstellungen vom „gesunden Menschenverstand" entspricht. Der Physiker Albert Einstein sagte einmal: „Der gesunde Menschenverstand ist die Summe aller Vorurteile, die sich bis zum achtzehnten Lebensjahr im Bewusstsein festgesetzt haben." Der Dichter Joachim Ringelnatz hingegen machte sich 1912 in seinem Gedicht *Logik* meisterhaft über die Logik lustig.[1]

>Logik
>
>Die Nacht war kalt und sternenklar,
>Da trieb im Meer bei Norderney
>Ein Suahelischnurrbarthaar. –
>Die nächste Schiffsuhr wies auf drei.
>
>Mir scheint da mancherlei nicht klar:
>Man fragt doch, wenn man Logik hat,
>Was sucht ein Suahelihaar
>Denn nachts um drei am Kattegatt?

Warum Ringelnatz, der einige Jahre zur See gefahren ist, die Nordseeinsel Norderney ins Kattegatt, einen Meeresarm zwischen Dänemark und Schweden, verlegt hat, wird wohl auf ewig ein Geheimnis seiner Logik bleiben.

Wasons Vier-Karten-Problem

In den frühen 1960er-Jahren ersann der britische Psychologe Peter Wason für seine Studenten ein einfaches, kleines Problem, das in den folgenden Jahrzehnten weit über Fachkreise hinaus bekannt wurde.[2] Auf dem Tisch liegen nebeneinander vier Karten mit einem Buchstaben auf der einen und einer Zahl auf der anderen Seite. Zwei der Karten zeigen die Buchstaben A und B, die beiden anderen die Zahlen 2 und 3.

Wasons vier Karten mit Symbolen auf beiden Seiten.

Wason behauptete nun: „Immer wenn auf der einen Seite einer Karte ein Vokal steht, findet man auf der anderen eine gerade Zahl." Welche Karten mussten die Studenten umdrehen, um zu überprüfen, ob seine Behauptung stimmt? Obwohl die Aufgabe ganz einfach ist, löste sie nur etwa jeder Zehnte richtig. Die korrekte Antwort ist A und 3. Von den 128 Studenten, denen Wason dieses Problem zuerst stellte, gaben gerade einmal fünf die richtige Antwort. 59 Studenten wollten A und 2 wenden, 42 gaben nur A zur Antwort.

Dass die Karte mit dem A umgedreht werden musste, war fast allen klar: Hätte auf der Rückseite eine ungerade Zahl gestanden, wäre die Behauptung falsch gewesen. Die Karte mit der 2 umzudrehen, hätte aber keinerlei zusätzlichen Informationen gebracht. Hätte auf der Rückseite ein Vokal gestanden, wäre Wasons Behauptung richtig gewesen. Hätte dort aber ein Konsonant gestanden, wäre dies dennoch kein Widerspruch zu Wasons Behauptung, denn über den Fall, dass auf der einen Seite ein Konsonant steht, hat er gar nichts gesagt. Das klingt verwirrend, wird aber sofort an einem anderen Beispiel klar: Dass alle Feuerwehrautos rot sind, heißt ja auch keineswegs, dass alle roten Autos Feuerwehrautos sind.

Hingegen war zwingend, die Karte mit der 3 umzudrehen. Hätte nämlich auf der anderen Seite ein Vokal gestanden, wäre die Behauptung ebenfalls falsch gewesen. Als Wason seine Studenten von ihrem Irrtum zu überzeugen versuchte, stieß er auf Widerstand. Selbst als er sie aufforderte, die Karte mit der 3 zu wenden, und sie auf der anderen Seite ein E entdeckten, behaupteten sie, die 3 auszuwählen sei unnötig.

Wasons Experiment zeigt, dass die meisten Menschen dazu neigen, sich einmal getroffene Annahmen durch neue Informationen bestätigen zu lassen, statt dass sie versuchen, sie zu widerlegen. Wer die Karte A wendet, hat die Möglichkeit, die Behauptung zu bestätigen, wer aber die mit der 3 umdreht, kann sie höchstens widerlegen. Das Bedürfnis, lang gehegte Überzeugungen bestätigt zu sehen und sie sich nicht etwa widerlegen zu lassen, ist tief in der menschlichen Psyche verankert.

Das Paradoxon der materialen Implikation

Tautologien sind Behauptungen, die aus logischen Gründen nur wahr und niemals falsch sein können. Ein Beispiel für eine Tautologie ist der Satz „A oder nicht A", den man mit logischen Symbolen ∨ und ¬ für „oder" und „nicht" kürzer als $A \vee \neg A$ schreiben kann. Es spielt keine Rolle, für welche Behauptung A steht, der Satz ist stets richtig. Zwei Beispiele: Es regnet oder es regnet nicht. Auf dem Mars leben kleine grüne Männchen oder auf dem Mars leben keine kleinen grünen Männchen. Dass Aussagen dieser Art stets richtig sind, ist auch intuitiv völlig klar.

Andere Verknüpfungen der Aussagenlogik jedoch sind problematisch. Sie können logische Tautologien bilden, die aber der Intuition widersprechen. Ein Beispiel dafür ist die Implikation oder Wenn-Dann-Verknüpfung. Sie besagt „Wenn A, dann B" und kann mit dem logischen Symbol → für die Implikation kürzer als $A \to B$ geschrieben werden. Diese Aussage ist nach den Gesetzen der Aussagenlogik nur dann falsch, wenn A richtig und B falsch ist. In allen anderen Fällen ist die Aussage richtig. Eine Wahrheitstafel fasst alle vier möglichen Fälle zusammen.

A	B	$A \to B$
wahr	wahr	wahr
wahr	falsch	falsch
falsch	wahr	wahr
falsch	falsch	wahr

Ein konkretes Beispiel für die Implikation ist die Aussage „Wenn es regnet, wird die Straße nass". Dass die Aussage wahr ist, wenn es regnet und die Straße auch tatsächlich nass ist, und sie falsch ist, wenn es regnet und die Straße nicht nass wird, entspricht genau der Intuition. Dass die Aussage aber auch dann wahr ist, wenn ist nicht regnet, ganz egal ob die Straße nun nass wird oder nicht, widerspricht der Intuition. Diesen Bruch zwischen der Aussagenlogik und der Intuition bezeichnet man als das Paradoxon der materialen Implikation.

Die einfache Implikation ist nicht die einzige logische Verknüpfung, die zu dieser Art Paradoxon führt. Hier sind noch einige etwas komplexere Varianten:

$(\neg A \wedge B) \to B$
$A \to (B \to A)$
$\neg A \to (A \to B)$
$A \to (B \vee \neg B)$
$(A \to \neg A) \vee (\neg A \to A)$
$(A \to B) \vee (B \to A)$

Dabei steht das Symbol ∧ für die Verknüpfung „und". Dass alle diese Verknüpfungen Tautologien sind, kann man mit Wahrheitstafeln leicht überprüfen. Setzt man A = *Es regnet* und B = *Die Straße wird nass*, stellt man fest, dass sie alle Paradoxien der materialen Implikation sind.

Die erste Implikation des letzten Beispiels ist nur dann falsch, wenn A wahr und B falsch ist. In diesem Fall aber ist dann die zweite Implikation wahr und folglich die Oder-Verknüpfung der beiden Implikationen stets wahr. Der amerikanische Philosoph Charles Sanders Peirce hat dieses Beispiel im 19. Jahrhundert einmal so illustriert: „Wenn man eine Zeitung Satz für Satz zerschneidet, alle Sätze in einen Hut schüttet und zwei beliebige zufällig wieder herausholt, dann ist der erste dieser Sätze eine Folgerung des zweiten oder umgekehrt der zweite eine Folgerung des ersten." Auch an diesem Beispiel sieht man, dass die Implikation überhaupt nichts mit dem Inhalt der Aussagen zu tun hat, sondern nur mit Wahrheitswerten.

Die unerwartete Hinrichtung

Der amerikanische Philosoph und Logiker Willard Van Orman Quine, der an der Harvard-Universität lehrte, verfasste im Jahr 1953 einen Artikel, in dem er ein recht paradoxes Gerichtsurteil beschrieb.[3]

Es war Samstagmittag. Ein Mörder stand vor Gericht, und der Richter verkündete das Urteil. „Ich verurteile Sie zum Tode. Die Hinrichtung wird an einem der nächsten sieben Tage mittags um zwölf Uhr vollstreckt. Aber Sie werden nicht wissen, an welchem Tag, bis es Ihnen am Morgen des Hinrichtungstages verkündet wird." Der Richter war dafür bekannt, stets Wort zu halten.

Zurück in seiner Zelle, sprach der Verurteilte mit seinem Anwalt, und dieser sagte: „Sie haben Glück gehabt, denn das Urteil kann unmöglich vollstreckt werden." „Das verstehe ich nicht", erwiderte der Mörder. „Ich erkläre es Ihnen", sagte der Anwalt. „Am nächsten Samstag können Sie nicht hingerichtet werden, denn dies ist der letzte der sieben Tage. Wenn Sie am Freitagnachmittag noch am Leben wären, wüssten Sie bereits dann, dass Sie am Samstag hingerichtet werden. Sie wüssten es also, bevor es Ihnen am Samstagmorgen mitgeteilt würde. Das aber hat der Richter ausgeschlossen." „Stimmt", erwiderte der Verurteilte. „Da also der Samstag von vornherein ausgeschlossen ist", fuhr der Anwalt fort, „ist der letztmögliche Hinrichtungstag der Freitag. Wenn Sie nun aber am Donnerstagnachmittag noch immer leben, so wissen Sie bereits dann, dass Sie am Freitag hingerichtet werden und nicht erst am Freitagmorgen. Also werden Sie auch am Freitag nicht hingerichtet werden." Auf die gleiche Weise konnte der Anwalt seinem Mandanten beweisen, dass er auch nicht am Donnerstag, am Mittwoch, am Dienstag, am Montag und am Sonntag hingerichtet werden könne, ohne dass es den Anordnungen des Richters zuwiderliefe. Folglich könne er überhaupt nicht hingerichtet werden. Der Verurteilte war sichtlich erleichtert. Zu seiner großen Überraschung kam am Donnerstagmorgen der Henker in seine Zelle, um ihm mitzuteilen, dass er mittags hingerichtet würde.

Das Paradoxon der unerwarteten Hinrichtung hat einen doppelten Überraschungseffekt. Zunächst glaubt man, paradox an der Geschichte sei, dass ein scheinbar plausibles Urteil aus logischen Gründen nicht vollstreckt werden kann und dann wird es überraschenderweise doch vollstreckt.

Die Einkleidung des Ganzen in die Geschichte vom Richter, dem Mörder und der unerwarteten Hinrichtung ist Quines Erfindung, das Paradoxon selbst ist schon älter. Sein Erfinder ist unbekannt. Es tauchte erstmals in den frühen 1940er-Jahren in den USA auf. Ein Professor verkündete seinen Studenten, dass er an einem Tag der nächsten Woche eine Prüfung abhalten werde. Er versicherte seinen Studenten, dass es unmöglich sei, den Prüfungstag zu erschließen, bis es tatsächlich so weit sei.

Schriftlich erscheint das Paradoxon erstmals in der Juli-Ausgabe 1948 der englischen Zeitschrift *Mind*.[4] Ein Militärbefehlshaber hat für die kommende Woche eine Totalverdunkelung angekündigt, und die Betroffenen sollen erst nach sechs Uhr am entsprechenden Tag davon erfahren. Diese Variante beruht auf einem tatsächlichen Ereignis; während des Zweiten Weltkriegs kündigte der schwedische Rundfunk 1943 oder 1944 solch eine Luftschutzübung an.

Der australische Mathematiker und Philosoph Michael Scriven schrieb 1951: „Was das Paradoxon so faszinierend für mich macht, ist der Beigeschmack von Logik, die von der Wirklichkeit widerlegt wird. Die Logik vollführt verzweifelt Rituale, die bislang immer gewirkt haben, aber ab irgendeinem Punkt spielt das Monstrum Wirklichkeit nicht mehr mit und geht seinen gewohnten Gang."[5]

Da der Mörder annimmt, man könne ihn nicht hinrichten, er aber dennoch hingerichtet wird, muss in seiner Logik ein Fehler stecken. Aber wo?

Der Denkfehler des Mörders beruht darauf, überhaupt noch einen Induktionsschritt vorzunehmen, nachdem er einen Widerspruch erkannt hat. Aus etwas Falschem kann man grundsätzlich alles folgern, auch jeden beliebigen Unsinn. Beim Hinrichtungsparadoxon folgert der Mörder sein nicht zutreffendes Überleben. Wenn der Mörder am Samstagvormittag noch lebt, dann weiß er, dass von den beiden Aussagen des Richters „Die Hinrichtung wird mittags an einem der nächsten sieben Tage vollstreckt" und „Sie werden nicht wissen, an welchem Tag, bis es Ihnen am Morgen des Hinrichtungstages verkündet wird" mindestens eine falsch war. Weil er aber nicht weiß, welche von beiden Aussagen falsch war, kann er keine weiteren Schlüsse ziehen.

Natürlich kann der Gefangene den Schluss ziehen: Wenn beide Aussagen des Richters wahr sind, dann erlebe ich den Samstagabend nicht mehr.

Ein gibt noch eine zweite Lösung des Paradoxons. Am Samstagmorgen können zwei Dinge passieren. Entweder wird dem Mörder mitgeteilt, dass er mittags hingerichtet wird, oder der Richter hat gelogen. Welche der beiden Aussagen rund um das „oder" stimmt, weiß der Mörder nicht. Folglich kann ihm am Samstagmorgen überraschend mitgeteilt werden, dass er mittags hingerichtet wird. Und so natürlich erst recht am Freitag-, Donnerstag-, Mittwoch-, Dienstag-, Montag- oder Sonntagmorgen.

Angenommen, der Mörder lebt am Freitagabend noch: Könnte er mit hundertprozentiger Sicherheit voraussagen, dass er am Samstag hingerichtet wird? Das Paradoxon kommt dadurch zustande, dass diese Frage mit „ja" beantwortet wird, die richtige Antwort jedoch „nein" ist. Der Mörder geht nämlich davon aus, dass die Aussage, er werde in der nächsten Woche überraschend hingerichtet, wahr ist; wenn er aber eine unerwartete Hinrichtung voraussetzt, kann er selbst am Freitagabend nicht davon ausgehen, dass er am Samstag hingerichtet wird, da dies seiner eigenen Annahme widerspräche. Somit kann der Mörder selbst am Samstag überraschend hingerichtet werden, womit seine Argumentation widerlegt wäre.

Einen analogen Fall erhält man, wenn ein Mann zu seiner Frau sagt: „Ich schenke dir zum Geburtstag die Halskette, die du dir gewünscht hast, und mein Geschenk wird für dich eine Überraschung sein." Auf den ersten Blick kann der Mann nur eine seiner beiden Ankündigungen halten. Doch wenn die Ehefrau davon ausgeht, dass die Aussage ihres Mannes richtig ist, kann sie unmöglich vorhersagen, dass er ihr ihre Wunschkette schenken werde, denn aus der Sicht der Frau widersprechen sich die beiden Teilaussagen, was eine Voraussage unmöglich macht. Somit kann er ihr die Halskette, die sie sich gewünscht hat, als Überraschung schenken.

Der logische Fehler, der beide Fälle zu Paradoxa macht, ist die Annahme, dass aufgrund der Fakten eine eindeutige Vorhersage gemacht werden kann. Dies stimmt aus dem einfachen Grund nicht, dass beide Male die Aussage gemacht wird, eine Vorhersage sei unmöglich. Da man vom Wahrheitsgehalt dieser Aussage ausgehen muss, kann für den Mörder kein Tag ausgeschlossen werden, weil auch ein Ausschluss eine eindeutige Vorhersage ist, welche aber der Überraschungsbehauptung widerspricht und somit nicht angenommen werden kann. Anders gesagt bedeutet die Aussage „Sie werden nicht wissen, an welchem Tag Sie hingerichtet werden, bis es Ihnen am Morgen des Hinrichtungstages verkündet wird" automatisch, dass die Hinrichtung an jedem Tag der Woche stattfinden kann; deshalb kann selbst der Samstag nicht ausgeschlossen werden.

Quellen

1. Hans Bötticher, Die Schnupftabaksdose, München 1912.
2. Peter C. Wason, Quarterly Journal of Experimental Psychology 20, 1968, S. 273–281.
3. W. V. Quine, Mind 62, 1953, S. 65-66.
4. Donald J. O'Connor, Mind, New Series 57, Juli 1948, S. 358–359.
5. Michael Scriven, Mind 60, 1951, S. 403–407.

4 Hempels Raben

Schließen zwei Seiten eines Dreiecks mit den Längen a und b einen rechten Winkel ein, gilt für die Länge der dritten Seite c, dass $c^2 = a^2 + b^2$ ist. Dies ist der berühmte Satz des Pythagoras, den jeder irgendwann in der Schule lernen musste. Grafisch wird dies meist so dargestellt, dass man auf alle drei Seiten des rechtwinkligen Dreiecks ein Quadrat setzt und dass dann die Flächeninhalte der beiden kleinen Quadrate zusammen so groß sind wie der Inhalt des großen Quadrats.

Verneint man beide Aussagen, kann man umgekehrt schließen: Gilt für die Länge der dritten Seite c *nicht*, dass $c^2 = a^2 + b^2$ ist, schließen die zwei Seiten mit den Längen a und b *keinen* rechten Winkel ein.

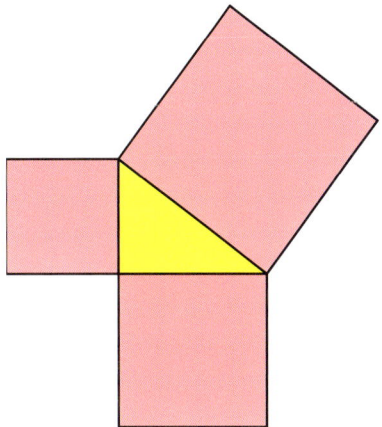

Der Satz des Pythagoras.

In der Formelsprache der Logik kann man dies deutlich knapper und übersichtlicher schreiben. Kürzt man die Aussage „Zwei Seiten eines Dreiecks mit den Längen a und b schließen einen rechten Winkel ein" mit A ab und die Aussage „Für die Länge c der dritten Seite gilt $c^2 = a^2 + b^2$" mit B, kann man den ersten Schluss schreiben als $A \rightarrow B$. Der Pfeil ist eine logische Verknüpfung der beiden Aussagen A und B und wird Implikation oder Wenn-dann-Verknüpfung genannt. Er besagt, wenn die Aussage A wahr ist, dann ist auch die Aussage B wahr. Logisch äquivalent zu $A \rightarrow B$ ist $\neg B \rightarrow \neg A$. Der Winkel $\neg$ bedeutet die Verneinung der dahinterstehenden Aussage. Dies gilt immer und ist völlig unabhängig davon, was die konkreten Bedeutungen der Aussagen A und B sind. Das kann man mithilfe von Wahrheitstafeln auch leicht beweisen.

Für die Implikation gilt:

A	B	$A \to B$
wahr	wahr	wahr
wahr	falsch	falsch
falsch	wahr	wahr
falsch	falsch	wahr

Daraus ergibt sich für $\neg B \to \neg A$:

A	B	$\neg A$	$\neg B$	$\neg B \to \neg A$
wahr	wahr	falsch	falsch	wahr
wahr	falsch	falsch	wahr	falsch
falsch	wahr	wahr	falsch	wahr
falsch	falsch	wahr	wahr	wahr

Die Aussagen $A \to B$ und $\neg B \to \neg A$ sind also tatsächlich logisch äquivalent. Ein Beispiel:

A: Es regnet.
B: Der Rasen wird nass.
$A \to B$: Wenn es regnet, dann wird der Rasen nass.
$\neg B \to \neg A$: Wenn der Rasen nicht nass wird, dann regnet es nicht.

Falls die Behauptung $A \to B$ stimmt, muss auch $\neg A \to \neg B$ richtig sein, was ohne weiteres einzusehen ist. Ein anderes Beispiel:

A: Ich besitze einen Zentner Gold.
B: Ich bin Millionär.
$A \to B$: Wenn ich einen Zentner Gold besitze, dann bin ich Millionär.
$\neg B \to \neg A$: Wenn ich nicht Millionär bin, dann besitze ich nicht einen Zentner Gold.

Nimmt man noch das Zeichen ∧ für „oder" hinzu, kann man mit den logischen Symbolen ein hübsches Rätsel formulieren.

Aufgabe 1:
$2B \land \neg 2B$
Welches weltberühmte Zitat ist hier dargestellt?

Der Philosoph Carl Gustav Hempel entwarf zwischen den beiden Weltkriegen ein verwirrendes Paradoxon über einen Vogelkundler. Es wurde 1940 von der polnischen Philosophin Janina Hosiasson-Lindenbaum erstmals veröffentlicht, die schrieb, dass es von Hempel stamme, und dann 1945 von Hempel selbst.[1, 2, 3]

Ein Ornithologe möchte die Hypothese überprüfen, dass alle Raben schwarz sind. Das übliche Verfahren dabei ist, möglichst viele Raben zu suchen und ihre Farbe zu überprüfen. Jeder gefundene schwarze Rabe bestätigt die Hypothese. Sicher sein kann sich der Vogelkundler allerdings erst, wenn er jeden Raben irgendwo auf der Welt überprüft und jedes Mal festgestellt hat, dass er tatsächlich schwarz ist. Das ist natürlich ein extrem mühsames Unterfangen und die Wahrscheinlichkeit sehr groß, dass er in irgendeinem Dschungel oder Moor einen Raben übersehen hat. Ein Beweis wird ihm also wohl kaum gelingen. Andererseits beweist ein einziger Rabe, der eine andere Farbe hat als schwarz, dass die Hypothese falsch ist. Entdeckt der Wissenschaftler auch nur einen einzigen grünen Raben, kann er seine Untersuchung sofort beenden: Die Hypothese ist dann falsch. Darüber sind sich noch alle einig.

In der formalen Sprache der Logik kann man die Hypothese, dass alle Raben schwarz seien, in zwei Teilaussagen zerlegen, die man dann miteinander verknüpft.

R: Das Ding ist ein Rabe.
S: Das Ding ist schwarz.

Wenn das Ding ein Rabe ist, dann ist das Ding schwarz.
Dies lässt sich auch als $R \to S$ schreiben. Diese Aussage ist, wie wir bereits gesehen haben, äquivalent zu $\neg S \to \neg R$. Oder: Wenn das Ding nicht schwarz ist, dann ist das Ding kein Rabe.

Mit dieser umformulierten, aber äquivalenten Aussage hat es der Wissenschaftler viel leichter, seine Hypothese zu bestätigen. Statt in dichten Dschungeln oder gefährlichen Mooren auf Rabensuche zu gehen, kann er bequem von Zuhause aus Dinge suchen, die weder schwarz noch Raben sind. So bestätigt eine weiße Taube oder ein brauner Spatz die Hypothese genauso gut wie ein schwarzer Rabe. Natürlich braucht das Ding nicht einmal ein Vogel zu sein. Auch ein grauer Esel oder ein weißes Pferd bestätigen die Hypothese. Es muss sich nicht einmal um Tiere handeln. Ein gelber Mond, eine grüne Weinflasche, ein blauer Gartenzwerg bestätigen sie genauso gut.

Der Wissenschaftler muss sich nicht einmal vom Sofa erheben, er findet in seinem Wohnzimmer unzählige Dinge, die weder schwarz noch Raben sind, und kann so seine Hypothese bestätigen, dass alle Raben schwarz sind.

Natürlich ist die Methode lächerlich. Nehmen wir einmal an, wir geben zu, dass ein blauer Gartenzwerg die Hypothese, dass alle Raben schwarz sind, ein ganz klein wenig bestätigt. Nun könnte ein anderer Wissenschaftler die Hypothese aufstellen, dass alle Raben weiß seien. Äquivalent hierzu ist die Aussage „Wenn ein Ding nicht weiß ist, dann ist das Ding kein Rabe". Ein blauer Gartenzwerg bestätigt also, dass alle Raben schwarz sind und in gleichem Maße, dass alle Raben weiß sind. Wenn man einen derart offensichtlichen Widerspruch zulässt, bestätigt ein blauer Gartenzwerg auch die Behauptung, dass alle Raben schwarz und gleichzeitig weiß sind.

Für Wissenschaftler ist Hempels Rabenparadoxon mehr als eine bloße Kuriosität. Zu jeder Hypothese existiert eine Kontraposition, und häufig ist es leichter, Bestätigungen für die Kontraposition zu finden als für die eigentliche Hypothese.

David Hume, der bedeutende schottische Philosoph der Aufklärung, behauptete im 18. Jahrhundert, dass eine endliche Anzahl von Beobachtungen, und sei sie noch so groß, keine Universalaussage stützen, geschweige denn beweisen könne. Er kam daraufhin zu dem Schluss, man könne überhaupt kein empirisches Wissen haben.

Ein mathematischer Witz macht Humes Ansicht deutlich. Ein Soziologe stellt die Hypothese auf, dass alle ungeraden Zahlen, die größer sind als 1, Primzahlen seien. Die Bestätigung seiner Hypothese erbringt er durch Überprüfen einiger kleiner ungerader Zahlen. Seine Untersuchung ergibt, dass 3, 5 und 7 tatsächlich Primzahlen sind und somit seine Hypothese hinreichend gut bestätigt ist.

Der Witz hat noch einen zweiten Teil, der zwar nichts mit Hempels Rabenparadoxon zu tun hat, Ihnen aber trotzdem nicht vorenthalten werden soll. Auch ein Ingenieur stellt die Hypothese auf, dass alle ungeraden Zahlen, die größer sind als 1, Primzahlen seien. Auch er versucht seine Hypothese durch Überprüfen einiger kleiner ungerader Zahlen zu bestätigen. Seine Prüfung ergibt folgendes Ergebnis: 3, 5, 7, 11 und 13 sind tatsächlich Primzahlen. Bei der 9 = 3 × 3 handelt es sich nur um einen Messfehler.

Diese Primzahlhypothese ist sehr leicht zu durchschauen. Bei anderen Hypothesen ist das schon sehr viel schwieriger. Der Mathematiker Leo Moser markierte um 1950 auf dem Umfang eines Kreises n Punkte und verband anschließend jeden Punkt mit jedem anderen durch eine Gerade.[4,5] Die Lage der Punkte auf dem Kreisumfang wählte er so, dass sich nirgendwo mehr als zwei Geraden in einem Punkt im Inneren des Kreises schnitten. Die Verbindungsstrecken zerlegten den Kreis in einzelne Flächen, deren Anzahl N von n abhängig war. Sie betrug für $n = 1$ bis $n = 5$:

n:	1	2	3	4	5
N:	$2^0 = 1$	$2^1 = 2$	$2^2 = 4$	$2^3 = 8$	$2^4 = 16$

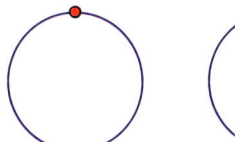 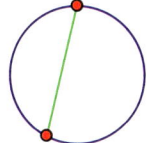 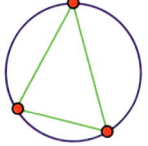 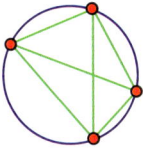 

Sehnen und Flächen im Kreis bei einem Punkt bis fünf Punkten auf dem Umfang.

Dann fragte Moser, ob allgemein für alle Werte von n das ins Auge fallende Gesetz $N(n) = 2^{n-1}$ gilt? Diese schöne und einfache Beziehung ist leider falsch. Schon bei sechs Punkten auf dem Umfang zerschneiden die Sehnen den Kreis statt in 32 nur in 31 Teile. Man kann es leicht durch Nachzählen überprüfen.

Auch für alle weiteren Werte von n ist das dazugehörige $N(n)$ immer kleiner als 2^{n-1}. Das richtige Gesetz lautet:

$$N(n) = \binom{n}{4} + \frac{1}{2}n(n-1) + 1$$

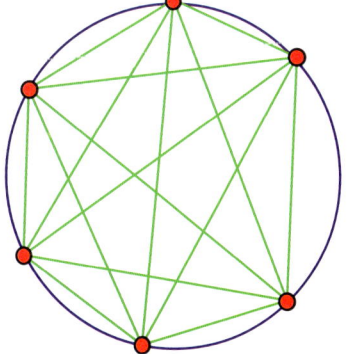

Sehnen und Flächen im Kreis bei sechs Punkten auf dem Umfang.

Eine Kuriosität am Rande ist, dass die Zahl $256 = 2^8$, die nach dem falschen Gesetz $N(n) = 2^{n-1}$ die Lösung für $n = 9$ wäre, trotzdem als Lösung auftaucht, allerdings in Wirklichkeit für $n = 10$. Man könnte versucht sein, hier einen tieferen Sinn zu erblicken, aber den gibt es nicht: Es ist reiner Zufall.

Es gilt:

$$\begin{aligned}
7013 \cdot 2^0 + 1 &= 7014 = 2 \cdot 3 \cdot 7 \cdot 167 \\
7013 \cdot 2^1 + 1 &= 14027 = 13 \cdot 13 \cdot 83 \\
7013 \cdot 2^2 + 1 &= 28053 = 3 \cdot 3 \cdot 3 \cdot 1039 \\
7013 \cdot 2^3 + 1 &= 56105 = 5 \cdot 7 \cdot 7 \cdot 229 \\
7013 \cdot 2^4 + 1 &= 112209 = 3 \cdot 113 \cdot 331 \\
7013 \cdot 2^5 + 1 &= 224417 = 17 \cdot 43 \cdot 307
\end{aligned}$$

Ist auch keine weitere Zahl der Form $7013 \cdot 2^n + 1$ mit $n = 0, 1, 2, 3, \ldots$ eine Primzahl? Der Mathematiker Wilfrid Keller hat 1983 zwar den Bereich von $n = 0$ bis $n = 24160$ untersucht und festgestellt, dass in ihm keine Primzahl auftaucht, aber ein allgemeiner Beweis ist das nicht.[6] Schon mit einem der nächsten n kann eine Primzahl entstehen. Vielleicht gelingt es ja Ihnen, diese Vermutung zu beweisen oder ein Gegenbeispiel zu finden.

Eine weitere hübsche Primzahlvermutung aus dem Jahr 1877 stammt von dem französischen Landwirt und Freizeitmathematiker François Proth.[7] Er schrieb alle Primzahlen, beginnend mit der 2, nebeneinander in einer langen Reihe auf. Die Differenz jedes benachbarten Primzahlpaares setzte er anschließend in einer zweiten Reihe darunter. In einer dritten Reihe schrieb er unter jedes Zahlenpaar wieder die Differenz. Das Vorzeichen berücksichtigte er dabei nicht. Dieses Verfahren konnte er beliebig fortsetzen:

```
2 3 5 7 11 13 17 19 23 29 31 37 41 43 47 53 59 61 67 …
 1 2 2 4  2  4  2  4  6  2  6  4  2  4  6  6  2  6 …
  1 0 2 2  2  2  2  4  4  2  2  2  2  0  4  4  2 …
   1 2 0 0  0  0  2  0  2  0  0  0  2  4  0  2 …
    1 2 0 0  0  2  2  2  0  0  0  2  2  4  2 …
     1 2 0 0  2  0  0  2  0  0  2  0  2  2 …
      1 2 0 0  2  2  0  2  2  0  2  2  2  0 …
                   ⋮
```

Die oberste Reihe beginnt mit einer 2, alle folgenden Reihen beginnen mit einer 1. Ist die Behauptung richtig? Proth meinte ja und bewies dies auch. Allerdings war sein Beweis fehlerhaft. Proths Vermutung geriet in Vergessenheit, der Informatiker Norman L. Gilbreath entdeckte sie 1958 neu, seitdem heißt sie zu Unrecht Gilbreath-Vermutung.[8] 1993 hat Andrew M. Odlyzko sie mit dem Computer für die ersten 300 Milliarden Reihen überprüft und für diesen Bereich als richtig befunden. Es ist trotzdem noch völlig unbekannt, ob sie allgemeingültig ist.[9]

Versuchen Sie einmal selbst, die beiden folgenden Hypothesen zu beweisen oder zu widerlegen.

Aufgabe 2:

In dem kleinen Staat Frensland gibt es nur drei Arten von Münzen: kupferne, silberne und goldene. Die Währungseinheit von Frensland ist das Frens. Hätten die drei Münzarten die Werte ein, zwei und drei Frens, könnte man mit nur jeweils einer Münze jeden Betrag von null bis zu drei Frens bezahlen. Würden die Münzwerte jedoch ein, zwei und vier Frens betragen, wäre es möglich, jeden Betrag von null bis acht Frens mit höchstens zwei Münzen zu bezahlen. Wählt man als Münzeinheiten ein, vier und fünf Frens, kann man mit höchstens drei Münzen jeden Betrag von 0 bis 15 Frens bezahlen. Diese Münzaufteilungen sind optimal. Das bedeutet: Es ist nicht möglich, andere Werte für die drei Münzarten zu finden, sodass man mit jeweils höchstens n Münzen jeden Betrag von 0 bis mehr als bis N Frens bezahlen kann. Für N gilt dabei:

n:	0	1	2	3
N:	$0 \cdot 2 = 0$	$1 \cdot 3 = 3$	$2 \cdot 4 = 8$	$3 \cdot 5 = 15$

Gilt allgemein auch für n größer als 3, dass bei optimaler Wahl der Münzeinheiten $N(n)$ den Wert $n(n + 2)$ hat?[10]

Aufgabe 3:
Alle Zahlen der Folge 31, 331, 3331, 33331, 333331, 3333331, … sind Primzahlen. Ist diese Behauptung richtig?[11]

Noch einmal zu Hempels Rabenparadoxon. Es ist seit 1940 von vielen Philosophen weiter bearbeitet worden und hat es sogar zu den selbständigen Disziplinen der Erkenntnistheorie und Wissenschaftstheorie gebracht. Heute ist die vorherrschende Ansicht darüber, ob empirische Untersuchungen eine These bestätigen oder nicht, der Falsifikationismus.[12] Er wurde von dem österreichisch-britischen Philosophen Karl R. Popper entwickelt und besagt, dass ein empirisches wissenschaftliches System grundsätzlich nicht bewiesen oder verifiziert werden kann. Zwar würde eine Theorie immer glaubwürdiger, je mehr Beobachtungen es gebe, die sie nicht falsifizieren, aber sie bliebe immer eine anzuzweifelnde Aussage. Wenn also eine empirische Theorie schon nicht verifizierbar sein kann, müsse sie zumindest die Möglichkeit der Falsifizierbarkeit enthalten. Eine Theorie, die grundsätzlich nicht falsifizierbar ist, ist keine Theorie einer empirischen Wissenschaft.

Nach Karl Popper ist die Behauptung, in Neumondnächten werden in Buxtehude keine Kinder geboren, eine sinnvolle empirische Theorie. Sie lässt sich zwar niemals verifizieren, weil dies bedeuten würde, dass man für unendlich lange Zeit Buxtehudes Geburten überwachen müsste, aber sie lässt sich prinzipiell leicht falsifizieren. Eine einzige Geburt in einer Neumondnacht, was man leicht anhand des Geburtenregisters und eines Kalenders überprüfen kann, falsifiziert die Theorie.

Auch die großen Theorien der Physik wie die Newton'sche Mechanik, das Newton'sche Gravitationsgesetz, die Relativitätstheorie oder die Quantenmechanik sind sinnvolle empirische Theorien im Popper'schen Sinne, denn sie lassen sich alle grundsätzlich falsifizieren. Im Einzelfall mag das sehr schwierig sein und vielleicht auch einen riesigen Aufwand erfordern wie Elementarteilchenbeschleuniger oder Weltraumteleskope, was aber die Möglichkeit der Falsifizierung nicht grundsätzlich verneint.

Die Falsifizierbarkeit war für Popper das Kriterium, um eine Theorie der empirischen Wissenschaften von nichtempirischen wissenschaftlichen Theorien zu unterscheiden. Erstere sind Erfahrungswissenschaften wie Physik, Chemie und Biologie, letztere sind Metaphysik, aber auch Mathematik, Logik, Religion und Philosophie.

Die Idee der Falsifizierbarkeit ist bestechend einfach und universell anwendbar. Trotzdem ist sie in die Kritik geraten. Viele physikalische Gesetze sind seit Jahrhunderten bekannt und werden schon seit Langem erfolgreich in der Technik angewandt, um Geräte und Maschinen zu bauen. Warum soll man diese Theorien nicht als bestätigt annehmen und zu Gesetzen erheben? Natürlich erfahren sie im Lauf der Jahrhunderte kleine Verfeinerungen. Manchmal können durch kleine Änderungen auch mehrere Theorien, die verschiedene Teilaspekte der Natur beschrieben haben, zu einer umfassenderen Theorie vereinigt werden. Dennoch bleiben sie in ihrem Bereich gültig. So wurden die Newton'schen Gesetze der Mechanik und der Gravitation durch die Relativitätstheorie ja nicht falsch, sondern sie wurden zu Grenzfällen bei niedrigen Geschwindigkeiten und kleinen Massen. Das heißt, für den allergrößten Teil der Natur und der Technik bleiben sie gültig.

Einzelne Beobachtungen können eine bewährte Theorie wohl kaum falsifizieren. Vielmehr wird man ihr weiterhin Glauben schenken und den Fehler in seinem Experiment suchen. Selbst eine gut reproduzierbare Abweichung von der bisherigen Theorie wird diese nicht auf einen Schlag wertlos machen, sondern zunächst nur die Suche nach einer Änderung oder Erweiterung der bisherigen Theorie anregen.

Aus diesen Gründen lehnen Kritiker das Falsifizierbarkeitskriterium ab und ziehen eine wahrscheinlichkeitstheoretische Begründung vor. Theorien gelten nicht mehr als entweder richtig oder falsch, sondern als mehr oder weniger wahrscheinlich. Führt man nun eine Messung durch, die eine Theorie nicht widerlegt, steigt dadurch die Wahrscheinlichkeit, dass sie richtig ist. Positive Ergebnisse steigern die Wahrscheinlichkeit einer Theorie, und man kann extrem wahrscheinliche Theorien als Naturgesetze bezeichnen.

Lösungen

1. Liest man die Zeile $2B \wedge \neg 2B$ auf Englisch, so steht dort „two B or not two B". Dies klingt genauso wie „to be or not to be", das bekannte Zitat aus Shakespeares „Hamlet".

2. Diese Regel ist falsch. Schon bei $n = 4$ ist N nicht 24, sondern 26. Beim nächsten Wert von n ist sie allerdings wieder richtig: Für $n = 6$ erhält man $N = 35$. Für $n = 7$ bis $n = $ ist $N(n)$ immer größer als $n(n + 2)$. Einige Ergebnisse sind:

n:	0	1	2	3	4	5	6	7	8	9	10	11
N:	0	3	8	15	26	35	52	69	89	112	146	172

Es gibt bis heute kein allgemeines Gesetz, mit dem man $N(n)$ für ein beliebiges n berechnen kann. Das größte n, für das man $N(n)$ kennt, ist 64. Für größere Werte von n wurde die $N(n)$ durch sehr rechenzeitaufwendige Computersuchen gefunden.

3. Die Zahl, die als nächste in der Folge kommen müsste, 33333331, ist tatsächlich eine Primzahl, die darauffolgende jedoch ist zusammengesetzt: 333333331 = 17 · 19607843. Die Zahl 333333331 ist keine Ausnahme. Es gibt in der Folge noch unendlich viele weitere Zahlen, die keine Primzahlen sind. Bezeichnet man mit n die Anzahl der Dreien einer Zahl der Reihe, so ist sie beispielsweise durch 17 teilbar, wenn $n = 16k + 8$ ist, durch 19, wenn $n = 18k + 11$, durch 23, wenn $n = 22k + 19$ oder durch 31, wenn $n = 15k + 1$ ist. Dabei ist $k = 0, 1, 2, 3, \ldots$ Eine einfache Regel, wie man überprüft, ob die Zahlen dieser Folge Primzahlen sind, ist jedoch nicht bekannt.

Quellen

1. Janina Hosiasson-Lindenbaum, The Journal of Symbolic Logic 5(4), Dezember 1940, S. 133–148.
2. Carl Gustav Hempel, Mind 54(213), 1945, S. 1–26.
3. Carl Gustav Hempel, Mind 54(214), 1945, S. 97–121.
4. Leo Moser in: Martin Gardner, Scientific American 221, August 1969, S. 120–121.
5. Leo Moser in: Martin Gardner, Scientific American 221, September 1969, S. 245, 246.
6. Wilfrid Keller, Mathematics of Computation 41, 1983, S. 661–673.
7. François Proth, Nouvelle Correspondance Mathématique de M. E. Catalan 4, 1877, S. 236–240.
8. R. B. Killgrove und K. E. Ralsto, Mathematical Tables and Other Aids to Computation 13, 1959, S. 121–122.
9. A. M. Odlyzko, Mathematics of Computation 61, 1993, 373–380.
10. Hans Rohrbach, Mathematische Zeitschrift 42, 1937, S. 1–30.
11. Wacław Sierpiński, 250 Problems in Elementary Number Theory, Elsevier, New York, 1970, S. 8, 56–57.
12. Karl R. Popper, Logik der Forschung, Wien 1935.

5 Paradoxien der Wahrscheinlichkeit

Die 1966 uraufgeführte Tragikomödie *Rosenkrantz und Güldenstern sind tot* des britischen Dramatikers Tom Stoppard beginnt damit, dass die beiden Protagonisten aus purer Langeweile Münzen werfen. Der glücklose Güldenstern hat nacheinander neunzig Münzen geworfen: Alle ohne Ausnahme zeigen Kopf und landen darum in Rosenkrantz' Tasche. Während Rosenkrantz sich über seine Siegesserie freut, versucht Güldenstern das vermeintliche Wunder zu hinterfragen und philosophiert über die Gesetze der Wahrscheinlichkeit.

Die Wahrscheinlichkeitsrechnung ist die Disziplin der Mathematik, die die meisten Paradoxien hervorbringt: Tatsachen, die man mathematisch eindeutig beweisen kann und die dennoch dem gesunden Menschenverstand widersprechen, sodass es schwer fällt, ihnen Glauben zu schenken. Selbst gute Mathematiker machen häufig Fehler, wenn es um Probleme der Wahrscheinlichkeitsrechnung geht.

Paradoxe Mittelwerte

Das arithmetische Mittel oder der Durchschnitt ist eigentlich eine ganz einfache Sache und jedem Mittelstufenschüler bekannt. Dennoch birgt er so manche Überraschung.

Das arithmetische Mittel von n Werten $x_1, x_2, x_3, \ldots, x_n$ ist die Summe dieser Werte geteilt durch n.

$$\bar{x} = \frac{x_1 + x_2 + x_3 + \cdots + x_n}{n} = \frac{1}{n}\sum_{i=1}^{n} x_i$$

Die durchschnittliche Augenzahl eines Spielwürfels ist folglich $(1 + 2 + 3 + 4 + 5 + 6)/6 = 3{,}5$. Viele Menschen glauben, dass der Durchschnittswert der Wert sei, der am häufigsten vorkommt. Das kann in Ausnahmefällen auch tatsächlich so sein, ist allerdings nicht der Regelfall. Beispielsweise wird die durchschnittliche Augenzahl des Würfels niemals geworfen.

Stellen Sie sich vor, Sie stehen an einem Ostersonntag im belebten Berliner Hauptbahnhof, und der Bahnhofsvorsteher bietet Ihnen folgende Wette an: „Ich wette um hundert Euro, dass mindestens eine der nächsten zehn Personen, die die Bahnhofshalle betreten, überdurchschnittlich viele Arme hat." Würden Sie die Wette annehmen?

Sie täten gut daran, es nicht zu tun. Normalerweise hat der Mensch zwei Arme, aber es gibt einige Leute, die durch einen Unfall, durch Krieg oder aus anderem Grund einen Arm oder sogar beide Arme verloren haben. Diese Leute drücken die durchschnittliche Armzahl pro Mensch von zwei auf etwas unter zwei. Ist also unter den nächsten zehn Personen, die den Bahnhof betreten, wenigstens eine, die zwei Arme hat, und das ist sehr wahrscheinlich, so hat sie überdurchschnittlich viele Arme, und der Bahnhofsvorsteher hätte die Wette gewonnen.

Fragt man Autofahrer nach ihren Fahrkünsten, antworten meist über 90%, dass sie besser fahren als der Durchschnitt. Bei einer kanadischen Umfrage behaupteten sogar 100% aller Befragten, dass sie besser seien als der Durchschnitt. Wobei sich gerade junge Männer, die nachweislich besonders viele Unfälle verursachen, für die besten Autofahrer halten.

Viele Menschen glauben, die Selbsteinschätzung der Autofahrer müsse schon deshalb falsch sein, weil der Durchschnittswert in der Mitte liege und deshalb 50% aller Autofahrer unterdurchschnittlich und 50% überdurchschnittlich fahren müssten. Das ist aber falsch, wie man schon an der Armwette gesehen hat und wie es an folgendem Beispiel besonders deutlich wird. In einer Gruppe aus neun etwa gleich großen Erwachsenen und einem Kleinkind sind neun Menschen überdurchschnittlich groß und nur ein Mensch ist unterdurchschnittlich klein.

Angenommen, hundert Autofahrer machen einen Fahrtest, bei dem man zwischen 0 und 100 Punkte bekommen kann. Neunundneunzig Fahrer erhalten 100 Punkte und einer erhält keinen Punkt. Der Durchschnitt der Punkte wäre $(99 \cdot 100 + 1 \cdot 0)/100 = 99$. Folglich fahren 99% dieser Autofahrer überdurchschnittlich gut und nur einer unterdurchschnittlich schlecht.

Dieses Beispiel zeigt, obwohl es natürlich völlig unrealistisch ist, dass der Durchschnitt keineswegs der mittlere Wert zu sein braucht. Auch wenn die Selbsteinschätzung der Autofahrer vermutlich falsch ist, so muss sie es aus mathematischer Sicht keineswegs sein.

Das Will-Rogers-Phänomen

Während der großen Wirtschaftskrise in den USA zogen in den 1930er-Jahren viele einfache Arbeiter und Farmer aus Oklahoma nach Kalifornien. Dort wurde sie wegen ihres hinterwäldlerischen Benehmens und ihrer Armut abwertend als Okies bezeichnet. Der berühmte Komiker Will Rogers, der selbst aus Oklahoma stammte, hatte über die Okies eine ganz andere Ansicht: „Als die Okies von Oklahoma nach Kalifornien zogen, hoben sie in beiden Staaten die durchschnittliche Intelligenz."

Wie kann das sein? Um den Effekt zu verstehen, lassen wir die Einwohnerzahlen von Oklahoma und Kalifornien auf jeweils fünf schrumpfen. Die fünf Einwohner Oklahomas haben die Intelligenzquotienten 98, 99, 100, 101 und 102. Der durchschnittliche Intelligenzquotient in Oklahoma beträgt somit (98 + 99 + 100 + 101 + 102)/5 = 100. Die fünf Kalifornier haben hingegen die Intelligenzquotienten 95, 96, 97, 98 und 99. Damit beträgt der mittlere Intelligenzquotient in Kalifornien nur (95 + 96 + 97 + 98 + 99)/5 = 97. Jetzt wandert der dümmste Bewohner Oklahomas nach Kalifornien aus. Dadurch steigt der durchschnittliche Intelligenzquotient in Oklahoma auf (99 + 100 + 101 + 102)/4 = 100,5 an und der in Kalifornien auf (95 + 96 + 97 + 98 + 99 + 98)/6 ≈ 97,17. Die Bewohner beider Staaten werden also tatsächlich im Mittel klüger.

Dieser Effekt, Will-Rogers-Phänomen genannt, taucht häufig bei der Mittelwertbildung von Gruppen auf: Durch den Wechsel eines Elements von einer zur anderen Gruppe kann der Mittelwert in beiden Gruppen steigen oder fallen. Statistiker sprechen hier manchmal lakonisch von einer kriminellen Datenvereinigung. Auch in der Wissenschaft kann das Will-Rogers-Phänomen zu paradoxen Effekten führen, wie es zum Beispiel bei der Diagnose vom Krebs geschieht.

Üblicherweise werden Krebstumore von Ärzten in große und in kleine eingeteilt. Durch verbesserte Diagnoseverfahren können von jedem Tumor mehr Teile entdeckt werden, und Tumore, die mit dem alten Verfahren für klein gehalten worden wären, werden nun als groß erkannt. Darum werden die gefährlichsten Tumore aus der Gruppe der kleinen Tumore herausgenommen und als harmloseste Tumore zur Gruppe der großen Tumore genommen. Dadurch sind in beiden Tumorgruppen die Heilbarkeitschancen und die mittlere Lebenserwartung der Patienten gestiegen.

Geburtstagsparadoxon

Wie groß schätzen Sie die Wahrscheinlichkeit ein, dass in einer Schulklasse mit 23 Kindern mindestens zwei Kinder am gleichen Tag Geburtstag haben? Vermutlich sehr gering. Tatsächlich ist sie größer als 50%, so unglaublich dies erscheinen mag. Der Physiker George Gamow stellte diese Frage 1947 in seinem Buch *One Two Three … Infinity* und beantwortete sie auch.[1]

Der Einfachheit halber nehmen wir an, dass alle Jahre Gemeinjahre von 365 Tagen sind und es keine Schaltjahre gibt. Außerdem setzen wir voraus, dass die Geburtstage der Menschen ganz zufällig über das Jahr verteilt sind. Wenn ein beliebiger Mensch A am Tag x Geburtstag hat, hat ein beliebiger Mensch B offensichtlich mit einer Wahrscheinlichkeit von 1/365 ebenfalls an diesem Tag Geburtstag. Folglich haben die beiden Menschen A und B mit einer Wahrscheinlichkeit von 364/365 nicht am gleichen Tag Geburtstag. Die Wahrscheinlichkeit, dass in diesem Fall der Geburtstag eines dritten Menschen C nicht mit dem von A oder B zusammenfällt, beträgt dann 363/365. Gibt es unter den drei Menschen A, B und C keinen gemeinsamen Geburtstag, fällt der Geburtstag eines vierten Menschen D mit einer Wahrscheinlichkeit von 362/365 weder mit dem von A noch mit dem von B noch mit dem von C zusammen. So geht es weiter: Gibt es unter $n - 1$ Menschen kein Paar, das am gleichen Tag Geburtstag hat, so hat ein n-ter Mensch mit einer Wahrscheinlichkeit von $(366 - n)/365$ mit keinem der anderen $n - 1$ Menschen gleichzeitig Geburtstag.

Die Wahrscheinlichkeit P_n steht dafür, dass es unter n Menschen kein Paar gibt, dessen Geburtstage zusammenfallen, beträgt somit

$$P_n = \frac{364}{365} \cdot \frac{363}{365} \cdot \frac{362}{365} \cdot \ldots \cdot \frac{366 - n}{365}.$$

Dies lässt zusammenfassen zu

$$P_n = \frac{364 \cdot 363 \cdot 362 \cdot \ldots \cdot (366 - n)}{365^{n-1}}.$$

Mit dem Fakultätssymbol ! kann man dies noch kürzer schreiben.

$$P_n = \frac{364!}{(365 - n)! \cdot 365^{n-1}}$$

Daraus ergibt sich die Wahrscheinlichkeit Q_n, dass unter n Menschen wenigstens ein Paar ist, das gleichzeitig Geburtstag hat, zu $Q_n = 1 - P_n$.

Berechnet man Q_n nun für verschiedene Werte von n, stellt man fest, dass $Q_{22} \approx 0{,}476$ und $Q_{23} \approx 0{,}507$ ist. Das bedeutet, wenn 23 oder mehr willkürlich ausgewählte Menschen in einem Raum sind, ist die Wahrscheinlichkeit größer als 50%, dass zwei von ihnen am gleichen Tag Geburtstag haben. Bei 60 Menschen beträgt die Wahrscheinlichkeit, dass zwei von ihnen am gleichen Tag Geburtstag haben, schon 99,4% und bei 100 Menschen ist dies mit einer Wahrscheinlichkeit von 99,99997% schon fast sicher. Absolute Sicherheit hat man natürlich erst bei 366 Menschen.

Im Diagramm ist die Wahrscheinlichkeit Q_n in Abhängigkeit von der Personenzahl n aufgetragen. Man sieht gut, dass ab etwa 60 Menschen der 100%-Wert praktisch erreicht ist. Streng genommen dürfte in dem Dia-

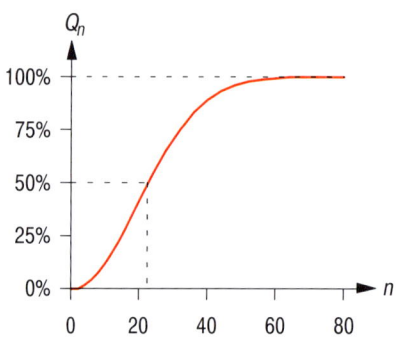

Wahrscheinlichkeit Q_n, dass von n Personen mindestens zwei am gleichen Tag Geburtstag haben.

gramm keine ausgezogene Linie zu sehen sein, sondern nur eine Linie, die aus gut achtzig einzelnen Punkten besteht.

Berücksichtigt man den 29. Februar der Schaltjahre, werden die Wahrscheinlichkeiten Q_n alle etwas kleiner. Dennoch ist auch in diesem Fall ab 23 willkürlich ausgewählten Menschen die Wahrscheinlichkeit größer als 50%, dass zwei von ihnen am gleichen Tag Geburtstag haben. Absolute Sicherheit, dass zwei Menschen am selben Tag Geburtstag haben, hat man unter diesen Umständen erst bei 367 Menschen.

Das Ziegenproblem

Stellen Sie sich vor, Sie machen bei einer Spielshow mit und stehen vor drei geschlossenen Türen. Hinter einer Tür steht Ihr Preis, ein Auto, und hinter den beiden anderen wartet jeweils eine Ziege. Das Auto und die Ziegen sind vor der Show zufällig auf die Türen verteilt worden, und Sie wissen nicht, hinter welcher Tür das Auto steht. Sie dürfen eine Tür wählen. Steht hinter dieser Tür das Auto, haben Sie es gewonnen. Meckert Sie jedoch eine Ziege an, haben Sie Pech gehabt und bekommen nichts. Nachdem Sie Ihre Wahl getroffen haben, bleibt Ihre Tür zunächst verschlossen, und Monty Hall, der Showmaster, öffnet eine der beiden anderen Türen, von der er weiß, dass dahinter eine Ziege steht, und sagt: „Schauen Sie mal!" Dann fragt er Sie: „Bleiben Sie bei der von Ihnen gewählten Tür oder möchten Sie lieber die andere Tür nehmen?" Sollen Sie wechseln oder bei Ihrer ursprünglichen Wahl bleiben oder spielt dies für Ihre Gewinnchancen keine Rolle?

Die meisten Menschen, die diese Aufgabe zum ersten Mal gestellt bekommen, denken: Ob ich die Tür wechsle oder nicht, hat keinen Einfluss auf meine Gewinnchancen. Es gibt noch zwei verschlossene Türen, und die Wahrscheinlichkeit, dass sich das Auto dahinter verbirgt, ist bei beiden 50%. So einleuchtend dies klingen mag, es ist falsch. Um die richtige Lösung zu erkennen, sollte man nicht nur die Position des Kandidaten einnehmen, sondern auch die des Showmasters. Betrachten wir den Fall konkret:

1. Das Auto steht hinter der ersten Tür. Wenn Sie diese Tür gewählt haben, wäre es klug, bei dieser Wahl zu bleiben, ganz egal, welche der beiden anderen Türen der Showmaster anschließend öffnet. Aber natürlich wissen Sie nicht, dass hinter dieser Tür das Auto verborgen ist.

2. Das Auto steht hinter der zweiten Tür. Dann muss der Showmaster die dritte Tür öffnen, denn er darf nicht das Auto hinter der zweiten Tür zeigen, und er darf auch nicht enthüllen, ob Sie mit der ersten Tür richtig liegen. In diesem Fall ist also das Wechseln zur verbleibenden zweiten Tür vorteilhaft.

3. Das Auto steht hinter der dritten Tür. Dieser Fall ist symmetrisch zum zweiten. Der Showmaster muss die zweite Tür öffnen, denn er darf nicht das Auto hinter der dritten Tür zeigen, und er darf auch nicht enthüllen, ob Sie mit der ersten Tür richtig liegen. In diesem Fall ist also das Wechseln zur verbleibenden dritten Tür günstiger.

Fazit: In zwei von drei Fällen ist das Wechseln der Türen vorteilhaft. Sie sollten also unbedingt wechseln, um Ihre Gewinnchancen zu erhöhen.

Dieses Problem sorgte 1990/91 in den USA für großen Wirbel. Die 1946 geborene amerikanische Journalistin Marilyn vos Savant wurde von 1986 bis 1989 im *Guinness Buch der Rekorde* als der Mensch mit dem höchsten Intelligenzquotienten der Welt geführt. Im *Parade Magazine* stellte sie in ihrer Kolumne *Fragen Sie Marilyn* die korrekte Lösung der Aufgabe vor, die ihr der Leser Craig F. Whitaker in der gleichen Form wie hier gestellt hatte.[2, 3, 4] Damit löste sie einen Sturm der Empörung aus. „Es gibt schon genug mathematische Unwissenheit in diesem Land. Wir brauchen nicht den höchsten IQ der Welt, um diese Unwissenheit noch zu vertiefen. Schämen Sie sich!", schrieb ein Akademiker an das *Parade Magazine*. Ein anderer Leser meinte: „Vielleicht haben Frauen eine andere Sicht auf mathematische Probleme als Männer."

Marilyn vos Savant versuchte in weiteren Kolumnen ihre Lösung zu erläutern, aber es half nichts. 92% der etwa 10 000 Briefe, die Sie erhielt, wollten beweisen, dass sie sich geirrt hatte. Auch sehr viele Naturwissenschaftler und Mathematiker waren darunter. Selbst der geniale ungarische Mathematiker Paul Erdős beharrte lange auf der falschen Lösung. Kollegen konnten ihn erst mithilfe einer Computersimulation überzeugen. Dabei wurden einfach 100 Runden durchgespielt. Wechseln erwies sich dabei als besser.

Im Juli 1991 schwappte dann die Welle nach Deutschland, als der Wissenschaftsjournalist Gero von Randow in der Wochenzeitung *Die Zeit* über das Ziegenproblem berichtete. Die Reaktion war ähnlich wie in Amerika: Zahllose Leser wollten zeigen, dass die Lösung von Marilyn vos Savant falsch war. Ein Professor aus Münster schrieb von der „verqueren Logik Frau vos Savants", andere sprachen von „Nonsens", „typischen Laienfehlern" oder „haarsträubendem Unsinn". Trotzdem hatte Marilyn vos Savant Recht mit ihrer Lösung des Ziegenproblems.

Whitaker und vos Savant haben das Ziegenproblem nicht erfunden. In einem etwas anderen Kleid findet man es schon 1959 in Martin Gardners Kolumne *Mathematical Games* in der Zeitschrift *Scientific American*.[5, 6]

Drei Gefangene wurden zum Tode verurteilt und warten in getrennten Zellen auf ihre Hinrichtung. Da beschließt der König, einen von ihnen zu begnadigen. Er schreibt die Namen der Gefangenen auf drei Zettel, mischt sie und zieht einen. Dann ruft er den Wärter der Todeszellen, nennt ihm den Namen des Begnadigten und bittet ihn, ihn noch für einige Tage geheim zu halten. Der älteste der drei Gefangenen bekommt Wind von der Sache und bittet den Wärter, ihm den Namen des Begnadigten zu nennen. Der Wärter weigert sich. „Dann sage mir wenigstens", bittet ihn der Gefangene, „den Namen von einem, der hingerichtet wird. Wird der Jüngste begnadigt, nenne mir den Namen des Mittleren, und wird der Mittlere begnadigt, nenne mir den Namen des Jüngsten. Sollte ich selbst begnadigt werden, dann wirf eine Münze, um zu entscheiden, wessen Namen du mir dann verrätst." Der Wärter verspricht, darüber nachzudenken. Am nächsten Tag sagt er dem Gefangenen, er wolle seiner Bitte nachkommen, und verrät ihm, dass der Mittlere hingerichtet werden wird. Wie groß ist die Wahrscheinlichkeit, dass der älteste der drei Gefangenen begnadigt wird?

Das Problem hat die gleiche Struktur wie das Ziegenproblem. Folglich sind die Wahrscheinlichkeiten die gleichen. Es ist also nicht so, dass die Wahrscheinlichkeit, begnadigt zu werden, sowohl beim ältesten als auch beim jüngsten Gefangenen auf ½ ansteigt. Tatsächlich bleibt sie beim ältesten Gefangenen wie zu Anfang bei ⅓, allerdings steigt sie beim jüngsten Gefangenen auf ⅔.

Das St.-Petersburg-Paradoxon

Die Familie Bernoulli brachte, seit sich der Gewürzhändler Jacob Bernoulli um 1620 in Basel niedergelassen hatte, jahrhundertelang viele berühmte Wissenschaftler und Künstler hervor. Daniel Bernoulli, ein Urenkel des Händlers, lebte einige Jahre in St. Petersburg in Russland. Unter dem Titel *Specimen theoriae novae de mensura sortis* (lat. *Versuch einer neuen Theorie der Wertbestimmung von Glücksfällen*) veröffentlichte er 1738 ein verblüffendes Paradoxon, dass jedoch schon 1713 von seinem Vetter Nikolaus Bernoulli in einem Brief an den französischen Mathematiker Pierre Rémond de Montmort beschrieben wurde.

In einem Spielkasino in St. Petersburg wird folgendes Glücksspiel angeboten: Eine Münze wird so lange geworfen, bis zum ersten Mal Kopf fällt, dann ist das Spiel zu Ende. Der Gewinn richtet sich nach der Gesamtzahl der Würfe. Ist es nur einer, dann erhält der Spieler 1 Dukaten. Bei zwei Würfen, also zuerst wird Zahl und danach Kopf geworfen, erhält er 2 Dukaten, bei drei Würfen 4 Dukaten, bei vier Würfen 8 Dukaten, und bei jedem weiteren Wurf verdoppelt sich der Betrag. Man gewinnt also 2^{k-1} Dukaten, wenn die Münze k-mal geworfen wird, bis erstmals Kopf fällt. Welchen Geldbetrag würde man für die Teilnahme an diesem Spiel bezahlen wollen?

Die Wahrscheinlichkeit, dass Kopf oder Zahl fällt, ist jeweils ½. Folglich beträgt die Wahrscheinlichkeit p_k, dass bei i Würfen zuerst (k – 1)-mal Zahl und dann bei k-ten Wurf Kopf fällt, gerade $p_k = 1/2^k$. Der Erwartungswert des Gewinns, wenn erstmals beim k-ten Wurf Kopf fällt, ist das Produkt aus der Wahrscheinlichkeit $1/2^k$ hierfür und dem möglichen Gewinn 2^{k-1} Dukaten. Der Erwartungswert E des gesamten Spiels ist die Summe alle einzelnen Erwartungswerte.

$$E = \frac{1}{2^1} \cdot 2^0 + \frac{1}{2^2} \cdot 2^1 + \frac{1}{2^3} \cdot 2^2 + \frac{1}{2^4} \cdot 2^3 + \frac{1}{2^5} \cdot 2^4 + \cdots$$

Die Summanden lassen sich kürzen.

$$E = \frac{1}{2} + \frac{1}{2} + \frac{1}{2} + \frac{1}{2} + \frac{1}{2} + \cdots$$

Das Resultat ist verblüffend. Die Reihe der Summanden nimmt kein Ende, denn es besteht eine reelle, wenn auch sehr kleine Chance, dass sehr oft Zahl geworfen wird, bevor das erste Mal Kopf erscheint. Darum müssen unendlich viele Summanden der Größe ½ Dukaten addiert werden. Die unendlich vielen halben Dukaten addieren sich zu einer unendlich großen Geldsumme. Der zu erwartende Gewinn ist also unendlich groß, dementsprechend müsste das Kasino einen unendlich großen Teilnahmebeitrag nehmen. Beides ist in der Realität natürlich unmöglich.

Die Bedeutung dieses Resultats ist, dass man im Prinzip bereit sein sollte, einen unendlich hohen Einsatz zu zahlen, um an dem Spiel teilzunehmen. Faktisch würde das aber niemand tun. Das St.-Petersburg-Paradoxon offenbart also einen Widerspruch zwischen dem gesunden Menschenverstand und dem, was die Wahrscheinlichkeitsrechnung erwarten lässt.

Am 21. Mai 1728 schrieb der junge Genfer Mathematiker Gabriel Cramer an Nikolaus Bernoulli: „Ich weiß nicht, ob ich mich täusche, aber ich glaube, die Lösung zu dem Problem, das Sie Monsieur de Montmort gestellt haben, zu besitzen." Cramer meinte, der Unterschied zwischen der mathematischen Berechnung und der gewöhnlichen Schätzung rühre daher, dass Mathematiker Geld in Proportion zu seiner Menge sehen, vernünftige Männer jedoch proportional zu dem Nutzen, den sie aus ihm ziehen. Ein Multimillionär sei nach dem Erhalt eines zusätzlichen Dukatens um keinen Deut glücklicher als vorher. Als Beispiel berechnete er den erwarteten Gewinn des Spiels unter der Annahme, dass die möglichen Auszahlungen sich nach dem 24. Wurf nicht weiter erhöhen, sondern bei 16 777 216 Dukaten stagnieren. Der Erwartungswert des Gewinns oder des Einsatzes bei dem Spiel beträgt unter dieser Annahme etwas weniger als 13 Dukaten.

In der klassischen Variante der St.-Petersburg-Lotterie hat das fiktive Kasino unbegrenzte Geldvorräte. Es gibt also keinen Gewinn, den das Kasino nicht auszahlen könnte, und das Spiel könnte beliebig lange gehen. Einem realen Spielkasino steht jedoch nur ein begrenztes Kapital K zur Verfügung. Es kann an seine Spieler nicht mehr als einen bestimmten höchsten Gewinn auszahlen. Erreicht ein Spieler die daraus resultierende Grenze von n Münzwürfen, wird ihm der Gewinn an dieser Stelle ausgezahlt, selbst wenn er bis dahin stets Zahl geworfen hat, und das Spiel wird abgebrochen.

Erhöht sich allgemein die mögliche Auszahlung nach dem n-ten Wurf nicht weiter, beträgt der Erwartungswert

$$E = n \cdot \frac{1}{2} + \left(\frac{1}{2^{n+1}} + \frac{1}{2^{n+2}} + \frac{1}{2^{n+3}} + \frac{1}{2^{n+4}} + \ldots\right) 2^{n-1}.$$

Diese Gleichung kann man zu

$$E = \frac{n+1}{2}$$

vereinfachen. Die Grenze n der Münzwürfe lässt sich aus dem zur Verfügung stehenden Kapital K mit der Gleichung

$$n = 1 + \left\lfloor \frac{\ln K}{\ln 2} \right\rfloor$$

berechnen. Dabei bedeuten die beiden Klammern $\lfloor$ und $\rfloor$, dass der umklammerte Wert auf die nächste ganze Zahl abgerundet wird.

Beträgt das eingesetzte Kapital 100 Dukaten, hat das Spiel maximal 7 Würfe und der Erwartungswert beträgt 4 Dukaten. Bei einem Kapital von 100 Millionen Dukaten erhöht sich die Spiellänge auf 27 Würfe und die Gewinnerwartung auf 14 Dukaten. Steht dem Kasino das gesamte Bruttoinlandsprodukt der Europäischen Union des Jahres 2009 von 18 Billionen Dukaten zur Verfügung, können 44 Münzwürfe gemacht werden und es ist ein Gewinn von 22,50 Dukaten zu erwarten.

Obwohl der Vorschlag zur Lösung in die richtige Richtung wies, war Nikolaus Bernoulli noch nicht zufrieden. Er schickte das Problem an seinen jüngeren Vetter Daniel Bernoulli, der an der Russischen Akademie der Wissenschaften arbeitete. Dieser gelangte zur gleichen Erkenntnis wie Cramer und schrieb: „Jeder, der das Problem mit Interesse und Scharfsinn untersucht, wird feststellen, dass der Wert eines Gegenstands nicht auf seinem Preis beruhen darf, sondern auf dem Nutzen, den er ihm bringt. Unzweifelhaft ist ein Gewinn von 1000 Dukaten für einen Bettler bedeutsamer als für einen Wohlhabenden, obgleich beide denselben Betrag erhalten." Er schlug vor, den natürlichen Logarithmus zu benutzen, um Geldwerte in Nutzenwerte umzurechnen. Die Logarithmusfunktion steigt zwar stetig an, mit zunehmenden Funktionswerten jedoch immer schwächer.

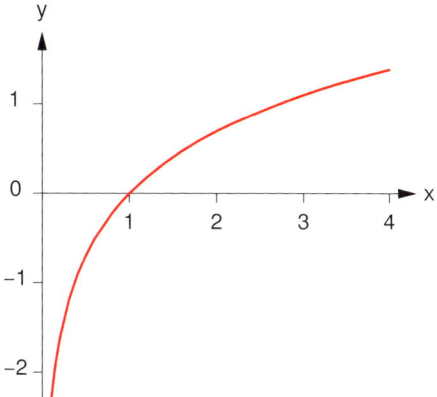

Der Graph der Funktion y = ln x, wobei ln der natürliche Logarithmus ist

$$E = \frac{1}{2^1} \cdot \ln(2^0) + \frac{1}{2^2} \cdot \ln(2^1) + \frac{1}{2^3} \cdot \ln(2^2) + \frac{1}{2^4} \cdot \ln(2^3) + \frac{1}{2^5} \cdot \ln(2^4) + \cdots$$

Der Betrag dieser unendlichen Reihe ist die Euler'sche Zahl e, die den Wert 2,718… hat.

$$E = e = 2{,}718\ldots$$

Dies bedeutet, dass der zusätzliche Nutzen weiterer Dukaten mit wachsendem Reichtum immer kleiner wird. Diese simple Erkenntnis hat eine bedeutsame Folge. Menschen scheuen Risiken. Der Spatz in der Hand ist ihnen lieber als die Taube auf dem Dach. Das ist die Grundlage für ökonomische Entscheidungen unter Unsicherheit. Anleger erwarten mehr Ertrag für riskante Aktien als für weniger riskante, Arbeitslose müssen für Darlehen höhere Zinsen zahlen als Beamte, Autoversicherungen sind für Fahranfänger teurer als für routinierte Fahrer.

Daniel Bernoullis Lösung des St.-Petersburg-Paradoxons gilt als eine der grundlegendsten Arbeiten der mathematischen Ökonomie. Die Idee des logarithmischen Nutzens einer Geldsumme fiel bald nach Bernoullis Entdeckung in einen zweihundertjährigen Dornröschenschlaf, bis sie der Mathematiker John von Neumann und der Wirtschaftswissenschaftler Oskar Morgenstern in den 1940er-Jahren weckten. In ihrem Buch *Theory of Games and Economic Behavior* schrieben sie, dass sich das Verhalten von Akteuren in der Wirtschaft immer auf eine Nutzenfunktion reduzieren lässt, die der von Bernoulli ähnelt.[8]

Übrigens lässt sich nicht nur das wirtschaftliche Verhalten durch die Logarithmusfunktion beschreiben. Auch die Sinnesorgane des Menschen reagieren auf Reize logarithmisch.

In der ersten Hälfte der 19. Jahrhunderts bemerkten der Physiologe Ernst Heinrich Weber und der Physiker Gustav Theodor Fechner, dass sich die subjektiv empfundene Stärke von Sinneseindrücken proportional zum Logarithmus der objektiven Intensität des physikalischen Reizes verhält.

$$E = c \ln\left(\frac{R}{R_0}\right)$$

Diese Gleichung wird Weber-Fechner-Gesetz genannt. Dabei ist R ein Reiz, der durch eine physikalische Größe ausgedrückt wird, R_0 die Wahrnehmungsgrenze dieses Reizes und c eine Konstante. E ist die subjektiv empfundene Stärke dieses Reizes.

Beim Schall ist der physikalische Reiz der Schalldruck p und der subjektive Reiz die Lautstärke oder, präziser ausgedrückt, der Schalldruckpegel p. Die Wahrnehmungsgrenze bei einer Frequenz von 1000 Hz ist $p_0 = 2\cdot 10^{-5}$ Pa.

$$L_p = 2 \lg\left(\frac{p}{p_0}\right)$$

In der Gleichung für den Schalldruckpegel wird nicht der natürliche Logarithmus ln, sondern der dekadische Logarithmus lg verwendet. Diese beiden Logarithmen unterscheiden sich aber nur durch einen konstanten Faktor. Der Schalldruckpegel ist eigentlich eine einheitslose physikalische Größe. Damit man dem Zahlenwert aber sofort ansehen kann, dass es sich um einen Pegel handelt, wird die Pseudomaßeinheit Bel, die mit B abgekürzt wird, angehängt. Bel ist also eigentlich nur ein vornehmes Wort für 1.

$$L_p = 2 \lg\left(\frac{p}{p_0}\right) \mathrm{B}$$

Schalldruckpegel in Bel sind meist recht kleine Werte. Man kann die Zahlen vergrößern, indem man den Pegel statt in Bel in Dezibel, also in zehntel Bel, angibt. Das Dezibel, das mit dB abgekürzt wird, ist also nichts anderes als ein vornehmes Wort für $^1/_{10}$. Teilt man Bel durch 10, muss man die Zahl davor mit 10 multiplizieren, damit sich das Produkt nicht ändert.

$$L_p = 20 \lg\left(\frac{p}{p_0}\right) \mathrm{dB}$$

Dies ist die übliche Darstellung des Schalldruckpegels.

Auch die Frequenz des Schalls ist ein physikalischer Reiz, der über die Ohren das menschliche Gehirn erreicht. Der dazugehörige subjektive Reiz ist die Tonhöhe. Üblicherweise werden Frequenzen in Hertz und Tonhöhen durch Noten angegeben. Die Tonhöhe hängt logarithmisch von der Frequenz ab. Wird also die Tonhöhe um einen Halbton erhöht, d. h. ein Wert addiert, wird die Frequenz mit einem Faktor multipliziert.

Der Kammerton a′ (subjektiv) ist international auf 440 Hz (physikalisch) normiert. Die Erhöhung um eine Oktave (subjektiv) auf den Ton a″ entspricht einer Verdopplung der Frequenz (physikalisch) auf 880 Hz. Da eine Oktave nach der international gleichmäßig temperierten Tonleiter in zwölf Halbtöne unterteilt ist (subjektiv), muss das Frequenzverhältnis zwei benachbarter Halbtöne

$$\frac{f_2}{f_1} = \sqrt[12]{2} \approx 1{,}05946$$

sein (physikalisch).

Ton	Frequenz
c′	261,63 Hz
cis′, des′	277,18 Hz
d′	293,67 Hz
dis′, es′	311,13 Hz
e′	329,63 Hz
f′	349,23 Hz
fis′, ges′	369,99 Hz
g′	392,00 Hz
gis′, as′	415,30 Hz
a′	440,00 Hz
ais′, b′	466,16 Hz
h′	493,88 Hz
c″	523,25 Hz

Auch die Helligkeit des Lichts (subjektiv) entspricht der logarithmierten Intensität des Lichts (physikalisch) und der Tastsinn (subjektiv) dem logarithmierten Druck (physikalisch) auf der Haut. Selbst der Zeitsinn des Menschen scheint logarithmisch von der physikalischen Zeit abzuhängen. Für kleine Kinder ist ein Jahr eine beinahe unendlich lange Zeit, Erwachsenen scheinen die Jahre immer schneller zu verstreichen, und für alte Menschen vergehen sie wie im Flug.

Nicht nur physikalische Reize nimmt der Mensch logarithmiert wahr, sondern verblüffenderweise auch mathematische. Sehr große Zahlen werden als wesentlich kleiner empfunden, als sie tatsächlich sind. Dies können Sie mit einem einfachen Experiment leicht mit einem Partner überprüfen. Zeichnen Sie eine lange gerade Linie auf ein Blatt Papier und schreiben Sie an das linke Ende die Zahl 1 und an das rechte die Zahl eine Milliarde. Nun erklären Sie Ihrem Partner, dies sei ein Zahlenstrahl und er möge doch bitte nach Augenmaß die Position der Zahl eine Million darauf einzeichnen. Die meisten Menschen werden ohne viel Zeit zum Nachdenken die Zahl bei etwa zwei Drittel der Strecke von 1 bis eine Milliarde einzeichnen. Das ist aber völlig falsch. Da eine Milliarde tausendmal so groß ist wie eine Million, muss man die Million nach einem Tausendstel der Strecke von 1 bis eine Milliarde markieren. Haben Sie Ihre Linie vom linken bis zum rechten Rand eines quergelegten A4-Blattes gezeichnet, ist sie knapp 30 cm lang. Die Position der Million auf diesem Zahlenstrahl wäre etwa 0,3 mm von linken Rand entfernt. Das entspricht etwa der Strichstärke eines gut gespitzten Bleistifts.

Logarithmiert man die drei Zahlen zur Basis 10, erhält man lg(1) = 0, lg(1 000 000) = 6 und lg(1 000 000 000) = 9. Der Logarithmus der Milliarde ist also nur anderthalbmal so groß wie der Logarithmus der Million. Dies entspricht ziemlich genau den „gefühlten" Größenverhältnissen der Zahlen. Wenn man erst einmal weiß, wie Menschen die Größenverhältnisse sehr großer Zahlen empfinden, bringt man vielleicht mehr Verständnis für Politiker auf, die mit Milliarden Euro Steuergelder so locker umgehen, als seien sie nur wenig mehr als Millionen Euro.

Martingale – Wie man beim Roulette nicht verlieren kann

Bei Glücksspielen gibt es eine ganz einfache Strategie, die einem Spieler garantiert, zu gewinnen. Diese Methode wurde seit dem 18. Jahrhundert beim Kartenspiel Pharo und später beim Roulette Martingale genannt. Das Wort stammt aus dem Provenzalischen und geht auf die französischen Stadt Martigues am Rande der Camargue zurück, deren Einwohner früher als etwas naiv galten. Der provenzalische Ausdruck *jouga a la martegalo* bedeutet so viel wie, sehr waghalsig zu spielen.

Beim Roulette wird mit einer Kugel und einem Roulettekessel eine Zahl aus der Reihe von 0 bis 36 ausgelost. Die Wahrscheinlichkeit, dass die Kugel auf eine bestimmte dieser 37 Zahlen fällt, ist für jede Zahl gleich groß. Die Null ist grün, und von den anderen Zahlen ist die eine Hälfte rot und die andere Hälfte schwarz. Die bei Roulettespielern beliebteste Spielart ist das Wetten auf einfache Chancen. Die Zahlen von 1 bis 36 sind auf drei verschiedene Arten in zwei Gruppen zu je achtzehn eingeteilt. Diese sind

Rouge und Noir (rote und schwarze Zahlen), Impair und Pair (ungerade und gerade Zahlen) sowie Manque und Passe (die Zahlen von 1 bis 18 und die Zahlen von 19 bis 36).

Setzt ein Spieler Geld auf eine einfache Chance, beispielsweise auf Impair, und er hat Glück und die Spielkugel lost eine ungerade Zahl aus, bekommt er von der Spielbank seinen Einsatz und noch einmal den gleichen Betrag ausgezahlt. Bei einer geraden Zahl hingegen geht der Einsatz verloren.

Fällt die Kugel auf die Null, sind die Regeln bei einfachen Chancen etwas komplizierter. Ein Spieler setzt zum Beispiel auf Impair und die Kugel fällt auf die Null. Sein Einsatz wird nun gesperrt, man sagt, er geht ins Prison. Fällt die Kugel beim nächsten Spiel auf Impair, wird der Einsatz wieder frei, der Spieler gewinnt allerdings nichts. Fällt die Kugel dagegen auf Pair, ist der Einsatz verloren. Sollte wiederum die Null herauskommen, wird der Einsatz zweifach gesperrt. Man nennt dies Double Prison. Die Kugel muss nun zwei mal in Folge auf Impair treffen. Ein dreifaches Sperren gibt es nicht: Sollte dreimal in Folge die Null getroffen werden, verlieren alle doppelt gesperrten Einsätze auf die einfachen Chancen. Ein Spieler kann anstelle des Sperrens mit den Worten „Partagez la masse, s'il vous plaît" die Hälfte seines Einsatzes vom Croupier zurückfordern, die andere Hälfte wird eingezogen. Voraussetzung für das Halbieren des Einsatzes ist, dass mindestens der doppelte Mindesteinsatz gesetzt wurde. Eine weitere, weniger bekannte Möglichkeit bei einer Null ist, einen gesperrten Einsatz auf eine andere einfache Chance ver-

Roulettespieler. Grafik aus der Zeit um 1800.

legen zu lassen, etwa von Impair auf Pair, wobei dieser Einsatz auf die gewählte Chance dann natürlich ebenfalls gesperrt ist.

Bei der Martingale-Strategie beginnt der Spieler mit einem geringen Einsatz auf eine einfache Chance, beispielsweise auf Rouge. Nehmen wir der Einfachheit halber an, der kleinstmögliche Einsatz wäre ein Euro. Verliert er, setzt er im nächsten Spiel zwei Euro, verliert er wieder, setzt er vier Euro, verliert er erneut, setzt er acht Euro. So geht es weiter: Jedes Mal, wenn er verliert, verdoppelt er im nächsten Spiel seinen Einsatz.

Wenn er nun schließlich im n-ten Spiel gewinnt, hat er bis dahin $1 + 2 + 4 + 8 + \ldots + 2^{n-1}$ Euro eingesetzt. Diese Einsätze bilden eine geometrische Reihe und addieren sich zu $2^n - 1 = 2 \cdot 2^{n-1} - 1$ Euro. Er bekommt von der Bank $2 \cdot 2^{n-1}$ Euro ausgezahlt. Alle seine bis dahin eingetretenen Verluste sind nun getilgt, und er darf sich über einen kleinen Gesamtgewinn von einem Euro freuen. Danach beginnt er wieder mit einem Euro eine neue Spielrunde.

Dieses scheinbar sichere System funktioniert aber in der Praxis nicht, wovon sich trotz gegenteiliger eigener Erfahrung unzählige Spieler nicht überzeugen lassen: Sie übersehen, dass ein fortgesetztes Verdoppeln nicht beliebig oft möglich ist, da es zwei Grenzen gibt, die dies unmöglich machen. Die eine Grenze ist der von der Spielbank festgelegte Höchsteinsatz an den Spieltischen, die andere Grenze, die meist schon wesentlich früher erreicht wird, ist die Begrenztheit des eigenen Geldes.

Betrachten wir ein Beispiel. Ein Spieler spielt nach der Martingale-Strategie und setzt stets auf Impair. Um das Beispiel simpel zu halten, werden ein paar Vereinfachungen gemacht. Die Spielbank hat einen Mindesteinsatz von einem Euro und einen Höchsteinsatz von 2048 Euro festgelegt, sodass die Martingale höchstens zwölf Spiele umfassen kann. Bei der Null geht wie bei einer Pair-Zahl der Einsatz verloren.

Die Wahrscheinlichkeit, ein einzelnes Spiel zu verlieren, beträgt $19/37 \approx 51\%$ und somit die Wahrscheinlichkeit, zwölf Spiele in Folge zu verlieren $(19/37)^{12} \approx 0{,}0336\%$. Daraus ergibt sich eine Wahrscheinlichkeit von $1 - (19/37)^{12} \approx 99{,}9664\%$, eine Martingale mit Erfolg zu beenden. Das scheint nun aus Sicht des Spielers wirklich eine hervorragende Chance zu sein. Aber es gibt einen Schönheitsfehler. Im Fall des glücklichen Abschlusses gewinnt der Spieler gerade nur einen Euro, verliert er jedoch, beträgt sein Verlust $2^{12} - 1 = 4095$ Euro.

Die Spielbank hat eine andere Sichtweise. Für sie ist nicht so sehr die Gewinnwahrscheinlichkeit als vielmehr die Gewinnerwartung von Bedeutung. Der Erwartungswert des Gewinns für den Spieler ist jedoch negativ: $0{,}999664 \cdot 1\,€ - 0{,}000336 \cdot 4095\,€ \approx -0{,}38\,€$. Langfristig wird der Spieler also verlieren und die Bank gewinnen.

Der wohl berühmteste Martingale-Spieler war der venezianische Abenteurer und Frauenheld Giacomo Casanova, der im 18. Jahrhundert durch ganz Europa tingelte. Er schrieb in seiner *Geschichte meines Lebens*: „Vorher bat M. M. mich noch, in ihr Kasino zu gehen, dort Geld zu holen und mit ihr auf Halbpart zu spielen. Ich tat es und nahm alles Geld, das ich fand. Damit spielte ich die Martingale, indem ich stets die Sätze verdoppelte; ich gewann bis zum Ende des Karnevals täglich. Ich hatte das Glück, niemals die sechste Karte zu verlieren; und wenn mir das passiert wäre, so hätte ich kein Spielkapital mehr gehabt; denn dieser sechste Satz betrug zweitausend Zechinen. Ich freute mich, den Schatz meiner teuren Geliebten vermehrt zu haben." Später schien ihn das Glück verlassen zu haben: „Ich spielte immer noch meine Martingale, aber so unglücklich, dass ich bald keine Zechine mehr hatte. Da ich auf gemeinsame Rechnung mit M. M. spielte, musste ich ihr Rechenschaft über den Stand meiner Finanzen ablegen. Auf ihr Drängen verkaufte ich nach und nach alle ihre Diamanten. Den Erlös verlor ich wieder; sie behielt für sich nur fünfhundert Zechinen für den Fall der Not zurück. Von Entführung war keine Rede mehr; denn wie hätten wir uns mittellos durch die Welt schlagen sollen?"[9]

Das Simpson-Paradox

Ein neues Krebsmedikament wird in einem Doppeltblindversuch getestet. Zwanzig Krebspatienten im Frühstadium erhalten das neue Medikament, nach einem Jahr leben noch achtzehn. Von den achtzig Patienten, die mit dem herkömmlichen Medikament behandelt werden, überleben vierundsechzig das Jahr. Die Überlebensquote mit dem neuen Medikament beträgt also 18/20 = 90% und die mit dem herkömmlichen Medikament 64/80 = 80%. Der Unterschied ist nicht groß, dennoch deutlich. Ist dies auch tatsächlich ein Beweis für die höhere Wirksamkeit des neuen Medikaments?

Um sicherzugehen, wird der Doppeltblindversuch mit anderen Patienten in einem fortgeschrittenen Stadium der Krankheit wiederholt. Da die Wissenschaftler sich ziemlich sicher sind, dass das neue Medikament wirksamer ist als das alte, behandelt man diesmal sechzig Krebspatienten mit dem neuen Medikament, von denen dreißig das nächste Jahr überleben. Zwanzig Patienten erhalten das herkömmliche Medikament, und nur sechs von ihnen überleben ein Jahr. Die Überlebensquote mit dem neuen Medikament beträgt also im Spätstadium immerhin noch 30/60 = 50%, wohingegen sie beim alten Medikament nur 6/20 = 30% beträgt.

Zwei Doppelblindtests mit dem gleichen Ergebnis: Das neue und teurere Medikament ist wirksamer als das alte. Die Ärzte sollten es den Patienten also unbedingt verordnen und die Krankenkassen schon allein moralisch verpflichtet sein, es zu bezahlen.

Der Sachbearbeiter bei der Krankenkasse, dem die Ergebnisse der beiden Tests vorgelegt werden, zählt sie einfach zusammen. Insgesamt wurden 80 Patienten mit dem neuen Medikament behandelt, von denen 48 überlebten, was einer Überlebensquote von 48/80 = 60% entspricht. Das herkömmliche Medikament bekamen insgesamt 100 Patienten, von denen 70 überlebten und zu einer Überlebensquote von 70% führen. Nach dieser Rechnung scheint das ältere und billigere Medikament doch wirksamer zu sein, und die Krankenkasse lehnt eine Bezahlung des neuen Medikaments ab. Sie kann damit argumentieren, dass ihre Berechnungen durch die größere empirische Basis abgesichert sind. Diesen kuriosen Effekt nennt man in der Statistik das Simpson-Paradox. Es ist hervorragend geeignet, tatsächliche Ergebnisse zu vernebeln.

Aber welches Ergebnis ist denn nun richtig? Welches Medikament soll man jetzt verordnen? Auf diese zentrale Frage gibt das Simpson-Paradox keine allgemeingültige Antwort. Es reicht nicht aus, sich nur die Zahlen anzusehen; man muss auch die genauen Umstände in Betracht ziehen, unter denen sie erhoben wurden.

Im Fall des neuen Krebsmedikaments fällt die Antwort noch relativ leicht. Beide Tests wurden mit einer zufälligen Auswahl Patienten durchgeführt. Die Verwirrungen sind nur dadurch entstanden, dass man unterschiedlich große Testgruppen gewählt hatte. Darum rechnen wir alle Ergebnisse auf Gruppengrößen von 20 Patienten um. Bei einer Behandlung mit dem herkömmlichen Medikament haben im ersten Test 80% und im zweiten 30% überlebt. Sind in beiden Gruppen je 20 Patienten, wären insgesamt 20 · 0,8 + 20 · 0,3 = 22 Überlebende zu erwarten. Bei der Behandlung mit dem neuen Medikament haben im ersten Test 90% und im zweiten 50% überlebt. Bei Gruppenstärken von 20 Patienten könnte man 20 · 0,9 + 20 · 0,5 = 28 Überlebende erwarten. Das Paradox verschwindet, und als Ergebnis wird in diesem Fall offensichtlich, dass das neue Medikament tatsächlich etwas besser ist.

Leider funktioniert diese Auflösung des Paradoxons längst nicht immer. Häufig sind die Teilmengen keine zufällig ausgewählten und beliebig austauschbaren Testobjekte, sondern nur genau einmal und genau in dieser Verteilung von der Natur vorgegeben. Dann ist die Frage, was gewesen wäre, wenn alle Teilgruppen die gleiche Größe gehabt hätten, mit statistischen Mitteln nicht mehr zu beantworten, sondern reine Spekulation.

Das Simpson-Paradox ist mindestens seit der Wende vom 19. zum 20. Jahrhundert bekannt. Wissenschaftlich untersucht wurde es erst Anfang der 1970er-Jahre im Zusammenhang mit einem spektakulären Rechtsstreit. Damals wurde es auch erstmals Simpson-Paradox genannt nach dem englischen Statistiker Edward Hugh Simpson, der 1951 einen Aufsatz darüber geschrieben hatte.[10]

1974 wurde die Universität von Berkeley in Kalifornien beschuldigt, Frauen bei den Aufnahmeprüfungen zu begehrten Studienplätzen zu benachteiligen. Die Universität musste daraufhin sämtliche Zahlen offenlegen. Sie hatten, wie sich herausstellte, die Verhältnisse eines Simpson-Paradoxons.[11] Um es einfacher zu machen, wählen wir die gleichen Zahlen wie bei den beiden Krebsmedikamenten. Insgesamt bekamen 70% der Männer, aber nur 60% der Frauen, die sich bewarben, einen Studienplatz. Ein klarer Fall von Diskriminierung der Frauen. Tatsächlich?

Man betrachtete die Zahlen der einzelnen Studiengänge, und nun war es genau umgekehrt: In sämtlichen Fächern waren prozentual mehr Frauen als Männer angenommen worden. Die Universität war durch diese Entdeckung aus dem Schneider. Aber bedeutete das nicht, dass die Männer diskriminiert wurden? In Berkeley hat diese Frage niemanden interessiert.

Das Problem ließ sich ohnehin grundsätzlich nicht lösen. Die Frage, wie Männer und Frauen abgeschnitten hätten, wenn sich jeweils gleich viele Männer und Frauen bei den naturwissenschaftlichen wie den geisteswissenschaftlichen Fächern beworben hätten, können diese Zahlen nicht beantworten.

Ein übliches Verfahren, mit Statistik zu schwindeln, besteht darin, nur die Gesamtzahlen zu veröffentlichen und sämtliche Teilergebnisse zu verschweigen. Ein Beispiel, das in ähnlicher Form immer wieder durch die Presse geistert, ist das Xenophobie-Paradoxon. In einer Stadt mit 200 000 Einwohnern leben 60 000 Ausländer. Pro Jahr werden dort 110 Verbrechen verübt, davon 51 von Ausländern und 59 von Deutschen. Nun kann man lesen, dass in der Stadt mehr als doppelt so viele Ausländer kriminell seien wie Deutsche, nämlich 51/60 000 = 0,85‰ der Ausländer, und 59 = 140 000 = 0,42‰ der Deutschen.

Schaut man sich aber die Stadt genauer an, findet man im Osten einen Problembezirk. Hier leben 50 000 Ausländer und 50 000 Deutsche, von beiden Gruppen werden pro Jahr im Schnitt jeweils 50 Verbrechen begangen. In den anderen Stadtteilen leben 10 000 Ausländer mit 90 000 Deutschen, und auch in ihnen ist die Verbrechensrate von Deutschen und Ausländern gleich groß: Durchschnittlich ein Verbrechen pro Jahr von einem Ausländer und neun von Deutschen. Mit dieser zusätzlichen Information sieht man sofort, dass die Verbrechensrate nur vom Stadtteil abhängt und nicht davon, ob jemand Ausländer oder Deutscher ist. Warum die Kriminalität im Osten der Stadt größer ist als in den anderen Stadtteilen, hat ganz andere Ursachen. Vielleicht liegt es an der Armut, der Arbeitslosigkeit, der Chancenungleichheit oder der Umwelt.

Betrachtet man das Simpson-Paradox in umgekehrter Richtung, verhält es sich noch seltsamer. Stellen Sie sich vor, Sie arbeiten als Arzt bei einer telefonischen Gesundheitsberatung. Jemand ruft Sie an, der unter Aller-

5 Paradoxien der Wahrscheinlichkeit

gien leidet. Angenommen, es gäbe genau zwei Medikamente dagegen, eines von der Firma A und ein anderes von der Firma B, und dass auch bei diesem Beispiel die Zahlen so gewählt sind wie beim Krebsmedikament und den Studienplatzbewerbern.

Natürlich raten Sie dem Anrufer zum Medikament B, denn es hat sich bei 70% aller Testpersonen als wirksam erwiesen, Medikament A hingegen nur bei 60%. Nun haben Sie aber in einer Fachzeitschrift von einer Studie gelesen, die gezeigt hat, dass zwar insgesamt das Medikament B wirksamer ist, Medikament A aber sowohl bei einer Patientengruppe von ausschließlich hellhäutigen Menschen wie bei einer Gruppe von ausschließlich dunkelhäutigen Menschen erfolgreicher wirkt. Im Interesse des Patienten müssen Sie ihn also fragen: „Welche Hautfarbe haben Sie?" Unabhängig von der Antwort sollten Sie Ihrem Patienten Medikament A verordnen. Also: Ohne Frage nach der Hautfarbe sollten Sie Medikament B, mit Frage nach der Hautfarbe Medikament A verordnen.

Quellen

1. George Gamow, One, Two, Three … Infinity, New York 1947.
2. Craig F. Whitaker in: Marilyn vos Savant, Parade Magazine, 9. September 1990, S. 22.
3. Marilyn vos Savant, Parade Magazine, 2. Dezember 1990, S. 28.
4. Marilyn vos Savant, Parade Magazine, 17. Februar 1991, S. 28.
5. Martin Gardner, Scientific American 201, Oktober 1959, S. 180, 182.
6. Martin Gardner, Scientific American 201, November 1959, S. 188.
7. Daniel Bernoulli, Commentarii Academiae Scientiarum Imperialis Petropolitanae, Tomus V, 1738, S. 175–192.
8. John von Neumann und Oskar Morgenstern: Theory of Games and Economic Behavior, Princeton 1944.
9. Giacomo Casanova, Geschichte meines Lebens, hg. und eingeleitet von Erich Loos, 12 Bände, Berlin 1964–1967.
10. Edward Hugh Simpson, Journal of the Royal Statistical Society, Ser. B. 13, 1951, S. 238–241.
11. P. J. Bickel, E. A. Hammel und J. W. O'Connell, Science 187 (4175) 1975, S. 398–404.

6 Pascals Wette

Buridans Esel

Um zwischen zwei Alternativen eine klare Entscheidung treffen zu können, sollte die eine Alternative mehr Vorteile bieten als die andere. Steht ein Esel zwischen zwei gleich großen und gleich weit entfernten Heuhaufen, kann er sich nicht entscheiden, welchen er zuerst fressen soll, und verhungert schließlich.

Diese jahrhundertealte kleine Geschichte ist unter dem Namen *Buridans Esel* bekannt. Der französische Scholastiker Johannes Buridan, der im 14. Jahrhundert lebte und ein Schüler Wilhelms von Ockham war, fragt in seiner Diskussion von Aristoteles' *Nikomachischer Ethik*: „Wäre der Wille, vor zwei vollständig identische Alternativen gestellt, in der Lage, eine Alternative der anderen vorzuziehen?" Buridan beantwortet diese Frage mit „nein" und belegt seine Ansicht am Beispiel eines Wanderers, der sich an einer Weggabelung für keinen der zwei Wege entscheiden kann, und dem eines in Seenot geratenen Seglers, auf dem der Kapitän sich nicht entscheiden kann, ob er seine Ladung aufgibt oder nicht. Die Geschichte vom Esel und den beiden Heuhaufen findet man aber nirgendwo in Buridans Schriften. Man geht heute davon aus, dass seine Gegner das Gleichnis vom Esel geprägt haben, um dessen Ansichten als absurd dastehen zu lassen.

Buridans Esel hat einige Vorläufer. Schon Aristoteles schreibt von einem Mann, der in der Mitte zwischen Speisen und Getränken steht und sterben muss, weil er genauso hungrig wie durstig ist und sich nicht entscheiden kann, ob er zuerst essen oder trinken soll.

Buridans Esel: Der amerikanische Senat und das Repräsentantenhaus können sich um 1900 nicht entscheiden, ob sie Atlantik und Pazifik mit einem Kanal durch Panama oder durch Nicaragua verbinden lassen sollen.

Auch der persische Philosoph und Theologe Abu Hamid Muhammad ibn Muhammad al-Ghazali, der im Abendland unter dem latinisierten Namen Algazel bekannt ist, kannte im 11. Jahrhundert dieses paradoxe Verhalten. Er schrieb in seinem Buch *Inkohärenz der Philosophen*: „Wenn ein durstiger Mann auf zwei unterschiedliche Gläser Wasser zugreifen kann, die für seine Zwecke in jeder Hinsicht gleich sind, müsste er verdursten, solange eins nicht schöner, leichter oder näher an seiner rechten Hand ist."

Eine Karikatur aus der Zeit um 1900 zeigt Buridans Esel, der das Kapitol aus Washington auf dem Rücken trägt und zwischen zwei Heuballen steht. Er steht für den amerikanischen Senat und das Repräsentantenhaus, die sich nicht entscheiden konnten, ob der Kanal zwischen Atlantik und Pazifik durch Panama oder Nicaragua gebaut werden sollte. Der deutsche Schriftsteller Günter de Bruyn schildert in seinem Roman *Buridans Esel*[1] (1968) das Leben eines Mannes, der zwischen zwei Frauen schwankt und sich für keine entscheiden kann.

In der Physik und Technik entspricht Buridans Esel dem labilen Gleichgewicht. Eine Kugel, die exakt auf dem höchsten Punkt einer nach oben gewölbten Unterlage liegt, befindet sich in einem labilen Gleichgewicht. Sie wird dort liegen bleiben, jedoch durch die geringste Störung dieses Gleichgewichts hinunterrollen. In welche Richtung die Kugel rollt, hängt von der Richtung der Störung ab.

Labiles Gleichgewicht einer Kugel auf dem höchsten Punkt einer Kuppe.

Pascals Wette

Der berühmte französische Philosoph, Mathematiker und Physiker Blaise Pascal glaubte an Gott. In seinen Notizen, die Freunde von ihm nach seinem Tod 1670 unter dem Titel *Pensées* (Gedanken) herausgaben, rechtfertigte er seinen Glauben mit mathematischen Argumenten.[2]

Wir können nicht beweisen, ob es einen Gott gibt oder nicht. Allerdings können wir eine Wette darauf abschließen, ob es ihn nun gibt oder nicht. Dann stellt sich die Frage, in welchem Fall die Gewinnerwartung höher ist: Wenn man glaubt, dass Gott existiere, oder wenn man glaubt, er existiere nicht?

Betrachten wir die vier möglichen Fälle:

1. Man glaubt an Gott, und Gott existiert. In diesem Fall wird man belohnt und kommt in den Himmel.

2. Man glaubt an Gott, und Gott existiert nicht. In diesem Fall gewinnt man nichts, aber man verliert auch nichts. Der Glaube an Gott ist folgenlos.

3. Man glaubt nicht an Gott, und Gott existiert nicht. Auch diesem Fall gewinnt und verliert man nichts, und der Unglaube bleibt folgenlos.

4. Man glaubt nicht an Gott, und Gott existiert. In diesem Fall verliert man die ewige Seligkeit und kommt in die Hölle.

Die klügere Wahl ist also, bedingungslos an Gott zu glauben, dann kann man nichts verlieren. Entweder gewinnt man oder die Wette bleibt folgenlos.

Pascals Wette ist übrigens kein Argument für die Existenz Gottes, sondern nur eines dafür, an Gott zu glauben. Außerdem ist seine Wette ein Zirkelschluss: Um sie akzeptabel zu finden, muss man bereits an einen ganz bestimmten, genau festgelegten Gott mit spezifischen Eigenschaften glauben. Weicht auch nur eine der für Gott angenommenen Eigenschaften von denen des tatsächlichen Gottes ab – sofern er überhaupt existiert –, dann verliert man die Wette, obwohl man glaubt, sie zu gewinnen.

Im Lauf der Jahrhunderte wurden viele Einwände, logische, aber auch theologische, gegen Pascals Wette erhoben. Der überzeugendste Einwand stellt die Vollständigkeit der Möglichkeiten in Frage. Es kann doch durchaus sein, dass die Aussichten auf ein unendlich glückliches Leben nach dem Tod nicht allein Gläubigen vorbehalten ist. Und wenn doch, dann kann es sein, dass der Glaube an Gott nicht automatisch zu einem glücklichen Leben nach dem Tod führt. Was ist, wenn Gott all diejenigen, die aus reinen Vernunftgründen an ihn glauben, gar nicht mag? Das liegt sogar nahe, denn schon Adams Verstoß gegen das Verbot, vom „Baum der Erkenntnis des Guten und Bösen" zu essen, hatte nach dem Alten Testament fatale Folgen.[3] Was ist, wenn Gott das Universum dem Teufel überlassen hat? Oder wenn es in der Hölle recht lustig, im Himmel dagegen langweilig ist? Lässt man der Fantasie freien Lauf, verflüchtigt sich die scheinbar zwingende Kraft des Pascal'schen Arguments für den Glauben.

Blaise Pascal ging von nur zwei Möglichkeiten aus:
1. Es gibt einen Gott, der genau die Menschen belohnt, die an ihn glauben.
2. Es gibt keinen Gott und damit auch keine Belohnung für Glauben.

Tatsächlich gäbe es aber noch viel mehr Möglichkeiten. Zum Beispiel:
1. Es gibt einen Gott, der jedoch nicht belohnt.
2. Es gibt einen Gott, der zwar belohnt, dies jedoch nicht vom Glauben an ihn abhängig macht.
3. Es gibt keinen Gott, und man wird nach dem Tod trotzdem belohnt.
4. Es gibt einen nichtchristlichen Gott, der alle Christen wegen Götzendienstes bestraft.
5. Es gibt einen christlichen allwissenden Gott, der nur unser Handeln belohnt und Lippenbekenntnisse bestraft.

Newcombs Paradoxon

Es gibt in der Philosophie kaum einen Begriff, der so viele Paradoxien in sich birgt wie der der Allwissenheit. Dennoch ist er beinahe auf der ganzen Welt allgegenwärtig. Die meisten Kulturen kennen den Glauben an einen Gott oder an höhere Wesen, die allwissend sind. Doch Allwissenheit führt leicht zu Widersprüchen, was bei der absoluten Vollkommenheit, die diese höheren Wesen in der Regel auch besitzen, zu einem schalen Beigeschmack führt.

Ein solches Paradoxon der Allwissenheit erdachte 1960 der amerikanische Physiker William Newcomb, ein Großneffe des Mathematikers und Astronomen Simon Newcomb. Veröffentlicht und analysiert wurde es 1969 von dem amerikanischen Philosophen Robert Nozick.[4]

Ein Hellseher behauptet, Ihre Gedanken und Handlungen vorhersehen zu können. Er erhebt jedoch keinen Anspruch auf hundertprozentige Zuverlässigkeit, sondern nur auf etwa neunzigprozentige; dies ist auch durch zahlreiche Tests bestätigt worden. Sie haben sich bereit erklärt, bei einem einfachen und sehr einträglichen Spiel mitzumachen.

Vor Ihnen auf dem Tisch stehen zwei Schachteln A und B. Die Schachtel A hat einen Glasdeckel, Sie können sehen, dass zwei Fünfhunderteuroscheine darin liegen. Die Schachtel B hingegen hat einen undurchsichtigen Deckel. Der Hellseher verrät Ihnen jedoch, dass in der Schachtel B entweder eine Million Euro liegen oder sie leer ist. Sie dürfen den Deckel nicht anheben und hineinsehen. Aus freiem Willen, falls es ihn gibt, müssen Sie nun entscheiden, ob Sie den Inhalt von Schachtel B oder den Inhalt beider Schachteln haben möchten. Andere Wahlmöglichkeiten gibt es nicht.

Der Haken bei dem Spiel ist, dass der Hellseher behauptet, vorhergesehen zu haben, wie Sie sich entscheiden werden. Falls Sie sich für den Inhalt beider Schachteln entscheiden werden, so hat er Schachtel B leergelassen, falls Sie sich aber nur für Schachtel B entscheiden, hat er eine Million Euro in Schachtel B gelegt.

Ihnen kann es völlig egal sein, ob der Mann tatsächlich Hellseher ist oder nur ein Schwindler. Sie wollen nur möglichst viel Geld gewinnen. Die Bedingungen werden von vertrauenswürdigen Personen sorgfältig vorbereitet und genau eingehalten, und Sie sind sich ganz sicher, dass Sie niemand betrügen wird. Auch Sie selbst können nicht betrügen. Wie sollen Sie sich entscheiden?

Eine mögliche Reaktion wäre, sich zu sagen: „Hellseherei ist Blödsinn und das Getue um die Vorhersage völlig irrelevant. Also entscheide ich mich für den Inhalt beider Schachteln. Dann sind mir tausend Euro sicher, und wenn ich Glück habe, bekomme ich noch eine Million Euro zusätzlich."

Es gibt aber auch gute Gründe dafür, nur die Schachtel B zu wählen. Sie wissen, dass der Hellseher in der Vergangenheit bei seinen Vorhersagen in

90% aller Fälle Recht gehabt hat. Würden Sie beide Schachteln wählen, bestünde somit eine hohe Wahrscheinlichkeit, dass er dies auch vorausgesehen und Schachtel B darum leer gelassen hätte. Sie würden dann also mit neunzigprozentiger Wahrscheinlichkeit nur tausend Euro bekommen und mit zehnprozentiger Wahrscheinlichkeit 1 001 000 Euro. Würden Sie hingegen nur die Schachtel B wählen, hätte der Hellseher auch dies mit hoher Wahrscheinlichkeit vorausgesehen und folglich eine Million Euro in die Schachtel B gelegt. Die Wahrscheinlichkeit, leer auszugehen, wäre in diesem Fall 10% und die Wahrscheinlichkeit, eine Million Euro zu bekommen, 90%.

Berechnen wir die Erwartungswerte. Wählt man beide Schachteln, bekommt man die tausend Euro aus Schachtel A mit hundertprozentiger Sicherheit und die Million Euro aus Schachtel B mit zehnprozentiger Sicherheit. Der Erwartungswert des Gewinns aus den beiden Schachteln beträgt folglich $1 \cdot 1\,000\,€ + 0{,}1 \cdot 1\,000\,000\,€ = 101\,000\,€$. Wählt man hingegen nur die Schachtel B, erhält man natürlich auf gar keinen Fall die 1000 Euro aus Schachtel A und mit neunzigprozentiger Wahrscheinlichkeit die Million Euro aus Schachtel B. Der Erwartungswert des Gewinns ist in diesem Fall $0 \cdot 1\,000\,€ + 0{,}9 \cdot 1\,000\,000\,€ = 900\,000\,€$. Es spricht also alles dafür, nur die Schachtel B zu wählen.

Wenn der Hellseher sogar mit 99prozentiger Wahrscheinlichkeit Recht behält, beträgt der Erwartungswert des Gewinns 11 000 Euro bei der Wahl beider Schachteln und 990 000 bei der Wahl der Schachtel B. In dem Grenzfall, dass der Hellseher immer Recht behält, schrumpft die Gewinnerwartung bei der Wahl beider Schachteln auf 1000 Euro und wächst bei der Wahl der Schachtel B auf 1 000 000 Euro.

Bisher ist es noch niemanden gelungen, diese beiden sich widersprechenden Strategien zufriedenstellend gegeneinander abzuwägen. Letztlich ist dieses Paradoxon eine Art Lackmustest dafür, ob jemand an die Freiheit des Willens glaubt oder nicht. Anhand ihrer Strategiewahl kann man Testpersonen in zwei Gruppen unterscheiden: die, die an die Willensfreiheit glauben und beide Schachtel wählen, und die, die dem Determinismus anhängen und sich für Schachtel B entscheiden.

Das Umtauschparadoxon

Der Mathematiker Maurice Borissowitsch Kraitchik erzählt in seinem Buch *La mathématique des jeux* (1930) eine Geschichte von zwei Männern, die beide behaupten, die schönere Krawatte zu tragen.[5] Sie bitten einen Modefachmann um sein Votum und vereinbaren, dass der Sieger seine Krawatte dem Verlierer als Trostpflaster schenken soll. Der erste Mann überlegt jetzt: „Ich weiß, was meine Krawatte wert ist. Ich kann bei dem Vergleich verlieren, aber dann bekomme ich eine bessere Krawatte. Das Spiel ist also zu meinem Vorteil." Der zweite Mann kann genau die gleichen Überlegungen anstellen. Wie kann es möglich sein, dass beide bei dem Spiel im Vorteil sind?

In mathematischerer Form ist dies als Umtauschparadoxon bekannt. Bei Ihrer Geburtstagsfeier legt ein reicher Onkel zwei verschlossene Briefumschläge vor Sie auf den Tisch und sagt: „Beide Umschläge enthalten Geld, aber in dem einen Umschlag steckt doppelt so viel Geld wie in dem anderen. Such dir einen aus." Sie wählen einen Umschlag, öffnen ihn und finden darin 1000 Euro. Nun sagt Ihr Onkel: „Wenn du möchtest, steck das Geld wieder in den Umschlag und nimm stattdessen den anderen." Sollen Sie das Angebot annehmen? Sie überlegen: Da Sie den Briefumschlag rein zufällig gewählt haben, ist die Wahrscheinlichkeit, dass Sie zuerst den kleineren Betrag gezogen haben, genauso groß wie die Chance, zuerst den größeren Betrag gezogen zu haben. Sie beträgt also für beide Fälle ½. Die 1000 Euro, die Sie jetzt haben, stehen somit, falls Sie tauschen, einer Gewinnerwartung von ½ · 2000 € + ½ · 500 € = 1250 € gegenüber. Das sind 250 Euro mehr als ohne Tausch. Folglich ist es klüger, die Umschläge zu tauschen.

Aber stimmt das auch? Da es auf den Betrag nicht ankommt, hätten Sie sich, ohne den ersten Umschlag zu öffnen, gleich für den anderen Briefumschlag entscheiden können. Aber damit wären Sie wieder in der Ausgangssituation. Sie haben ja einfach nur gewählt und können dieselben Überlegungen anstellen wie zuvor. Der Wechsel würde auch jetzt Gewinn versprechen, obwohl Sie dann wieder beim ersten Umschlag gelandet wären.

Das Paradoxon kommt durch eine unzulässige Anwendung des Indifferenzprinzips zustande. Die Bezeichnung stammt vom britischen Wirtschaftswissenschaftler und Mathematiker John Maynard Keynes, der das schon zuvor bekannte Prinzip des unzureichenden Grundes in seinem Buch *Treatise on Probability* (1921) so genannt hat.[6] Es besagt: Wenn keine Gründe dafür bekannt sind, um eines von verschiedenen möglichen Ereignissen zu begünstigen, dann sind die Ereignisse als gleich wahrscheinlich anzusehen. Dieses Prinzip hat eine lange und berüchtigte Geschichte, da es häufig fehlerhaft angewendet wurde und dadurch zu absurden Paradoxien und offensichtlichen logischen Widersprüchen geführt hat. Der französische Mathematiker und Astronom Pierre-Simon Laplace hat 1812 mit diesem Prinzip folgende Berechnung angestellt.[7] „Nach der Bibel ist die Erde fünftausend Jahre oder genau 1 826 213 Tage alt. An jedem dieser 1 826 213 Tage ist die Sonne morgens aufgegangen. Folglich wird die Sonne am nächsten Morgen mit einer Wahrscheinlichkeit von 1 826 213 / 1 826 214 = 99,999945% auch wieder aufgehen."

Ähnlich absurd ist folgende Rechnung: 100 Milliarden Menschen sind seit der Entstehung der Menschheit geboren worden. Davon leben noch 7,2 Milliarden Menschen. Also beträgt die Wahrscheinlichkeit, dass ich irgendwann einmal sterben werde, 92,8 Milliarden / 100 Milliarden = 92,8 % und somit die Wahrscheinlichkeit, dass ich niemals sterben werde 7,2 %.

Zurück zum Umtauschparadoxon. Wahrscheinlichkeiten dafür, dass in den Umschlägen bestimmte Geldsummen stecken, sind zwar denkbar, aber nicht bekannt. Dazu kommt, dass die angenommene Gleichverteilung aller möglichen Fälle sogar grundsätzlich unmöglich ist. Bei einer potenziell unendlichen Anzahl von Fällen kann nicht jeder Fall dieselbe Wahrscheinlichkeit haben. Mit dem Indifferenzprinzip wird eine Struktur unterstellt, die gar nicht vorhanden ist.

Um das Paradoxon genauer zu untersuchen, vereinfachen wir es zunächst. Wir nehmen an, es gäbe nur zwei Fälle. Im ersten Fall sind in den beiden Umschlägen 500 und 1000 Euro und im zweiten Fall 1000 und 2000 Euro. Der reiche Onkel, der das Geld in die Umschläge steckt und Ihnen vorlegt, wählt mit einer Wahrscheinlichkeit p den zweiten Fall und mit einer Wahrscheinlichkeit $1 - p$ den ersten Fall. Wenn Ihr Onkel Sie über den Inhalt der beiden Umschläge völlig im Unklaren lässt, hat der Inhalt des von Ihnen zuerst gewählten Umschlags auf Ihre Entscheidung, ob Sie tauschen oder nicht, keinen Einfluss. Sie können sich dafür entscheiden, grundsätzlich nicht zu tauschen. Das ergibt für Sie einen zu erwartenden Gewinn von ½(500 € + 1000 €)(1 − p) + ½(1000 € + 2000 €)p = 750 € + 750 € · p. Genau den gleichen zu erwartenden Gewinn erhielten Sie, wenn Sie die Umschläge grundsätzlich tauschen würden. Ein Tausch verbessert oder verschlechtert also erwartungsgemäß nichts.

Anders sieht die Sache aus, wenn Ihr Onkel Sie über die möglichen Fälle vorab informiert. Jetzt sollten Sie Ihre Entscheidung, ob Sie die Umschläge tauschen oder nicht, vom Inhalt des von Ihnen zuerst gewählten Umschlags abhängig machen. Sie sollten tauschen, wenn in dem Umschlag weniger als 2000 Euro stecken und nicht tauschen, wenn sich genau 2000 Euro in ihm befinden. Falls Ihr Onkel 1000 und 2000 Euro in die Umschläge gesteckt hat, erhalten Sie mit Sicherheit mit diesem Verfahren 2000 Euro. Hat Ihr Onkel aber 500 und 1000 Euro in die Umschläge gelegt, sind die Wahrscheinlichkeiten genauso wie im ersten Fall. Insgesamt können Sie einen Gewinn von ½(500 € + 1000 €)(1 − p) + 2000 € · p = 750 € + 1250 € · p erzielen. Diese Strategie zahlt sich aus, solange p größer als 0 ist, also solange es überhaupt die Umschläge mit den höheren Beträgen gibt.

Bei einer Variante dieser Strategie wechseln Sie nur dann, wenn in dem zuerst gewählten Umschlag nur 500 Euro stecken. Dadurch können Sie einen Gewinn von 1000 € + 500 € · p erwarten. Diese Strategie ist der ersten Variante überlegen, wenn die Wahrscheinlichkeit p größer ist als ⅓.

Das Braess'sche Paradoxon

Eine tatsächliche Erleichterung kann eine Situation schlimmer machen, als sie zuvor war. Dieses Paradoxon hat der deutsche Mathematiker Dietrich Braess 1968 am Beispiel des Straßenverkehrs beschrieben und festgestellt, dass zusätzliche Straßen den Verkehr nicht unbedingt entlasten, sondern sogar zu verlängerten Fahrtzeiten führen können.[8]

Von A-Stadt führte eine Landstraße auf direktem Weg über die beiden Orte B-Dorf und C-Dorf nach D-Stadt. Zwischen B-Dorf und C-Dorf überquerte die Straße bis 1945 einen Fluss. Die Brücke ist im Zweiten Weltkrieg durch eine Bombe zerstört und nie wieder ersetzt worden. Seitdem haben Autofahrer zwei Möglichkeiten, um von A-Stadt nach D-Stadt zu gelangen. Entweder fahren sie über die Autobahn A1 bis C-Dorf und dann über die Landstraße weiter nach D-Stadt, oder sie fahren über die Landstraße bis B-Dorf und anschließend über die Autobahn A2 weiter nach D-Stadt.

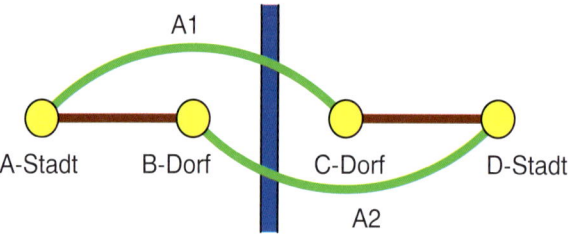

Die Straßen zwischen A-Stadt, B-Dorf, C-Dorf und D-Stadt.

Während des Berufsverkehrs zwischen 7 und 8 Uhr morgens fahren 4000 Autofahrer von A-Stadt nach D-Stadt, wobei die eine Hälfte den Weg über B-Dorf und die andere den über C-Dorf wählt. Die beiden Autobahnstrecken sind zwar lang, aber gut ausgebaut, und unabhängig vom Verkehrsaufkommen beträgt die Fahrtzeit jeweils 55 Minuten. Anders sieht es auf den Landstraßen aus. Sie sind zwar nur kurz, aber eng und kurvenreich. Dort hängt die Fahrtzeit fast ausschließlich von der Verkehrsdichte ab. Rollen nur 1000 Autos während der Rushhour über eine dieser Straßen, ist

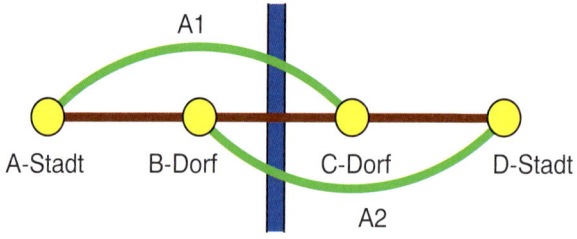

Die Straßen zwischen A-Stadt, B-Dorf, C-Dorf und D-Stadt mit einer neuen Brücke.

man zehn Minuten auf ihr unterwegs. Mit je 1000 weiteren Autos erhöht sich die Fahrtzeit um jeweils 10 Minuten. Jedes Auto ist somit 55 Minuten auf der Autobahn und 20 Minuten auf der Landstraße unterwegs und benötigt für die gesamte Fahrt 75 Minuten. Damit ist ein Zustand erreicht, den die Mathematiker Nash-Gleichgewicht nennen. Kein Autofahrer kann seine Fahrtzeit verkürzen, indem er eine andere Strecke von A-Stadt nach D-Stadt wählt.

Eines Tages kurz vor der Kommunalwahl beschließen die Politiker der vier Gemeinden, wieder eine Brücke über den Fluss zwischen B-Dorf und C-Dorf zu bauen. Dies wird sofort in die Tat umgesetzt, wenige Monate später können beinahe beliebig viele Autos pro Stunde über die vierspurige Brücke in zehn Minuten direkt von B-Dorf nach C-Dorf fahren.

Doch was sind die Folgen dieses Wählergeschenks? Die neue Brücke lockt viele Fahrer an, und manche hoffen, die Fahrtzeit von A-Stadt nach D-Stadt werde sich auf 30 Minuten verkürzen. Andere sind realistischer und planen wie gewohnt 20 Minuten für die beiden Landstraßenabschnitte von A-Stadt nach B-Dorf und von C-Dorf nach D-Stadt ein. Da sie deshalb mit einer Fahrtzeit von 50 Minuten rechnen, entscheiden auch sie sich für die neue Brücke. Am Ende quälen sich alle 4000 Autos während der Rushhour über die Landstraßen und die Brücke. Wie lange sind sie nun unterwegs? Für beide Landstraßenabschnitte benötigen sie jeweils 40 Minuten und für die Brücke und ihre Zubringer 10 Minuten. Insgesamt sind die Autofahrer jetzt alle 90 Minuten unterwegs, eine Viertelstunde länger als vor dem Bau der Brücke.

Wenn einzelne Autofahrer auf ihre alte Strecke ausweichen wollen, nützt ihnen das gar nichts, im Gegenteil: Es wird für sie noch schlimmer, denn sie sind dann sogar 95 Minuten unterwegs. Die Situation ist wieder im Gleichgewicht, denn kein Fahrer kann seine Fahrtzeit verkürzen, indem er eine andere Route wählt.

Erst wenn sehr viele Autofahrer sich entscheiden, wieder ihre alte Route zu nehmen, verringert sich der Stau auf den Landstraßen. Wenn beispielsweise 1000 Autofahrer über die Autobahn nach C-Dorf führen und von dort aus weiter nach D-Stadt, dann würden die anderen 3000 Autofahrer auf der Landstraße von A-Stadt nach B-Dorf zehn Minuten Fahrtzeit sparen. Ihr Weg zur Arbeit betrüge noch 80 Minuten, während die Fahrtzeit der 1000 Verkehrsverbesserer unverändert bei 95 Minuten bliebe. Theoretisch könnten sich natürlich alle 4000 Autofahrer absprechen, wer welche Straßen benutzen soll, damit alle schneller zur Arbeit kommen, aber dies ist praktisch unmöglich.

Das Beispiel wirkt etwas konstruiert, echte Verkehrsnetze sind durch viel mehr Straßen und Verzweigungen deutlich komplizierter. Dennoch tritt das Braess-Paradoxon auch im realen Straßennetz auf. So waren Stuttgarts Stadtväter sehr überrascht, als nach großen Umbauten des Straßennetzes der Verkehrsfluss rund um den Schlossplatz ins Stocken geriet. Erst als man einen Teil der Königstraße für Autos sperrte, floss der Verkehr wieder ungehindert. Ebenso überrascht war man 1990 in New York, als man die 42. Straße zeitweilig sperren musste und sich dadurch der Verkehr in der Umgebung weniger staute als sonst. Ähnliches konnte man in den Straßen Winnipegs beobachten. Und in Neckarsulm verbesserte sich der Verkehrsfluss, nachdem ein oft geschlossener Bahnübergang ganz aufgehoben wurde.

Quellen

1. Günter de Bruyn, Buridans Esel, Halle 1968.
2. Blaise Pascal, Gedanken, Köln 2011.
3. Bibel, 1 Mose 2,17.
4. Robert Nozick in: Nicholas Rescher (Hg.), Essays in Honor of Carl G. Hempel. A Tribute on the Occasion of his Sixty-Fifth Birthday, Dordrecht 1969, S. 114–146.
5. Maurice Kraitchik, La Mathématique des Jeux, Brüssel 1930, S. 253–254.
6. John Maynard Keynes, Treatise on Probability, 1921.
7. Pierre-Simon Laplace, Essai Philosophique sur les Probabilités (5. Aufl.), Paris 1825, S. 23.
8. Dietrich Braess, Unternehmensforschung 12, 1968, S. 258–268.

7 Hilberts Hotel

Eines Abends kamen zehn Reisende in einen kleinen Dorfgasthof, und jeder verlangte ein Zimmer. „Ich habe nur neun Räume", sagte der Wirt, „aber ich werde sehen, was sich machen lässt." Er brachte die beiden ersten Reisenden in einem Zimmer unter. Dem dritten Reisenden gab er das zweite Zimmer, dem vierten das dritte Zimmer usw. und schließlich dem neunten das achte Zimmer. Das neunte Zimmer war nun noch frei, er holte den zehnten Reisenden aus dem ersten Zimmer und brachte ihn hier unter. Jetzt hatte jeder der zehn Reisenden sein Einzelzimmer. Wie war das möglich?

Ein unbekannter Autor brachte dieses Rätsel in Versform und veröffentlichte es 1889 in der amerikanischen Zeitschrift *Current Literature*.[1]

> Ten weary, footsore travellers,
> All in a woeful plight,
> Sought shelter at a wayside inn
> One dark and stormy night.
>
> "Nine rooms, no more," the landlord said
> "Have I to offer you.
> To each of eight a single bed,
> But the ninth must serve for two."
>
> A din arose. The troubled host
> Could only scratch his head,
> For of those tired men no two
> Would occupy one bed.
>
> The puzzled host was soon at ease –
> He was a clever man –
> And so to please his guests devised
> This most ingenious plan.

In a room marked A two men were placed,
The third was lodged in B,
The fourth to C was then assigned,
The fifth retired to D.

In E the sixth he tucked away,
In F the seventh man,
The eighth and ninth in G and H,
And then to A he ran,

Wherein the host, as I have said,
Had laid two travellers by;
Then taking one – the tenth and last –
He lodged him safe in I.

Nine single rooms – a room for each –
Were made to serve for ten;
And this it is that puzzles me
And many wiser men.

Der faule Trick ist leicht zu durchschauen, die Nummerierung der Reisenden ist fehlerhaft. Der zweite Reisende, der vom Wirt zunächst im ersten Raum untergebracht wurde, war außerdem als zehnter Reisender gezählt worden, was natürlich falsch ist. Der wirkliche zehnte Reisende wurde gar nicht berücksichtigt und bekam kein Zimmer ab.

Deutlich raffinierter ist eine Variante, die der in Göttingen lehrende Mathematiker David Hilbert erdachte. In einer Vorlesung vom Januar 1924 stellte er sein Grand Hotel vor. Einer breiten Öffentlichkeit bekannt wurde Hilberts Hotel durch den russischen Physiker George Gamow, der es in seinem populärwissenschaftlichen Buch *One, Two, Three … Infinity* (1947) ausführlich beschrieb.[2]

Hilberts Grand Hotel hat unendlich viele Zimmer, die allesamt belegt sind. Da kommt noch ein Gast und fragt an der Rezeption nach einem Zimmer. „Wir sind eigentlich voll", sagt der Rezeptionist „aber ich werde mein Bestes versuchen." Was soll der Rezeptionist machen? Im letzten Zimmer kann er den Gast nicht unterbringen, denn da das Hotel unendlich viele Zimmer hat, gibt es kein letztes Zimmer. Darum sagt er dem Gast in Zimmer 1, er solle bitte in Zimmer 2 umziehen. Dem Gast in Zimmer 2 sagt er, er solle in Zimmer 3 umziehen usw. Jeder Gast muss also sein Zimmer räumen und in das Zimmer mit der nächsthöheren Nummer wechseln. Am Ende ist Zimmer 1 frei, und der Rezeptionist gibt es dem neuen Gast.

Selbst als nun noch ein Bus mit unendlich vielen weiteren Gästen eintrifft, kann der Rezeptionist jedem ein Zimmer beschaffen. Er startet dafür wieder einen großen Umzug. Jeder Gast muss sein Zimmer wechseln. Hat er bislang Zimmernummer n gehabt, bekommt er nun das Zimmer mit der Nummer $2n - 1$. Die Gäste, die zuvor die Zimmer mit den Nummern 1, 2, 3, 4, 5, ... gehabt haben, logieren also anschließend in den Zimmern mit den Nummern 1, 3, 5, 7, 9, ... Alle Gäste, die zuvor schon in dem Hotel gewesen sind, haben also wieder ein Zimmer bekommen und besetzen die unendlich vielen Zimmer mit den ungeraden Nummern. Alle Zimmer mit geraden Nummern sind frei geworden, und da es unendlich viele sind, finden alle Reisenden aus dem Bus noch Platz.

Wenn jetzt noch zwei Busse mit jeweils unendlich vielen Reisenden ankommen und jeder ein Zimmer möchte, ist dies für den Rezeptionist kein Problem. Jeder bereits eingecheckte Gast zieht von seinem Zimmer mit der Nummer n in das Zimmer mit der Nummer $3n - 2$ um. Die Gäste, die zuvor die Zimmer mit den Nummern 1, 2, 3, 4, 5, ... belegten, haben anschließend die Zimmer mit den Nummern 1, 4, 7, 10, 13, ... Dies sind die Zahlen, die bei der Division durch 3 den Rest 1 ergeben. Die Gäste aus dem ersten Bus bekommen nun die Zimmer, deren Nummern bei der Division durch 3 den Rest 2 ergeben. Dies sind die Zimmer mit den Nummern 2, 5, 8, 11, 14, ... Die Gäste des zweiten Busses schließlich bekommen die Zimmer mit den ohne Rest durch 3 teilbaren Nummern, d. h. die Zimmer mit den Nummern 3, 6, 9, 12, 15, ... Ein unendlich großes, vollbesetztes Hotel kann also noch unendlich viele Zimmer beschaffen.

Doch es kommt noch übler. Zu später Stunde treffen unendlich viele Busse ein mit jeweils unendlich vielen Gäste und jeder Gast möchte ein Zimmer haben. Doch der Rezeptionist weiß sich zu helfen. Zunächst macht er alle Zimmer mit geraden Nummern frei, indem er jeden bisherigen Gast von seinem Zimmer mit der Nummer n in das Zimmer mit der Nummer $2n - 1$ umziehen lässt. Dann nummeriert er die Busse mit den ungeraden Primzahlen $p = 3, 5, 7, 11, 13, ...$ durch. Schließlich weist er allen Neuankömmlingen ein Zimmer zu, wobei der m-te Gast aus dem Bus mit der Zahl p das Zimmer mit der Nummer p^m bekommt. Da die Primzahlzerlegung eindeutig ist, können auf diese Weise keine Zimmer mehrfach legt werden. Die Gäste aus dem ersten Bus bekommen somit die Zimmer 3, 9, 27, 81, ..., die aus dem zweiten Bus die Zimmer 5, 25, 125, 625, ..., die aus dem dritten Bus die Zimmer 7, 49, 343, 2401, ... usw. Das Verfahren erscheint kompliziert, aber es garantiert jedem neuen Gast ein Zimmer.

All diese Möglichkeiten sind nicht wirklich paradox, sondern widersprechen nur der Intuition. Es ist schwer, sich eine Vorstellung von unendlich vielen Menschen, Zimmern oder Bussen zu machen, da ihre Eigenschaften sich deutlich von endlich vielen unterscheiden. In einem Hotel mit endlich vielen Zimmern ist die Anzahl der Zimmer mit ungerader Nummer offenkundig kleiner als die Gesamtanzahl aller Zimmer. In Hilberts Hotel ist die „Anzahl" der Zimmer mit ungerader Nummer in gewissem Sinne „genauso groß" wie die „Anzahl" aller Zimmer. Mathematiker sprechen hier von der Mächtigkeit von Mengen. Die Mächtigkeit der Teilmenge der Zimmer mit ungerader Nummer ist gleich der Mächtigkeit der Menge aller Zimmer. Man kann unendliche Mengen über die Eigenschaft definieren, eine gleichmächtige echte Teilmenge zu haben. Die Mächtigkeit abzählbarer Mengen nennt die Mathematik $\aleph_0$ (das Zeichen, an dem der Index 0 hängt, ist der hebräische Buchstabe Aleph). Man kennt auch noch überabzählbare Mengen der Mächtigkeiten $\aleph_1, \aleph_2, \aleph_3, \aleph_4, \ldots$, aber darauf soll hier nicht eingegangen werden.

Hilberts Hotel fand Einzug ins Kino. 1996 drehten John Jaworski und Anne-Marie Gallen in Großbritannien einen dreißigminütigen Film mit dem Titel *Hotel Hilbert*, der auf dem VideoMath Festival 1998 in Berlin prämiert wurde.

Quellen

1. Anonymus, Current Literature 2, April 1889, S. 349.
2. George Gamow, *One, Two, Three ... Infinity*, New York 1947.

8 Unfaire Spiele

Efron-Würfel

Hinz und Kunz spielen ein ganz einfaches Glücksspiel. Vor ihnen auf dem Tisch liegen vier gewöhnliche Würfel. Hinz darf sich einen aussuchen, anschließend nimmt Kunz einen der restlichen drei. Die zwei übrig gebliebenen Würfel werden beiseitegelegt. Nun werfen Hinz und Kunz gleichzeitig ihren Würfel. Wer die höhere Augenzahl erreicht, hat gewonnen und bekommt vom Verlierer einen Euro. Bei gleicher Augenzahl muss keiner zahlen. Welcher der beiden Spieler hat dabei die besseren Chancen? Natürlich keiner! Wenn die Würfel nicht manipuliert sind, haben beide genau die gleiche Chance zu gewinnen.

Anders sieht es aus, wenn die vier Würfel nicht genau gleich sind. Angenommen, drei der Würfel sind gewöhnliche Spielwürfel, der vierte Würfel aber hat statt der Eins eine zweite Sechs. Dann hat Hinz deutlich bessere Chancen zu gewinnen als Kunz, denn da er sich als erster einen Würfel aussuchen darf, wird er natürlich den mit den zwei Sechsen wählen. Ganz gleich, welche Augenzahlen und -verteilungen die vier Würfel aufweisen, es scheint zu gelten: Entweder sind die Würfel fair, dann spielt es keine Rolle, ob man sich als erster oder zweiter einen Würfel aussuchen darf, oder die Würfel sind unfair, dann hat derjenige, der zuerst wählen darf, die besseren Gewinnchancen. Anders gesagt: Wenn von vier „unfairen" Würfeln A eine bessere Chance ergibt als B und B eine bessere Chance als C und C eine bessere Chance als D, sollte natürlich auch A eine bessere Chance als D ergeben. Wenn das der Fall ist, spricht man von transitiven Würfeln.

Aber sind Würfel tatsächlich immer transitiv?

Um 1970 entwarf der amerikanische Statistiker Bradley Efron die vier sonderbaren Würfel, deren Abwicklung die Abbildung auf Seite 90 zeigt.[1] Auf dem blauen dem schwarzen und dem grünen Würfel kommen jeweils zwei Augenzahlen vor, diese dadurch mehrfach. Der gelbe Würfel ist besonders langweilig, denn mit ihm kann man nur Dreien werfen.

Angenommen, Hinz entscheidet sich für den blauen Würfel und anschließend Kunz für den grünen. Sie können damit jeweils nur zwei ver-

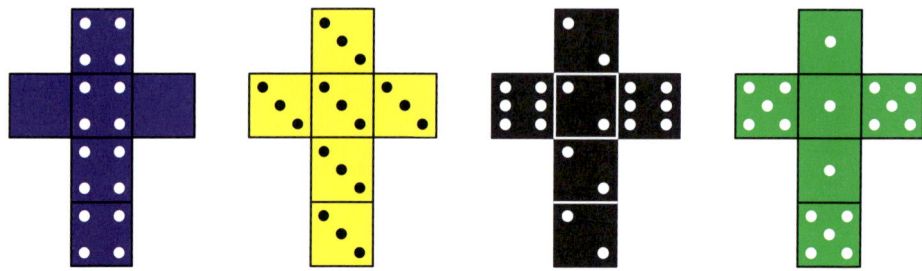

Die Abwicklungen der vier Efron-Würfel.

schiedene Augenzahlen werfen, wobei dennoch sechs verschiedene Seiten oben liegen können. So gesehen kann jeder der beiden sechs verschiedene Ergebnisse würfeln, was zusammen 36 Wurfkombinationen ergibt. In der Abbildung sind in dem ersten Diagramm in der oberen Zeile die möglichen Ergebnisse von Hinz aufgelistet und in der linken Spalte die vom Kunz. An der Stelle, wo sich die Spalte unter Hinz' Ergebnis und die Zeile neben Kunz' Ergebnis kreuzen, sagt die Farbe des dort stehenden Kreises, wer die Runde gewonnen hat. Man sieht leicht, dass in 24 von 36 Fällen Kunz gewinnen würde und nur in 12 von 36 Fällen Hinz. Die Wahrscheinlichkeiten, zu gewinnen, betragen für die beiden Würfel folglich:

$$P_{\text{blau}} = \frac{12}{36} = \frac{1}{3} \qquad P_{\text{grün}} = \frac{24}{36} = \frac{2}{3}$$

Kunz' Chancen auf den Sieg sind also doppelt so groß wie die von Hinz.

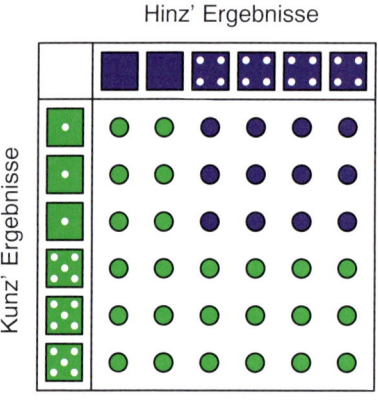
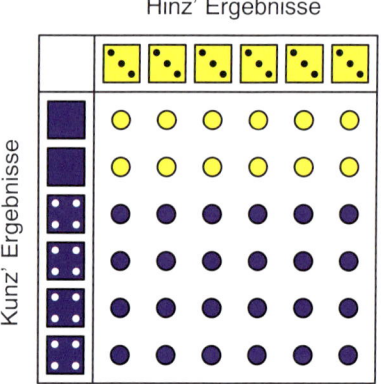

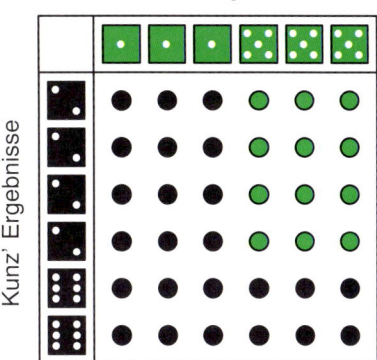

Mögliche Würfelwahlen des ersten Spielers und die daraus folgende Würfelwahlen des zweiten Spielers. Die Diagramme zeigen, wer bei welchen Wurfkombinationen gewinnen wird.

Nun müsste Hinz nicht den blauen Würfel nehmen, sondern könnte sich für den gelben entscheiden. Kunz würde dann den blauen Würfel nehmen. Aber auch in diesem Fall wäre Kunz' Chance zu gewinnen, wie man am Diagramm oben rechts erkennen kann, doppelt so groß wie Hinz'.

$$P_{\text{gelb}} = \frac{12}{36} = \frac{1}{3} \qquad P_{\text{blau}} = \frac{24}{36} = \frac{2}{3}$$

Hinz könnte auch den schwarzen Würfel nehmen. Kunz würde sich dann für den gelben Würfel entscheiden und hätte wiederum eine höhere Chance zu gewinnen als Hinz.

$$P_{\text{grün}} = \frac{12}{36} = \frac{1}{3} \qquad P_{\text{schwarz}} = \frac{24}{36} = \frac{2}{3}$$

Schließlich bliebe Hinz noch der grüne Würfel. Kunz nähme dann den schwarzen Würfel und hätte auch dann die höhere Chance zu gewinnen.

$$P_{\text{schwarz}} = \frac{12}{36} = \frac{1}{3} \qquad P_{\text{gelb}} = \frac{24}{36} = \frac{2}{3}$$

So unglaublich es auch erscheint: Ganz egal, welchen Würfel Hinz wählt, Kunz' Gewinnchance ist immer doppelt so groß wie Hinz'. Efrons Würfel sind also intransitiv.

Diese vier Würfel sind nicht die einzigen mit solch seltsamem Verhalten, es gibt eine ganze Reihe weiterer Sätze. Die Skizze zeigt die Abwicklungen von zwei Beispielen.[1]

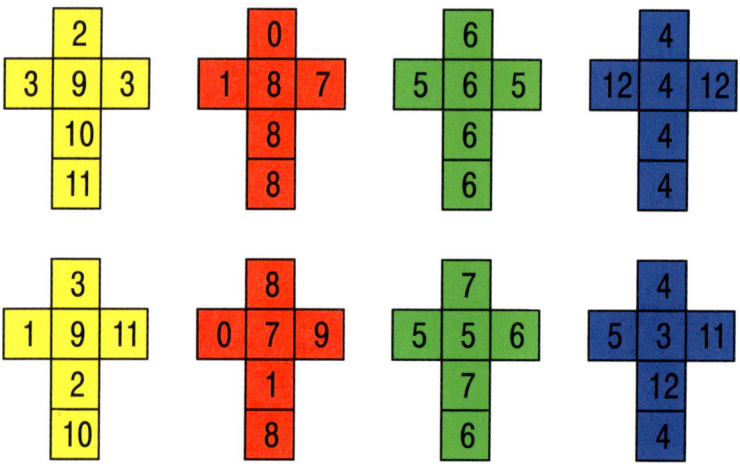

Zwei Sätze von jeweils vier intransitiven Würfeln.

Auch Sätze aus nur drei Würfeln mit diesen Eigenschaften sind möglich.[2]

Ein Satz aus drei intransitiven Würfeln.

Schnick, Schnack, Schnuck

Neben Efrons Würfeln gibt es andere intransitive Spiele. Schnick, Schnack, Schnuck ist ein auf der ganzen Welt bekanntes Zwei-Personen-Spiel, das ausschließlich mit den Händen gespielt wird. Dabei können mit einer Hand drei Symbole gebildet werden: Die flache Hand mit ungespreizten Fingern stellt ein Blatt Papier dar, die Faust einen Stein und die gespreizten Zeige- und Mittelfinger eine Schere. Welches von zwei Symbolen gewinnt, geht aus dem Dargestellten hervor. Die Schere schneidet das Papier (Schere gewinnt), das Papier wickelt den Stein ein (Papier gewinnt), und der Stein macht die Schere stumpf (Stein gewinnt). Entscheiden sich beide Spieler für dasselbe Symbol, wird das Spiel als Unentschieden gewertet.

Dieses Spiel ist intransitiv. Daraus, dass die Schere das Papier schlägt und das Papier den Stein, folgt nicht, dass die Schere auch den Stein schlägt. Das Gegenteil ist der Fall. Würden die Spieler nacheinander ihre Symbole wählen, könnte der zweite Spieler immer den ersten schlagen. Deshalb müssen beide Spieler gleichzeitig ein Symbol wählen. Das geschieht in der Regel so, dass beide Spieler ihre Spielhand mit geballter Faust dreimal vor dem Körper hin und her bewegen und bei den drei Bewegungen „Schnick", „Schnack" und „Schnuck" sagen. Im Auslauf der letzten Bewegung formen sie mit ihrer Hand eines der drei Symbole und zeigen es dann dem Mitspieler.

Schnick, Schnack, Schnuck, das in manchen Gegenden Deutschlands auch Sching, Schang, Schong heißt, ist deutlich älter als Efrons Würfel. Die älteste bekannte Erwähnung stammt aus einem chinesischen Buch mit dem Titel *Wuzazu*, das um 1600 von Xie Zhaozhi geschrieben wurde. Von China gelangte es nach Japan und verbreitete sich von dort aus über ganz Asien. Im 19. Jahrhundert gelangte es schließlich nach Europa. 1842 wurde in London der Rock Paper Scissors Club (Stein-Papier-Schere-Club) gegründet, der 1918 nach Toronto umzog und sich dort World Rock Paper Scissors Club nannte. 1925 hatte der Verein bereits über 10 000 Mitglieder und änderte seinen Namen in World Rock Paper Scissors Society. Seit 2002 findet jährlich eine Schnick-Schnack-Schnuck-Weltmeisterschaft in Toronto statt.

Es gibt Schnick-Schnack-Schnuck-Varianten mit mehr als drei Symbolen. Bei der in Deutschland am weitesten verbreiteten Variante kommt als viertes Symbol noch ein Brunnen hinzu. Er wird durch eine hohle Faust dargestellt, bei der die Daumenspitze die Fingerspitzen berührt. Stein und Schere fallen in den Brunnen und das Papier deckt den Brunnen ab. Also gewinnt der Brunnen in den beiden ersten Fällen und verliert im dritten Fall. Diese Variante hat den Nachteil, dass die Gewinnchancen der vier Symbole nicht gleich groß sein können.

Stein	gewinnt gegen	Schere
Schere	"	Papier
Papier	"	Stein, Brunnen
Brunnen	"	Stein, Schere

Nimmt man als fünftes Symbol das Streichholz hinzu, das durch einen ausgestreckten Zeigefinger dargestellt wird, sind die Gewinnchancen für alle Symbole wieder gleich. Das Streichholz verbrennt das Papier, schwimmt im Brunnen, wird vom Stein zerschlagen und von der Schere zerschnitten. Es gewinnt also in den beiden ersten Fällen und verliert in den beiden letzten.

Stein	gewinnt gegen	Schere, Streichholz
Schere	"	Papier, Streichholz
Papier	"	Stein, Brunnen
Brunnen	"	Stein, Schere
Streichholz	"	Papier, BrunnenSchere

Quellen

1. Martin Gardner, Scientific American 223, Dezember 1970, S. 110.
2. Ivars Peterson, Internet, https://www.sciencenews.org/article/tricky-dice-revisited, April 2002 (abgerufen am 26. 10. 2017).

9 Ich sehe was, was du nicht siehst

Timm Ulrichs bezeichnet sich selbst als Totalkünstler. Er wurde 1940 in Berlin geboren und ist ein Vertreter des Neodadaismus, der Body Art und der Konzeptkunst. Sein wohl bekanntestes Werk ist das 1960 geschriebene Gedicht *ordnung – unordnung*.

In zwei Spalten steht jeweils elfmal in Kleinbuchstaben das Wort „ordnung". Alle Wörter und alle Buchstaben stehen exakt untereinander und demonstrieren damit genau das, was das Gedicht aussagt. Ein Wort aber tanzt aus der Reihe. Beim sechsten Wort in der zweiten Spalte haben sich die beiden Buchstaben u und n vorwitzig aus der zweiten Silbe gestohlen und an den Anfang des Wortes gesetzt. Aus der Ordnung ist damit Unordnung geworden. Man glaubt auch zu lesen, dass dort unordnung steht, was aber gar nicht der Fall ist. Es ist zwar Unordnung entstanden, aber nicht unordnung geschrieben worden. Man sieht also etwas, das gar nicht vorhanden ist.

```
ordnung      ordnung
ordnung      ordnung
ordnung      ordnung
ordnung      ordnung
ordnung      ordnung
ordnung   unordn  g
ordnung      ordnung
ordnung      ordnung
ordnung      ordnung
ordnung      ordnung
ordnung      ordnung
```

ordnung – unordnung:
Gedicht von Timm Ulrichs (1960).

Optische Täuschungen

Man liest nicht nur Buchstaben, die gar nicht da sind, sondern sieht auch Figuren, die nicht existieren. Ein sehr bekanntes Beispiel hat 1955 der italienische Psychologe und Gestalttheoretiker Gaetano Kanizsa entworfen, weshalb es Kanizsa-Dreieck genannt wird.[1] In der Abbildung ist ein Dreieck mit schwarzem Rand zu sehen, das von drei schwarzen Kreisen umringt ist. Über dieser Anordnung liegt deutlich sichtbar ein weißes Dreieck.

Das Kanizsa-Dreieck.

Doch ist dort wirklich ein weißes Dreieck? Nein. Wir glauben nur, es zu sehen. Die schwarzen Kreise sind in Wirklichkeit Figuren, die aussehen wie Pac-Man aus dem Computerspiel der 1980er-Jahre. Auch das Dreieck mit dem schwarzen Rand gibt es nicht. Zwischen den Pac-Men stehen nur drei 60-Grad-Winkel. Und vom weißen Dreieck existiert gar nichts.

Unser Gehirn versucht stets, gesehene Formen zu deuten. Was es wahrnimmt, gleicht es dabei mit dem ab, was es bereits kennt. Um an das Bekannte möglichst nah heranzukommen, nimmt es manchmal einfach Ergänzungen vor. Beim Kanizsa-Dreieck ergänzt das Gehirn die Pac-Men und die drei Winkel, die es nicht als vertraute Formen erkennt, um ein darüberliegendes weißes Dreieck. Nun besteht die Zeichnung für das Gehirn aus lauter bekannten Figuren, nämlich aus drei Kreisen und zwei gleichseitigen Dreiecken.

Varianten des Kanizsa-Dreiecks als Würfel und Quadrat.

Vom Kanizsa-Dreieck gibt es zahlreiche Varianten, die alle auf dem gleichen Prinzip beruhen. Im einen Beispiel sieht man einen Würfel, in dem anderen ein auf der Spitze stehendes Quadrat. Beide Figuren sind jedoch nur Produkte unsere Einbildung.

Was das Auge sieht, wird vom Gehirn interpretiert. In der Zeichnung sind fünf Symbole kreuzförmig angeordnet. Schaut man sich den waagerechten Balken des Kreuzes an, sieht man links den Buchstaben A und rechts den Buchstaben C. Da den Anfang des Alphabets jeder kennt, ist als mittleres Symbol klar und deutlich der Buchstabe B zu erkennen. Betrachtet man

Was steht hier: A, B, C oder 12, 13, 14?

den senkrechten Balken, sieht man oben die Zahl 12 und unten die Zahl 14. Dazwischen erkennt man unzweifelhaft die Zahl 13. Was ist das mittlere Symbol denn nun? Die Antwort hängt von seiner Umgebung ab.

Im Jahr 1870 entdeckte der Physiologe Ludimar Hermann einen seltsamen Effekt bei Rastern aus schwarzen Quadraten, die durch waagerechte und senkrechte weiße Streifen getrennt sind.[2] An den Kreuzungen der weißen Streifen sah er graue Kreise. Sobald er aber versuchte, seinen Blick auf einen dieser Kreise zu fokussieren, um ihn genauer zu betrachten, verschwand er sofort. Dieser Effekt wird nach seinem Entdecker als Hermann-Gitter-Täuschung bezeichnet.

Wie genau dieser Effekt zustande kommt, weiß man bis heute nicht, doch das Grundprinzip ist bekannt. Das Gehirn nimmt auf den weißen Streifen konstante Helligkeit an, wobei diese im Kontrast zu den schwarzen Quadraten stehen. Die Umgebung der Kreuzungen ist mehr weiß und weniger schwarz, darum ist der Kontrast nicht so groß, und das Gehirn deutet die Kreuzungen als weniger hell als die Streifen, daher sieht man dort graue Flecken.

Die Hermann-Gitter-Täuschung.

Der Psychologe Walter Ehrenstein begann das Hermann-Gitter in den 1940er-Jahren abzuwandeln, was zu verblüffenden Effekten führte. Wenn bei einem quadratischen Raster aus schwarzen Linien die Kreuzungsstellen ausgespart werden, sieht man dort nicht verwaschene Flecken wie beim Hermann-Gitter, sondern helle weiße Kreise, die sich sogar vom weißen Hintergrund abheben.[3] Dieser Effekt, bekannt als Ehrenstein-

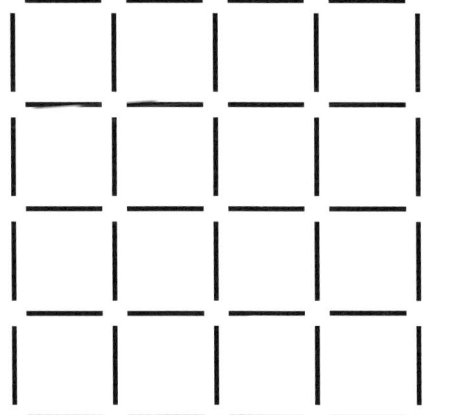
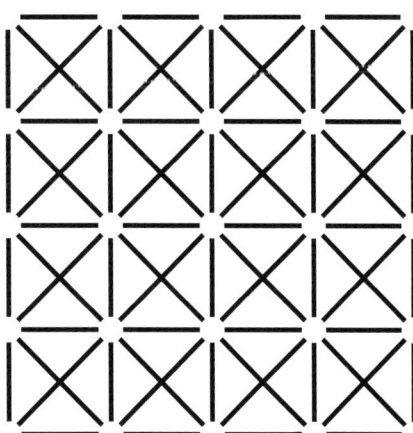

Die Ehrenstein-Täuschung.

Täuschung, verstärkt sich noch, wenn man in die Quadrate Diagonalen zeichnet.

1994 experimentierten die Wahrnehmungsforscher Michael Schrauf sowie Bernd und Elke Lingelbach mit Varianten des Gitters.[4] Sie ersetzten die weißen Streifen durch graue und zeichneten weiße Kreise auf die Kreuzungen. Schaut man auf das Muster, blitzen überall in den weißen Kreisen schwarze Punkte auf. Sie verschwinden augenblicklich und tauchen an anderen Stellen wieder auf. Sobald man versucht, einen solchen Punkt zu fixieren, ist er fort und erscheint auch nicht wieder. Diese Täuschung ist als szintillierendes Gitter bekannt. Später wurde bekannt, dass bereits 1985 James R. Bergen ein ähnliches Aufblitzen an Gittern bemerkt hatte.

Am 7. November 2000 wurde der 43. Präsident der Vereinigten Staaten von Amerika gewählt. Die beiden Kandidaten George W. Bush und Al Gore lagen nahezu gleichauf, aufgrund juristischer Probleme bei der Stimmenauszählung in Florida musste man länger als einen Monat auf das Ergebnis warten. Erst als der Oberste Gerichtshof der USA am 12. Dezember ein Nachzählen der Stimmen verbot, galt George W. Bush als Sieger. Zwischen dem 7. November und 12. Dezember 2000, als noch nicht entschieden war, ob die Stimmen in Florida nachgezählt würden oder nicht, wurde millionenfach von Rechner zu Rechner eine E-Mail verschickt, in der ein szintillierendes Gitter zu sehen war, das die Überschrift *Florida Election Recount* (Nachzählung der Wahl in Florida) trug. Unter dem Gitter stand eine Gebrauchsanleitung: Count and total black dots for Al Gore and white dots for George Bush. Recount to confirm. (Zählen Sie die schwarzen Punkte für Al Gore und die weißen für George Bush. Zählen Sie zur Bestätigung nach)

Das szintillierende Gitter.

Man kann das Gehirn auch über das Ohr betrügen. In ihrem Album *The Wall* aus dem Jahr 1979 singt die britische Rockband Pink Floyd auf Englisch das Stück *Another Brick in the Wall* (Ein weiterer Ziegelstein in der Mauer). Trotzdem hört man in dem Stück einen Kinderchor an mehreren Stellen auf Deutsch *Hol ihn, hol ihn unter's Dach* singen. Erlaubte sich die

Band einen Scherz, wollten sie ihren deutschen Fans etwas mitteilen oder manipulierten Tontechniker heimlich diese Stellen? Nichts davon ist wahr. In Wirklichkeit gibt es diesen deutschen Text gar nicht in dem Stück. Wenn man aber gesagt bekommt, dass es dort zu hören sei, hört man ihn auch. Probieren Sie es doch selbst einmal aus. Hier finden Sie die Sequenz: Pink Floyd, The Wall, Track 5: Another brick in the wall Part II, Zeitindex: 1:50 bis 2:07.

Vexierbilder

Man kann etwas sehen, wo gar nichts ist. Doch auch das Gegenteil ist möglich: Man kann nichts erkennen, wo klar und deutlich etwas zu sehen ist. In den 1920er-Jahren kursierte in den USA eine vermeintlich ganz simple Aufgabe, zunächst in Universitäten und später in Tageszeitungen. Wer der Urheber dieser Aufgabe war, ist in Vergessenheit geraten, vermutlich stammt sie aus Massachusetts, wo sie zuerst auftauchte.

Lesen Sie sich den folgenden englischen Satz genau einmal langsam durch.

THE FEDERAL NATIONAL FUSES ARE THE RESULT OF SCIENTIFIC STUDY COMBINED WITH THE EXPERIENCE OF YEARS.

Nun zählen Sie bitte die F, die in diesem Satz vorkommen.

Haben Sie drei F gefunden? Dann sehen Sie es wie die meisten Menschen. Vermutlich haben Sie die drei F in den Wörtern FEDERAL, FUSES und SCIENTIFIC entdeckt. Aber die Zahl ist falsch, denn es sind insgesamt fünf F. Das Wort OF, das in dem Satz zweimal vorkommt, enthält auch ein F. Nur den wenigsten Menschen fallen diese beiden auf. Warum übersieht man sie so leicht? Psychologen vermuten, dass das unscheinbare Wörtchen OF beim Lesen als so unwichtig empfunden wird, dass das Auge es einfach überspringt.

Will man eine Goldmünze oder ein wertvolles Buch verstecken, ist es nicht klug, sie in einen Schrank zu legen oder unter die Matratze zu packen, denn dort findet sie ein Dieb sofort. Dinge werden fast unsichtbar, wenn man sie offen sichtbar zwischen lauter ähnliche Gegenstände setzt. Das wertvolle Buch stellt man am besten zu tausend anderen Büchern ins Regal, und die Goldmünze wirft man zu lauter Kleingeld ins Sparschwein. Ein Mensch, der sich verbergen will, sollte nicht in den Wald gehen, sondern ins Gedränge einer Innenstadt.

Wo in diesem Muster steckt der regelmäßige, fünfzackige Stern?

Aufgabe 1:
Ein bestimmtes Muster in einem Bild aus lauter ähnlichen Mustern zu finden, ist nicht leicht. Daraus hat der große amerikanische Rätselerfinder Sam Loyd eine hübsche Aufgabe gemacht.[5] In dieser Zeichnung aus lauter Drei- und Vierecken ist ein regelmäßiger, fünfzackiger Stern verborgen. Finden Sie ihn!

Wo ist das Kreuz verborgen?

Aufgabe 2:
Eine Variante dieses Suchbildes aus dem Jahr 1975 stammt von Karl-Heinz Paraquin, der unter dem Pseudonym Para zahlreiche Sachbücher für Kinder schrieb.[6] In diesem Muster aus Linien ist das nebenstehende Kreuz versteckt. Es kann eine andere Größe haben, muss aber genauso proportioniert sein. Versuchen Sie, es zu finden!

Ein T unter vielen L.

Aufgabe 3:
Eine dritte Variante hat Corbin A. Cunningham 2016 erdacht.[7] In diesem Muster gibt es einen Großbuchstaben T. Er ist übrigens nicht rot. Finden Sie ihn!

Diese geometrischen Suchbilder haben Vorläufer, die noch immer sehr beliebt und in vielen Zeitschriften und Rätselbüchern für Kinder zu finden sind. Sie sind seit dem Mittelalter unter dem Namen Vexierbilder (lat. vexare = plagen) bekannt.

Suchbild aus dem Jahr 1872.: Ein Pferd, ein Lamm, ein Wildschwein sowie fünf Männer und Frauen sind hier versteckt.

Aufgabe 4:
1872 produzierte die New Yorker Druckerei Currier and Ives ein Suchbild mit dem Titel *Der verblüffte Fuchs: Finde das Pferd, das Lamm, das Wildschwein und die Gesichter der Männer und Frauen*. Neben den drei Tieren sind fünf menschliche Gesichter in dem Bild versteckt.

Aufgabe 5:
In diesem Suchbild, das 1912 in der *Frankfurter Illustrierten Zeitung* erschien, sieht man Klytaimnestra, die Königin von Mykene. Irgendwo inmitten der vielen Striche ist ihr Mann König Agamemnon verborgen. Finden Sie ihn.

Suchbild von 1912. Klytaimnestra sucht ihren Mann Agamemnon.

9 Ich sehe was, was du nicht siehst

Anamorphosen

Um etwas zu verbergen, kann man es auch verzerren. Versuchen Sie einmal, den Text links zu lesen.

Die Buchstaben sind so sehr in die Länge gezogen, dass man sie kaum noch erkennen kann. Gut lesen lassen sie sich jedoch, wenn man in einem ganz flachen Winkel auf die Zeichnung blickt. Am besten bringen Sie das Buch etwa in Höhe der Nasenspitze und kneifen ein Auge zu, dann können Sie deutlich das Wort DENKSPORT erkennen. Auch dieses Beispiel stammt von Karl-Heinz Paraquin.[8]

Eine deutlich raffiniertere Form dieser Spielerei entwarf 1987 der Amerikaner Marvin Miller.[9] Er zeichnete ein Quadrat mit sieben mal sieben Feldern und färbte einige ganz oder teilweise schwarz. Er sagte, dass das Quadrat eine verschlüsselte Botschaft enthalte, und fragte, wie sie laute.

Die Botschaft lautet HALLO. Man kann sie wie zuvor das Wort DENKSPORT lesen, wenn man das Buch in Nasenspitzenhöhe bringt. Die schwarzen Quadrate werden dadurch zu dünnen Querlinien und die eigentlichen Querlinien des Rasters nimmt man aus dieser Perspektive gar nicht mehr wahr.

Ein gedehntes Wort.

Derart verzerrte Schriften oder Bilder, die nur aus einem bestimmten Blickwinkel oder mit Hilfe gekrümmter Spiegel erkennbar sind, nennt man Anamorphosen (griech. anamorphosis = Umformung).[10] Anamorphosen zählen zu den Vexierbildern. Seit der Renaissance haben viele Künstler Anamorphosen gemalt und gezeichnet oder in ihren Werken etwas anamorphisch versteckt.

Der erste Künstler, der mit Anamorphosen experimentierte, war Leonardo da Vinci. In der Bibliotheca Ambrosiana in Mailand findet man im *Codex Atlanticus* eine Zeichnung Leonardos,

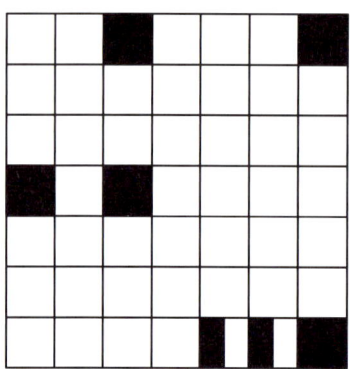

Eine verschlüsselte Botschaft.

die etwa aus dem Jahr 1485 stammt. Man kann aus den wenigen Linien nicht erkennen, was sie darstellen sollen. Erst wenn man von rechts ganz flach über das Blatt schaut, sieht man einen Kinderkopf und ein Auge.

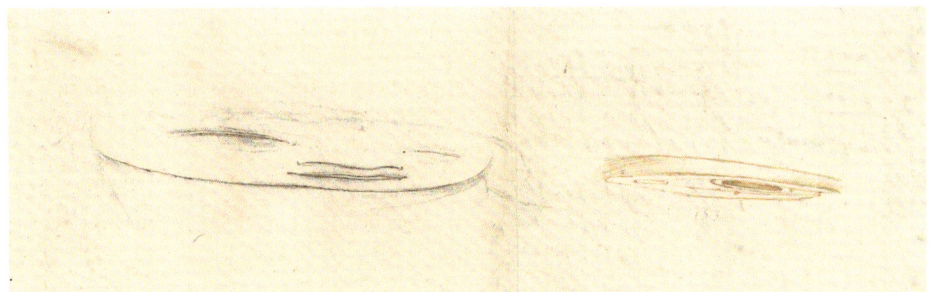

Leonardo da Vincis Anamorphose aus dem *Codex Atlanticus* (um 1485).

Eine berühmte Anamorphose findet man in dem Bild *Die Gesandten* von Hans Holbein dem Jüngeren. Es entstand 1533 in England und hängt heute in der National Gallery in London. Es zeigt links den französischen Botschafter am englischen Hof Jean de Dinteville und rechts seinen

Die Gesandten von Hans Holbein dem Jüngeren (1533). Man muss das Bild von der rechten oberen Ecke aus in sehr flachem Winkel betrachten, um einen Totenschädel zu erkennen.

Freund, den Bischof Georges de Selve. Die beiden Männer stützen sich auf ein Regal, auf dem allerhand Gegenstände aus Wissenschaft und Kunst stehen und die offensichtlich ihre weltlichen Interessen darstellen sollen. Mitten im unteren Viertel sieht man im Vordergrund ein seltsames Gebilde, das wie ein Fremdkörper wirkt. Erst wenn man das Bild von der rechten oberen Ecke aus in einem sehr flachen Winkel betrachtet, erkennt man einen Totenschädel. Für jeden sichtbar und doch verborgen hat Holbein ein Symbol der Vergänglichkeit alles Irdischen in sein Bild gemalt.

Womit Leonardo da Vinci nur experimentierte und was Hans Holbein als kleines Extra in ein Gemälde setzte, wurde schon wenige Jahre später durch den Nürnberger Grafiker Erhard Schön, einem Schüler Albrecht Dürers, zu ausgereifter Kunst.

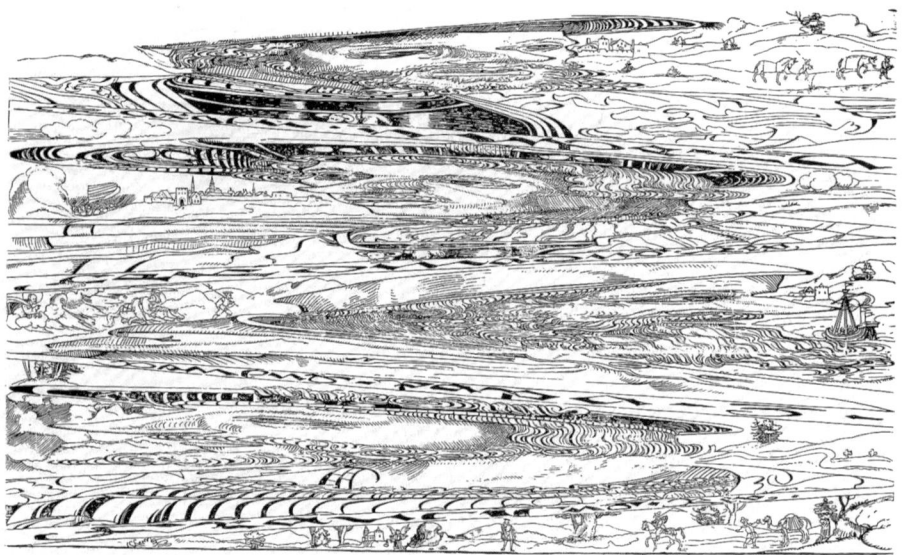

Vexierbild von Erhard Schön (um 1535). Wenn man ganz flach von links oder rechts auf die Grafik schaut, erkennt man einige Herrscher der damaligen Zeit.

Auf einem großen Holzschnitt (um 1535) sieht man ein chaotisches Gewirr von Linien und bizarren Formen. Nur an den Rändern lassen sich einige Menschen, Tiere und Landschaftsfragmente erkennen. Schaut man ganz flach abwechselnd von links und rechts auf die Grafik, entdeckt man die Porträts von vier bedeutenden Köpfen jener Zeit. Von links betrachtet ist ganz oben Kaiser Karl V. zu sehen, darunter, aber von rechts betrachtet, sein Bruder Kaiser Ferdinand I. Der dritte in der Reihe, jetzt wieder von links betrachtet, ist Papst Paul III., ganz unten schließlich ist von links König Franz I. von Frankreich zu sehen.

Häufig dienten Anamorphosen dazu, verbotene Motive wie erotische und häretische Szenen zu verbergen, wie in Erhard Schöns um 1535 entstandenem Holzschnitt *Aus du alter Tor*.

Aus du alter Tor. Vexierbild von Erhard Schön (um 1535).

Eine Textzeile liest man von links nach rechts, und auch eine Bildfolge betrachtet man in dieser Richtung. Das hat sich Erhard Schön zunutze gemacht. Links sieht man in unverzerrter Darstellung ein Mädchen, das einen alten Mann bezirzt. Es stiehlt ihm dabei sein Geld und reicht es an einen jungen Mann weiter. Dabei schaut ihnen ein Narr zu. Der rechte Teil des Holzschnitts ist anamorphotisch. Der alte Mann hat ausgedient und das junge Gaunerpaar tauscht splitternackt Liebkosungen aus. Die Anamorphose umsäumt eine unverzerrt gezeichnete Hirschjagd. Der Hirsch, der ins Netz getrieben wird, ist eine Anspielung auf das Los des alten Mannes.

Im 17. Jahrhundert kam eine neue Art Anamorphosen auf. Nun genügte es nicht mehr, aus einer bestimmten Richtung in ganz flachem Winkel auf das Bild zu schauen, sondern man musste es über einen zylinder- oder kegelförmigen Spiegel betrachten. Der französische Geometer Jean-Louis Vaulezard schilderte in seinem Buch *Perspective cilindrique et conique, concave et convexe ou traité des apparences vueus par le moyen des miroirs* (Paris 1630), wie Darstellungen mithilfe eines Netzwerkes so verzerrt werden können, dass sie erst durch die Betrachtung über einen spiegelnden Zylinder oder Kegel ihre normale Form zurückbekommen.

Zylindrisch verzerrte Anamorphose eines unbekannten Künstlers (um 1660).

Ein Beispiel ist ein um 1660 von einem unbekannten Künstler in England gemaltes Bild, das in der Nationalgalerie in Stockholm hängt. Es ist nicht ganz sicher, wen das Porträt darstellt, vermutlich handelt es sich um den englischen König Karl I., der 1649 enthauptet wurde. Stellt man einen zylindrischen Spiegel auf den Kreis mit dem Totenkopf und blickt hinein, sieht man den König unverzerrt.

Einen zylindrischen Spiegel kann man sich übrigens sehr leicht selbst basteln. Man stellt aus Karton eine Papprohre passenden Durchmessers her und beklebt diese mit Aluminiumfolie wie sie im Haushalt verwendet wird.

Anamorphosen sind nicht nur Spielereien von Renaissancekünstlern. Schaut man im Fernsehen ein Fußballspiel, kann man eine seltsame Beobachtung machen: Der Ball verfehlt das Tor und fliegt mitten durch ein Werbebanner, ohne es zu touchieren. Wie ist das möglich? Das Geheimnis liegt in den Cam Carpets (Kamerateppiche). Das sind Teppiche, die meist neben den Toren auf dem Rasen liegen. Sie sind mit anamorphisch verzerrter Werbung bedruckt, die zu einem scheinbar senkrecht stehenden Werbebanner entzerrt wird, wenn die Kamera sie aus dem richtigen Blickwinkel einfängt. Die dreidimensionale Wirkung ist also nur eine Illusion. Auch für den Zuschauer im Stadion wirkt der Werbeteppich nur dreidimensional, wenn er in der Nähe der Kamera sitzt, auf die der Cam Carpet ausgerichtet ist.

Anamorphose als Fahrbahnmarkierung.

Auch einige Fahrbahnmarkierungen sind Anamorphosen. Sie sollen nicht senkrecht von oben aus größerer Höhe betrachtet werden, sondern aus der Perspektive eines Auto- oder Radfahrers. Der schaut aus etwa anderthalb Metern Höhe flach auf die Straße. Damit er die Pfeile und Symbole nicht stark verkürzt wahrnimmt, werden sie in Fahrtrichtung gestreckt auf das Pflaster gemalt.

Der ukrainische Puzzleerfinder Serhiy Grabarchuk Junior ging 2009 einen noch ganz anderen Weg, um etwas zu verbergen, was dennoch jeder deutlich sehen kann.[11] Wie viele Stellen hat die Zahl links?

Grabarchuk hat die Buchstaben nicht nur in der Höhe gedehnt, sondern auch in der Breite. Anschließend hat er sie übereinandergescho-

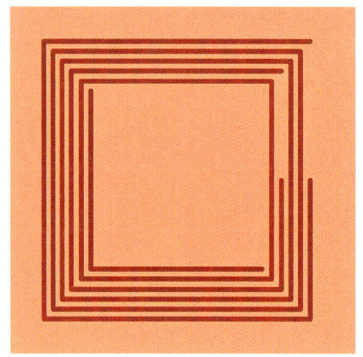

Ungewöhnliche Verschlüsselung einer ungewöhnlichen Zahl.

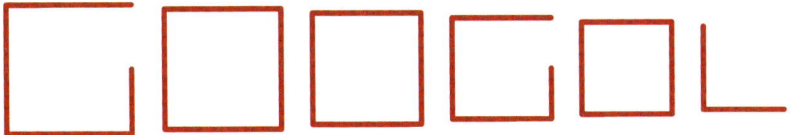

Googol: Ein anderes Wort für zehn Sexdezilliarden.

ben, sodass man sie nicht mehr von links nach rechts, sondern von außen nach innen lesen muss. Zieht man die Buchstaben auseinander, sodass sie der Größe nach absteigend nebeneinanderstehen, kann man das Wort GOOGOL lesen.

Für die Zahl zehn Sexdezilliarden = 10^{100} gibt es eine gängige Bezeichnung. 1938 schrieb der amerikanische Mathematiker Edward Kasner die Zahl 10^{100} auf ein Blatt Papier und forderte seinen neunjährigen Neffen Milton Sirotta auf, einen Namen für diese Zahl zu erfinden.[12] Der Junge nannte sie Googol, und Kasner brachte diesen neuen Zahlennamen sehr erfolgreich in die Öffentlichkeit. Da ein Googol eine Eins mit hundert Nullen ist, hat sie insgesamt 101 Stellen.

Für die Zahl $10^{Googol} = 10^{10^{100}}$ erfand Kasner selbst die Bezeichnung Googolplex. Diese Zahl hätte, wenn man sie ausmultiplizieren würde, mehr Nullen, als das gesamte Universum Elementarteilchen besitzt.

Der Name des Unternehmens Google ist eine Verballhornung des Wortes Googol und soll das Bestreben ausdrücken, mit seiner Suchmaschine möglichst viele Internetseiten zu indizieren. Der Firmenhauptsitz heißt übrigens Googleplex in Anlehnung an die Zahl Googolplex.

Der Zwischenraum des Lattenzauns

Es gibt zahlreiche weitere Möglichkeiten, etwas offen darzustellen und dennoch zu verbergen. Eine ist, nicht das zu zeichnen, was man darstellen möchte, sondern das, was vom Hintergrund zu sehen bleibt, wenn das eigentliche Objekt davorsteht. Ein hübsches Beispiel hierfür ist ein Muster, das der Schweizer Architekt Edi Lanners 1973 entworfen hat.[13] Können Sie das Wort in dieser seltsamen Schrift lesen?

Hier sind nicht die Buchstaben dargestellt, sondern die Lücken zwischen ihnen. Unterlegt man die weißen Zeichen mit einem dunklen Hin-

Eine seltsame Schrift.

In der Schrift wurden nur die Lücken zwischen den Buchstaben dargestellt.

Was stellt dieses Muster dar?

tergrund, tritt das in Blockschrift geschriebene Wort POPOCATEPETL hervor, der Name eines mexikanischen Vulkans.

Aufgabe 6:
Diese Spielerei haben die drei ukrainischen Rätselerfinder Serhiy Grabarchuk und seine beiden Söhne Peter und Serhiy 2008 in raffinierter Weise variiert.[14] Was bedeutet das Muster?

Aufgabe 7:
Auch der Künstler und Rätselerfinder Lloyd King hat 2004 das Popocatepetl-Rätsel hinterhältiger gemacht.[15] Ordnen Sie diese vier Buchstaben aus rotem Karton so an, dass sie ein Wort mit vier Buchstaben ergeben. Dieses Wort darf keine Abkürzung und kein Eigenname sein und muss im Duden stehen. Begründungen wie „Die kirgisische Schwiegermutter meines Arbeitskollegen heißt Ihff" werden nicht akzeptiert.

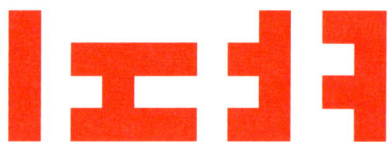

Ein seltsam geschriebenes Wort mit vier Buchstaben.

Der Architekt Edi Lanners und seine Nachfolger haben, vermutlich ohne es zu ahnen, nur eine Idee des Dichters Christian Morgenstern geometrisch umgesetzt. In dessen Gedicht *Der Lattenzaun* aus den 1905 erschienenen *Galgenliedern* baut ein Architekt etwas aus den Lücken zwischen den Dingen.[16]

Der Lattenzaun

Es war einmal ein Lattenzaun,
mit Zwischenraum, hindurchzuschaun.

Ein Architekt, der dieses sah,
stand eines Abends plötzlich da –

und nahm den Zwischenraum heraus
und baute draus ein großes Haus.

Der Zaun indessen stand ganz dumm,
mit Latten ohne was herum,

Ein Anblick grässlich und gemein.
Drum zog ihn der Senat auch ein.

Der Architekt jedoch entfloh
nach Afri- od- Ameriko.

Dass nicht das, was man ganz offensichtlich sieht, das Gesuchte ist, sondern das, was man nicht sieht, haben sich auch Erfinder von Knobelspielen zunutze gemacht.

Im 19. Jahrhundert wurden fünf gleiche Rhomben aus Pappe als Werbematerial unter die Menschen gebracht.[17] Bei einem Rhombus fehlte eine Spitze, bei zwei anderen Rhomben jeweils zwei Spitzen. Die Aufgabe war nun, aus diesen fünf Teilen einen regelmäßigen fünfzackigen Stern zu legen. Dabei durften sich die Teile nicht überlappen.

Ganze und beschnittene Rhomben sollen einen fünfzackigen Stern bilden.

Eine tückische Sache, denn natürlich geht jeder spontan davon aus, dass die fünf schwarzen Figuren im Inneren des Sterns liegen müssen. Aber so ist die Aufgabe unlösbar. Der Trick ist, dass der fünfzackige Stern ein Loch in einem regelmäßigen Fünfeck ist. Der Stern ist also genau das, was man eigentlich nicht sieht.

Ein fünfzackiger Stern als Lücke in einem schwarzen Fünfeck.

Aufgabe 8:
Weil die fünf Puzzleteile so regelmäßig sind, gelingt es vielen Menschen dennoch nach einiger Zeit, den Trick zu durchschauen. Darum hat der japanische Puzzleerfinder Nobuyuki Yoshigahara sie 1999 etwas unregelmäßiger gemacht.[18, 19] Nun ist die Lösung viel schwerer zu finden. Versuchen Sie es!

Die Idee, Puzzleteile als Umrandung einer zu bildenden Figur zu nehmen, ist schon recht alt. Sam Loyd stellte seinen Lesern um das Jahr 1900 die Aufgabe,

Fünf unregelmäßige Teile, aus denen man einen regelmäßigen fünfzackigen Stern bilden soll.

die sechs Teile eines ziemlich missglückt dargestellten Pferdes auszuschneiden und so neu zu arrangieren, dass ein möglichst gutes Bild eines Rassepferdes entsteht.[20]

Sam Loyds Pony-Puzzle.

Den Kniff, daraus ein weißes Pferd vor schwarzem Hintergrund zu bilden, hat damals kaum jemand gefunden. Dabei hat Loyd seinen Lesern sogar einen deutlichen Hinweis gegeben, indem er sein Rätsel in eine Rahmenerzählung gekleidet hat, die vom weißen Pferd von Uffington handelt. Dieses weiße Pferd ist ein Scharrbild auf einem Hang des White Horse Hill im englischen Oxfordshire. Es wurde wahrscheinlich im ersten vorchristlichen Jahrhundert in die Vegetation geschnitten und in den Boden gescharrt, wodurch die darunterliegende weiße Kreide sichtbar wird. Die Umrisse werden von drei Meter breiten und 60 bis 90 Zentimeter tiefen Gräben gebildet, die Figur ist erstaunliche 107 Meter lang und 37 Meter breit.

Die Lösung des Pony-Puzzles.

Aufgabe 9:
Eine andere Variante dieses Problems stammt von dem Mathematiker Torsten Sillke. Diese acht gelben Rechtecke sollen so aneinandergelegt werden, dass das T-förmige rosafarbige Muster entsteht. Es müssen dazu alle acht Streifen verwendet werden, und sie dürfen sich nicht überlappen. Das T kann eine beliebige Größe haben, nur dürfen die Proportionen nicht verändert werden.[21]

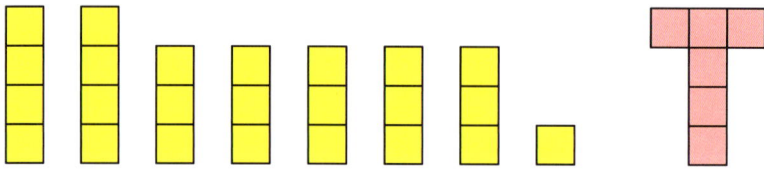

Torsten Sillkes T-Puzzle.

Aufgabe 10:
Die Krönung dieser Art von Knobelspielen ist das E-Puzzle des Amerikaners Scot Morris.[22] Es nutzt das gleiche Prinzip wie die vorherigen Knobelspiele und ist dennoch ganz anders. Kopieren Sie die drei Figuren aus der Skizze, schneiden Sie sie aus und stellen Sie damit den Großbuchstaben E dar.

Scot Morris' E-Puzzle.

Auf die Spitze getrieben hat das Verbergen von Dingen der englische Mathematiker und Schriftsteller Charles Lutwidge Dodgson. In seinem weltberühmten Buch *Alice im Wunderland*, das er 1865 unter dem Pseudonym Lewis Carroll veröffentlichte, sitzt die Cheshire-Katze auf einem Baum und grinst.[23] Dann verschwindet sie ganz allmählich, von der Schwanzspitze angefangen bis hinauf zu den Schnurrbarthaaren. Nichts bleibt von ihrem Körper übrig, und es entsteht auch keine Lücke dort, wo sie zuvor war. Zurück bleibt nur das Grinsen!

In *Alice im Wunderland* löst sich die Cheshire-Katze auf, bis nur ihr Grinsen übrigbleibt.

Lösungen

Der regelmäßige fünfzackige Stern im Muster.

1. Der regelmäßige fünfzackige Stern ist im unteren rechten Viertel der Zeichnung verborgen.

Das Kreuz im Winkelmuster.

2. Die orange unterlegte Fläche ist das einzige Kreuz in dem Muster mit den passenden Proportionen.

Das blaue T und vielen L.

3. Das T ist blau und in der Zeichnung eingekreist. Wenn man es einmal gesehen hat, scheint es einem beim erneuten Betrachten des Bildes förmlich ins Gesicht zu springen.

Corbin A. Cunningham von der Johns Hopkins University in Baltimore, USA stellte fest, dass die eigentlich hilfreiche Information, dass das T nicht rot ist, die Suche nicht schneller macht, sondern sogar deutlich langsamer. Das Ausschließen nicht relevanter Informationen kostet viel Zeit.

4. Das Lamm befindet sich in der linken unteren Ecke des Bildes und das Wildschwein etwa eine Drittel Bildbreite vom linken Rand und etwa eine Drittel Bildhöhe vom unteren Rand entfernt. Das Pferd steht mit seinen Hinterbeinen links und mit seinen Vorderbeinen rechts vom Wildschwein. Die menschlichen Gesichter sind in die Baumstämme geschnitzt.

5. Agamemnon findet man direkt über dem Kopf seiner Frau. Allerdings ist sein Bild verdreht gezeichnet worden. Hält man das Buch so, dass man von der oberen rechten Ecke des Bildes zur Mitte der linken Seite schaut, sieht man in dem roten Rahmen Hut, Kopf, Oberkörper und rechten Arm des Königs in Seitenansicht.

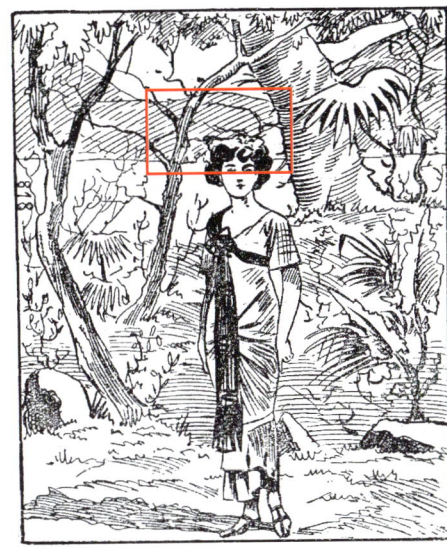

Dreht man das Bild um 90 Grad im Uhrzeigersinn, erscheint Agamemnon im roten Rahmen.

6. In der Zeichnung ist der Männername *Heinrich* zu sehen. Er ist in weißer Blockschrift geschrieben, wobei jeder Buchstabe vor einem schwarzen, quadratischen Hintergrund steht. Um die Schrift besser erkennen zu können, ist sie hier orange gefärbt. Die acht Quadrate sind zu einem Ring geordnet, das erste Quadrat steht rechts oben, die weiteren folgen im Uhrzeigersinn. (In der Originalaufgabe der drei Grabarchuks wurde nicht der Name *Heinrich* verschlüsselt, sondern das Wort *solution*. Dem Autor dieses Buches gefällt der deutsche Vorname aber besser als das englische Wort für Lösung.)

Der Name HEINRICH beginnend oben rechts und im Uhrzeigersinn geordnet.

7. Dreht man den zweiten Buchstaben um 90 Grad im Uhrzeigersinn und rückt die Buchstaben ein wenig zusammen, bildet der weiße Hintergrund der vier roten Großbuchstaben I, H, F und F die vier Kleinbuchstaben l, i, f und t. Das gesuchte Wort ist also *Lift*. Diese Aufgabe ist viel hinterhältiger als das Popocatepetl-Problem, da sowohl die deutlich sichtbaren roten Symbole Buchstaben sind als auch die kaum beachteten weißen Lücken dazwischen.

Das Wort „lift" steht in weißen Kleinbuchstaben vor einem roten Hintergrund.

8. Die Lösung sieht genauso aus wie beim Originalpuzzle aus dem 19. Jahrhundert.

Die Lösung der Sternpuzzles.

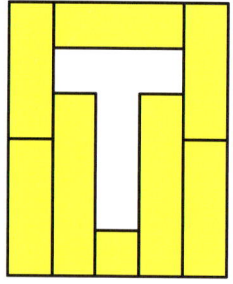

9. Auch dieses Problem lässt sich nur lösen, wenn man die Rechtecke zum Umranden des T nimmt.

Die Lösung von Torsten Sillkes T-Puzzle.

10. Aus den drei Teilen kann man die perspektivische Darstellung eines massiven E bilden. Das E hat eine weiße Vorderfläche und schwarze Seitenflächen und steht vor einem weißen Hintergrund. Deshalb ist es schwer zu erkennen.

Die Lösung des E-Puzzles.

Das E tritt deutlicher hervor, wenn man es statt vor einen weißen Hintergrund vor einen beigen stellt.

Das E vor einem beigen Hintergrund.

Quellen

1. Gaetano Kanizsa, Rivista di Psicologia 49 (1), 1955, S. 7–30.
2. Ludimar Hermann, Pflügers Archiv für die gesamte Physiologie 3, 1870, S. 13–15.
3. Walter Ehrenstein, Zeitschrift für Psychologie 150, 1941, S. 83–91.
4. Michael Schrauf, Bernd Lingelbach und Elke Lingelbach, Perception 24, suppl. A, 1995, S. 88–89.
5. Sam Loyd Jr. (Hg.), Sam Loyd's Cyclopedia of 5000 Puzzles, Tricks and Conundrums with Answers, New York 1914, S. 318, 382.
6. Karl-Heinz Paraquin, Schummelbilder, Ravensburg 1975, S. 35, 119.
7. Corbin A. Cunningham und Howard E. Egeth, Psychological Science, 18. Februar 2016.
8. Karl-Heinz Paraquin, Geheimschriften, Ravensburg 1977, S. 57.
9. Marvin Miller in: Martin Gardner, Riddles of the Sphinx, Washington 1987, S. 22, 85.
10. Fred Leeman, Joost Elffers und Mike Schuyr, Anamorphosen, Köln 1975.
11. Serhiy Grabarchuk jun., Internet, www.puzzles.com/puzzleplayground/BetweenTheLines/BetweenTheLinesPrintPlay.pdf, 1. Juli 2009 (abgerufen am 26. 10. 2017).
12. Edward Kasner und James R. Newman, Mathematics and the Imagination, New York 1940, S. 20–26.
13. Edi Lanners, Illusionen, München 1973, S. 100.
14. Serhiy Grabarchuk, Peter Grabarchuk und Serhiy Grabarchuk jun., The Simple Book of Not-So-Simple Puzzles, Wellesley 2008, S. 59, 105.
15. Lloyd King, Amazing "Aha!" Puzzles, Morrisville 2004, S. 24, 133.
16. Christian Morgenstern, Galgenlieder, Berlin 1905.
17. Nobuyuki Yoshigahara, Puzzles 101, Natick 2004, S. 45, 105.
18. Nobuyuki Yoshigahara in: Elwyn Berlekamp und Tom Rodgers (Hg.), The Mathemagician and Pied Puzzler, Natick 1999, S. 38.
19. Nobuyuki Yoshigahara, Internet, ux01.so-net.ne.jp/~nobnet/CPT/, 2002 (abgerufen am 5. 11. 2003).
20. Sam Loyd Jr. (Hg.), Sam Loyd's Cyclopedia of 5000 Puzzles, Tricks and Conundrums with Answers, New York 1914, S. 17, 341.
21. Torsten Sillke in: Heinrich Hemme, Der Wettlauf mit der Schildkröte, Göttingen 2002, S. 35–36, 99.
22. Scot Morris, vorgestellt auf der 17th International Puzzle Party, San Francisco 1997.
23. Lewis Carroll, Alice's Adventures in Wonderland, London 1865.

10 Die Welt steht Kopf

Wendeköpfe

„Die Welt steht Kopf", sang 2004 der österreichische Schlagersänger Andy Borg. Dies sagten sich über 400 Jahre vor Borg schon viele Renaissancekünstler. Sie zeichneten und malten Porträts berühmter Zeitgenossen, die auf den Kopf gestellt häufig böse Karikaturen ebendieser Personen sind. Aus dem falschen Schein wird die (vermeintlich) wahre Entlarvung. Oben hui, unten pfui!

Zur Zeit der Reformation, als den Lutheranern und Katholiken schließlich die Argumente ausgegangen waren, bekämpfte man sich mit Spott und Hohn. Eine Medaille, die in Luthers Geburtshaus in Eisleben aufbewahrt wird, zeigt auf der einen Seite den Papst und auf der anderen einen Kardinal. Der Papst wird, wenn man ihn auf den Kopf stellt, zum Teufel und der Kardinal zum Narren. Die lateinischen Randtexte um Papst und Kardinal bedeuten „Die verkehrte Kirche trägt das Gesicht des Teufels" und „Weise sind zuweilen Narren ähnlich". Diese Spottmünzen wurden vielfach kopiert und im ganzen Reich in Umlauf gebracht.

Spottmünze aus der Reformationszeit.

Die katholische Seite kämpfte mit gleichen Waffen. 1520 bis 1522 erschien ein Flugblatt mit der ironischen Überschrift *Das rühmenswerte Haupt der Lutheraner*. Es zeigt Martin Luther mit Barett, der auf den Kopf gestellt zum Narren mit einer Schellenkappe wird.[1]

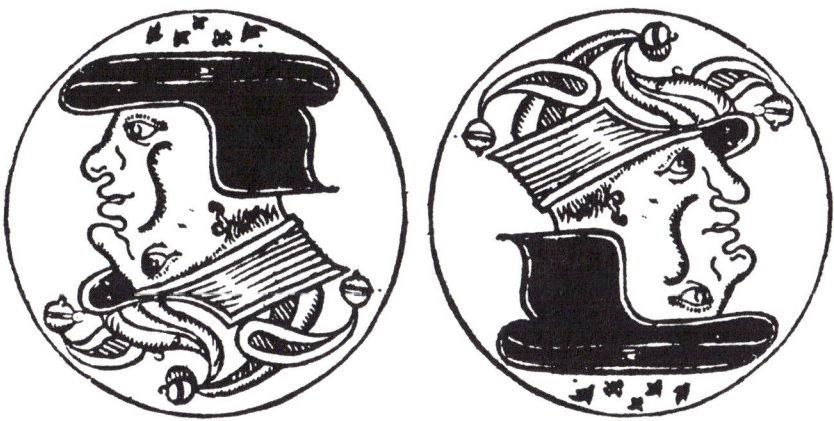

Luther oder Narr: Wendekopf aus der Reformationszeit.

Auch später noch war der Umkehrkopf von Papst und Teufel ein beliebtes Motiv bei Protestanten auf Gemmen, Tellern, Aschenbechern, Siegeln und Tabakdosen. Bis in die Gegenwart blieben Wendeköpfe eine beliebte Form der Satire. Maler und Grafiker nutzten sie zunehmend mehr auch zur unpolitischen Spielerei.

Giuseppe Arcimboldo, italienischer Maler der Spätrenaissance, wurde berühmt für seine Gemälde kunstvoller Arrangements aus Blumen, Früchten, Tieren und Büchern, die sich in der Fantasie des Betrachters zu Menschenköpfen zusammensetzten. Eines seiner Gemälde, das um 1590 entstand und im Museo Civico in Cremona hängt, trägt den Titel *Der Gemüsegärtner*. Man sieht allerdings keinen Gärtner auf dem

Der Gemüsegärtner. Wendebild von Giuseppe Arcimboldo (um 1590).

10 Die Welt steht Kopf

Bild, sondern nur eine Schale mit Karotten, Zwiebeln und anderem Gemüse. Erst wenn man das Bild auf den Kopf stellt, zeigt sich der Gärtner. Die Schüssel wird zum Hut und eine Möhre zur Nase.

Wendeköpfe, Frankreich (1838)

Wendekopf aus dem *Drehbilderbuch mit Versen* von Otto Bromberger (1911).

1838 hat der französische Maler, Grafiker und Karikaturist Honoré Daumier eine Serie von Lithografien entworfen, auf denen man jeweils die Köpfe zweier Personen im Gespräch sieht. In der Bildunterschrift erfährt man, was die beiden sagen. Dreht man die Lithografie um, sieht man dieselben Personen, die nun aber anders aussehen und auch etwas anderes sagen. In *Doubles Faces N° 1* will ein gesunder Onkel seinen kranken Neffen und in der Umkehrung ein gesunder Neffe seinen kranken Onkel beerben.

1911 zeichnete und dichtete Otto Bromberger sein *Drehbilderbuch mit Versen* für Kinder. Sechzehn vierzeilige Gedichte kommentieren ebenso viele Doppelköpfe.[2]

Der britische Künstler und Illustrator Reginald John „Rex" Whistler starb im Alter von nur 39 Jahren gegen Ende des Zweiten Weltkriegs bei der Landung der Alliierten in der Normandie. Vor seinem Tod hatte er fünfzehn wunderbar schöne Wendeköpfe gemalt, die zwei Jahre nach seinem Tod von seinem Bruder, dem Dichter Lawrence Whistler, als Buch herausgegeben wurden. Es trägt den Titel *¡OHO!*, der sich nicht verändert, wenn man ihn auf den Kopf stellt.³

Arcimboldo, Daumier, Bromberger, Whistler und andere Künstler schufen Wendeköpfe – Gustave Verbeek aber zeichnete ganze Wendegeschichten. Von 1903 bis 1905 veröffentlichte er in der Wochenendausgabe des *New York Herald* eine Serie von 64 Comics mit dem Titel *The Upside Downs of Little Lady Lovekins and Old Man Muffaroo* (Die Kopfstände der kleinen Dame Lovekins und des alten Mannes Muffaroo).⁴ Angeblich hatte ihm die Zeitung nur

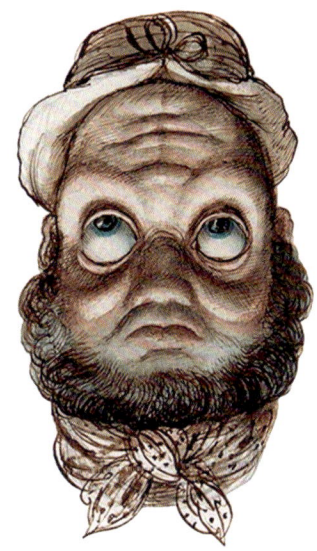

Wendekopf von Reginald John „Rex" Whistler aus dem Buch *¡OHO!* (1946).

Platz für jeweils sechs Bilder zur Verfügung gestellt. Durch einen Trick gelang es Verbeek, diese Zahl zu verdoppeln. Die sechs Bilder waren in zwei Reihen zu je drei Bildern angeordnet. Betrachtete man sie zeilenweise von links nach rechts und las dazu die Bildunterschriften, erzählten sie den Anfang einer kleinen Geschichte. Drehte man dann die Zeitung um, ergaben auch die sechs kopfstehenden Bilder Sinn und man konnte die Geschichte zu Ende schauen und lesen.

Die beiden Hauptfiguren in allen 64 Comics waren Little Lady Lovekins und Old Man Muffaroo. Stellte man sie auf den Kopf, wurden sie jeweils zur anderen Figur. Wie Verbeek es fertigbrachte, Woche für Woche diese Umkehrcomics auszuarbeiten, ohne verrückt zu werden, ist unbegreiflich. Eine Auswahl von Verbeeks Comics ist um 1978 als Buch auch auf Deutsch erschienen.⁵

Der Comic *A Fish Story* (Eine Fischgeschichte) erschien im *New York Herald* vom 31. Juli 1904. Auf dem fünften Bild sieht man eine Landzunge, auf der zwei Bäume wachsen. Im Meer davor sitzt Old Man Muffaroo in seinem Kanu und wird von einem großen Fisch angegriffen. Dreht man das Bild um, zeigt es etwas ganz anderes. Ein riesiger Vogel steht am Ufer und hat Little Lady Lovekins im Schnabel. Seine Beine waren vorher die beiden Bäume, sein Körper die Insel, sein Kopf der Fisch und sein Schnabel das Kanu.

Schauen Sie sich zuerst die sechs Bilder nacheinander an. Die englischen Bildunterschriften lauten übersetzt:

1. Im Kanu liegt ein riesiger Fisch, den Lovekins und Muffaroo gefangen haben.

2. Lovekins bringt den Fisch an Land, während Muffaroo wieder mit dem Kanu in See sticht, um noch einen Fisch zu fangen.

3. Unglücklicherweise fängt er einen Schwertfisch, und das gibt sofort Ärger. Der alte Mann kämpft tapfer. Der Schwertfisch taucht unter.

4. Dann kommt er wieder hoch, und diesmal stößt er sein scharfes Maul durch den Boden des Kanus. Muffaroo versucht, das sinkende Boot ans nächste Ufer zu bringen.

5. Gerade als er eine kleine Landzunge erreicht hat, greift ihn ein anderer Fisch an, der wütend mit seinem Schwanz schlägt.

6. Das Kanu versinkt im Meer, das nun kabbelig geworden ist, aber Muffaroo springt gesund und munter ans Ufer und macht sich auf den Weg über die Landzunge zu Lovekins.

Nun drehen Sie bitte das Buch um und schauen sich die Bilder erneut nacheinander an.

Drehen Sie das Buch nun wieder richtig herum.

7. Die kleine Lady hat die Katastrophe verfolgt und läuft Muffaroo entgegen, aber sie sieht nicht, dass einige große Vögel von der Art, die man die Roch nennt, auf sie zufliegen.

8. Der größte Roch greift sie am Rock und hebt sie hoch.

9. Dann packt er sie mit seinen Klauen und fliegt davon.

10. Unten auf der Erde sieht Muffaroo Lovekins in den Klauen des Rochs. „Was tu ich bloß?", ruft er. Da fällt sein Blick auf den Fisch.

11. Ein hungriger Roch mag nichts lieber als Fisch, und schon stößt der große Vogel herab, um sich den verlockenden Bissen zu schnappen.

12. Lovekins lässt er fallen und vergisst sie. Während der Roch den Fisch frisst, fliehen Lovekins und Old Man Muffaroo in den Wald und gelangen schließlich sicher nach Hause.

In den Erzählungen aus Tausendundeiner Nacht ist der Vogel Roch ein Fabelwesen. Sindbad der Seefahrer band sich an ein Bein dieses Vogels, um von einer abgelegenen Insel zu entkommen.

A Fish Story von Gustave Verbeek vom 31. Juli 1904.

Ambigramme

Umkehrbilder gibt es auch in der Physik. Mit einem etwa fingerdicken und -langen Stab aus Glas oder Plexiglas kann man einen erstaunlichen Effekt vorführen.[6] Dazu schreibt man mit Buntstiften in sauberer Blockschrift das Wort DEICHGRAF auf ein Blatt Papier, wobei die ersten fünf Buchstaben rot und die letzten vier blau sind. Dann zeigen Sie den Glasstab Ihren „Opfern" – Physiklehrer sind besonders gut dafür geeignet – und erzählen ihnen folgende Geschichte:

Nach jahrelanger Forschungsarbeit ist es Wissenschaftlern gelungen, ein durchsichtiges Material mit extrem hoher Dispersion zu entwickeln: Mondglas. Es hat eine Brechzahl von 1,70 für blaues Licht und 1,49 für rotes. Aus Mondglas wurde die in den Abbildungen Seite 122 gezeigte Zylinderlinse gefertigt. Sie hat aufgrund der großen Dispersion für blaues Licht eine deutlich kleinere Brennweite als für rotes. Die Linse ist in eine Messinghalterung gefasst, die dafür sorgt, dass sie einen ganz bestimmten Abstand zur Tischplatte hat. Dieser Abstand ist gerade so gewählt, dass die Brennlinie der Linse für blaues Licht oberhalb und die für rotes Licht unterhalb der Tischfläche liegt. Dadurch sieht man durch die Linse rote Bilder richtig herum und blaue Bilder auf dem Kopf. Das ist deutlich erkennbar an dem Wort „Deichgraf", bei dem die erste Silbe rot und die zweite blau gedruckt ist: „Deich" steht richtig und „graf" verkehrt herum, wenn man es durch die Zylinderlinse aus Mondglas betrachtet. Der optische Effekt ist verblüffend.

Blick durch eine Zylinderlinse aus „Mondglas".

Die Erklärung der Mondglaslinse klingt sehr wissenschaftlich und kaum einer wird sie anzweifeln. Selbst Physiker und Optiker werden sie überwiegend glauben. Trotzdem ist sie barer Unsinn. Mondglas gibt es nicht, und die geheimnisvolle Zylinderlinse ist ein ganz gewöhnlicher Glas- oder Plexiglasstab. Dass das Wort DEICHGRAF durch die Zylinderlinse nur teilweise auf den Kopf gestellt erscheint, hat eine ganz andere Ursache.

Die Linse stellt jeden Buchstaben auf den Kopf, jedoch bemerkt man dies bei den roten Buchstaben D, E, I, C und H nicht, weil sie eine horizontale Spiegelachse haben. Bei den blauen Buchstaben G, R, A und F hingegen fehlt diese Spiegelsymmetrie. Man kann den gleichen Effekt mit Buchstaben vorführen, die eine vertikale Spiegelachse haben, indem man die Buchstaben des Wortes untereinanderschreibt und die Linse entsprechend darüber hält.

M
A
I
K
R
E
S
S
E

DEICHGRAF

Die roten Buchstaben von DEICH haben eine horizontale und die roten Buchstaben von MAI eine vertikale Spiegelachse, die blauen Buchstaben von GRAF und KRESSE hingegen haben keine Spiegelachse.

Aufgabe 1:
Die Stellplätze in einem großen Parkhaus haben Nummern, die mit großen schwarzen Ziffern auf den Boden gemalt sind. In einer Reihe mit sechs Parkplätzen ist nur ein Auto abgestellt. Welche Nummer hat dieser Parkplatz?

| 16 | 06 | 68 | 88 | | 98 |

Welche Nummer hat der besetzte Parkplatz?

Um den Sinn von Bildern, Wörtern und Zahlen zu verbergen, braucht man sie nicht unbedingt zu verzerren. Es reicht oft schon aus, sie auf den Kopf zu stellen. Zahlreiche Rätsel machen davon Gebrauch. Hier sind einige besonders hübsche Beispiele.

Direkt nachdem Professor Moriarty die Herrentoilette des Pentagons verlassen hat, durchsucht Sherlock Holmes den Raum gründlich. Im Abfalleimer findet er einen Zettel, auf dem Moriarty eine anscheinend kodierte Rechnung notiert hat. Wie lautet die Rechnung im Klartext?[7]

Professor Moriartys verschlüsselte Botschaft.

Professor Moriartys Rechnung war gar nicht verschlüsselt. Der Meisterdetektiv hatte den Zettel nur verkehrt herum gehalten.

$$77 \times (7 + 7 - 1) = 1001$$

Professor Moriartys unverschlüsselte Botschaft.

Ein Streichholzproblem kann mit dem gleichen Trick gelöst werden.[8] Sherlock Holmes hat auf dem Tisch aus zehn Streichhölzern eine Gleichung mit römischen Zahlen vor Dr. Watson ausgelegt. Sie ist allerdings falsch. Wie kann Dr. Watson sie durch Umlegen, Wegnehmen oder Hinzufügen von möglichst wenigen Streichhölzern korrigieren?

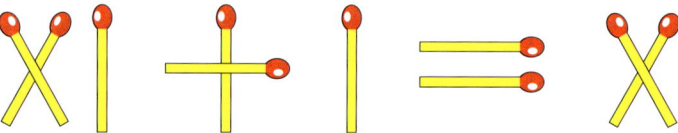

Diese Gleichung ist offenkundig falsch.

Er muss sie gar nicht ändern, sondern braucht sie nur von der anderen Tischseite zu betrachten, dann ist sie korrekt.

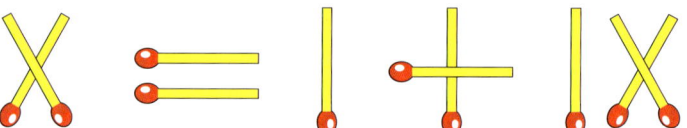

Von der anderen Tischseite aus betrachtet die Gleichung korrekt.

Beim folgenden Spiel sollen möglichst wenige Streichhölzer umgelegt werden, um eine fehlerfreie Gleichung entstehen zu lassen.[9] Der Trick ist wieder der gleiche: Es braucht kein Holz bewegt zu werden, und man muss die Gleichung nur von der anderen Tischseite betrachten.

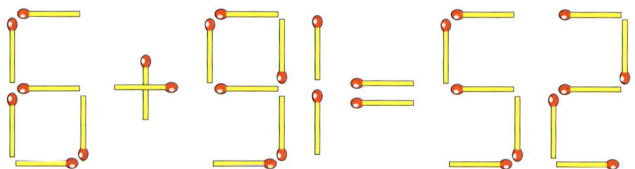

Noch eine Gleichung, die nur so herum fehlerhaft ist.

Aufgabe 2:
Was ergibt „Biologie minus Esel", wenn man es mit dem Taschenrechner ermittelt?[10]

Die Gruppe der Buchstaben, die man mit etwas Fantasie aus kopfstehenden Sieben-Segment-Ziffern erhält, nennt man auch Beghilos, in Anlehnung an die Bezeichnungen Abc und Alphabet für die Menge aller Buchstaben.

Die Sieben-Segment-Ziffern 8, 3, 6, 4, 1, 7, 0 und 5 ergeben auf den Kopf gestellt die Buchstaben B, E, G, H, I, L, O und S.

Eine niederländische Space-Rock-Band hat sich Ende der 1980er-Jahre diese Spielerei zunutze gemacht. Sie nennt sich Loose (locker) und schreibt sich 35007. Auch die britische Rockband The Hollies spielte mit den Beghilos. 1979 erschien ein Album mit dem Titel *Five Three One – Double Seven O Four* (Fünf Drei Eins – Sieben Sieben Null Vier). Tippt man die Zahlen in einen Taschenrechner, erhält man 5317704 und nach dem Umdrehen des Rechners den Bandnamen *HOLLIES*. Auf der Plattenhülle sieht man einen Taschenrechner und einen umgedrehten Taschenrechner mit dieser Zahl.

Die Großbuchstaben H, I, N, O, S, X und Z ändern ihr Aussehen nicht, wenn man sie auf den Kopf stellt, das große M wird zum großen W und das große W zum großen M. Alle anderen Großbuchstaben haben keine solche Symmetrie. Es ist nicht ganz leicht, mit diesen wenigen Buchstaben sinnvolle Begriffe zu bilden, die auf dem Kopf stehend genauso aussehen. Ein Beispiel ist die Zeitschrift ZOONOOZ, die der Zoo der amerikanischen Stadt San Diego herausgibt. Das Wort wird ausgesprochen wie Zoo News, was Zoo-Nachrichten bedeutet. Auch der englische Satz „NOW NO SWIMS ON MON" (Derzeit kein Schwimmen am Montag) ändert sein Aussehen nicht, wenn man ihn auf den Kopf stellt.

Als Ambigramm (lat. *ambo* = *beide*, griech. *gramma* = *Schrift*) bezeichnet man einen Schriftzug, der um 180 Grad gedreht den gleichen Schriftzug ergibt. Ambigramme gibt es seit über hundert Jahren, der Begriff selbst ist noch jung. Er taucht erstmals 1985 in Douglas R. Hofstadters Buch *Metamagical Themas* auf und soll von einem seiner Freunde geprägt worden sein.[11]

Der 1955 geborene amerikanische Künstler, Autor und Rätselerfinder Scott Kim mochte nicht einsehen, warum sich Ambigramme auf die Buchstaben H, I, N, O, S, X und Z beschränken sollten. Ihm gelang es, jeden Buchstaben grafisch so darzustellen, dass er auf dem Kopf stehend zu jedem anderen Buchstaben wird. Dadurch kann er jedes Wort zu einem Ambigramm machen. Die Ergebnisse sind kleine Kunstwerke.[12] Hier sind einige Beispiele:

Mathematics. Ambigramm von Scott Kim.

Mathematics (Mathematik) bleibt Mathematics, egal wie herum man es betrachtet. Auch den Namen des Unterhaltungsmathematikers Martin Gardner hat Scott Kim als Ambigramm gestaltet.

Martin Gardner. Ambigramm von Scott Kim.

Ambigramme können, wenn sie auf dem Kopf stehen, auch einen anderslautenden Text bilden. Das vermutlich älteste Ambigramm dieser Art stammt von Peter S. Newell, einem amerikanischen Autor und Illustrator von Kinderbüchern. Die Zeichnungen seiner Bildergeschichte Topsys & Turvys (No. 1) aus dem Jahr 1893 kann man, ähnlich wie die Comics von Gustave Verbeek, auf den Kopf stellen.[13] Sie erzählen dann eine andere Geschichte. Allerdings haben sie bei Weitem nicht die Qualität von Verbeeks Zeichnungen.

Auf der letzten Seite des Buches sieht man ein Kind mit einer Schellenmütze auf dem Kopf. Es hält ein großes Schild, auf dem das Wort *puzzle* (Rätsel) zu lesen ist. Darunter steht der Vers *And now appears a mystic word, but if it be inverted,* (Und nun erscheint ein rätselhaftes Wort, aber wenn es umgedreht wird,). Dreht man das Buch auf den Kopf, wandelt sich *puzzle* in die Wörter *the end,* und man liest als zweiten Vers: *We find the ending of this book in plainest text assert.* (Sehen wir das Ende dieses Buchs in gewöhnlichen Worten geschrieben.)

Ambigramm aus Peter Newells Kinderbuch *Topsys and Turvys*.

Durch Dan Browns Bestseller *Angels and Demons* aus dem Jahr 2000, der auf Deutsch *Illuminati* heißt, sind Ambigramme aus der Liebhaberecke herausgekommen und ins Blickfeld einer großen Leserschaft geraten.[14] In dem Roman wird der Physiker und einstige Theologe Leonardo Vetra in seinem Büro in der Kernforschungsanlage CERN ermordet aufgefunden. Sein Kopf ist nach hinten verdreht, ein Auge fehlt und auf seiner Brust ist ein Ambigramm des Wortes *Illuminati* eingebrannt.

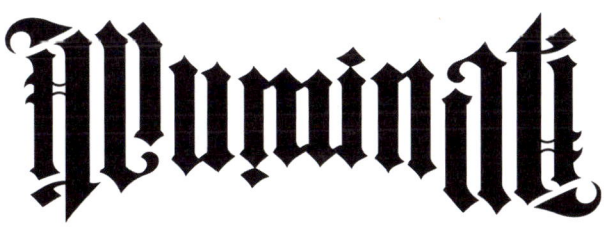

Ambigamm aus Dan Browns Roman *Illuminati*.

Dieses Ambigramm und auch alle anderen Ambigramme des Romans hat der Typograf John Langdon entworfen. Er soll auch der Namensgeber des Protagonisten Robert Langdon sein, einem fiktiven Professor für Kunstgeschichte, der an der Universität Harvard Ikonologie und Symbologie lehrt.

2005 brachte der Ex-Beatle Paul McCartney ein Soloalbum mit dem Titel *Chaos and Creation in the Backyard* (Chaos und Schöpfung im Hinterhof) heraus. Bei einer Sonderedition prangt ein Ambigramm des Namens Paul McCartney auf der Hülle.

Auch Industriedesigner entdeckten das Ambigramm. Bereits 1969 entwarf der Designer Raymond Fernand Loewy für das französische Modehaus New Man ein Namenslogo als Ambigramm. Das Unternehmen verwendet es noch heute unverändert.

Das Logo der Firma Sun ist ein Vierfach-Ambigramm ihres Namens.

Die amerikanische Computer- und Softwarefirma Sun Microsystems hatte ebenfalls ein Ambigramm als Logo, bei dem der Name Sun nicht nur bei einer Drehung um 180 Grad in sich selbst überging, sondern auch bei Drehungen um 90 und 270 Grad. Der australische Computerwissenschaftler Vaughan Ronald Pratt, der einige Jahre bei Sun Microsystems arbeitete, hat es 1982 entworfen.

Neben Buchstaben lassen sich auch Ziffern auf den Kopf stellen. Dreht man die Ziffern 0 und 8 um, ändern sie sich nicht. Die 6 wird zur 9 und die 9 zur 6. Stellt man die 1, wie in vielen Ländern üblich, nur als senkrechten Strich ohne das Häkchen dar, ändert sich auch diese nicht, wenn man sie umkehrt. Zahlen, die ihr Aussehen und damit auch ihren Wert nicht ändern, wenn man sie auf den Kopf stellt, heißen ambigrammatische oder strobogrammatische Zahlen. Die zwanzig kleinsten ambigrammatischen Zahlen sind 0, I, 8, II, 69, 88, 96, I0I, III, I8I, 609, 6I9, 689, 808, 8I8, 888, 906, 9I6, 986 und I00I.

Es gibt insgesamt N ambigrammatische Zahlen, die jeweils höchstens n Ziffern haben. Dabei hat N folgende Werte:

$$N = \begin{cases} 4 \cdot 5^{(n-1)/2} - 1 & \text{falls } n \text{ ungerade} \\ 8 \cdot 5^{n/2-1} - 1 & \text{falls } n \text{ gerade} \end{cases}$$

Ambigrammatische Zahlen sind zunächst eine recht langweilige Angelegenheit. Mit zusätzlichen Bedingungen wie beispielsweise bei magischen Quadraten können sie aber zu kniffligen Problemen führen. Ein magisches Quadrat ist ein Raster aus $n \times n$ Feldern, in denen die Zahlen von 1 bis n^2 so verteilt sind, dass ihre Summen in den n Feldern jeder Zeile, jeder Spalte und der beiden Diagonalen gleich sind. Diese Reihensumme nennt man die magische Konstante des Quadrats.

Da es ein magisches 2×2-Quadrat nicht gibt, hat das einfachste Quadrat neun Felder. Wenn man von Varianten absieht, die durch Drehung und Spiegelung der Grundform entstehen, gibt es nur ein einziges magisches 3×3-Quadrat. Es hat die magische Konstante 15. Dieses Quadrat, Loh Shu genannt, kennt man in China seit über zweitausend Jahren.

2	7	6
9	5	1
4	3	8

Das magische Quadrat Loh Shu.

Versuchen Sie ein magisches Quadrat zu bilden, das auch auf den Kopf gestellt ein magisches Quadrat ergibt. Die Ziffern der Zahlen dieses Quadrats können nur 0, I, 6, 8 und 9 sein. Darum können und müssen es nicht n^2 aufeinanderfolgende Zahlen sein. Sie sollen allerdings alle unterschiedlich sein und dürfen in beiden Stellungen nicht mit einer Null beginnen.

Eines der einfachsten und bekanntesten solcher ambigrammatischen magischen Quadrate hat Mitte des letzten Jahrhunderts der Amerikaner Jerome S. Meyer entworfen.[15] Es hat in beiden Stellungen die magische Konstante 264.

96	11	89	68
88	69	91	16
61	86	18	99
19	98	66	81

18	99	86	61
66	81	98	19
91	16	69	88
89	68	11	96

Ambigrammatisches magisches Quadrat.

Auch in der Musik kennt man Ambigramme. Am zweiten Weihnachtstag des Jahres 1832 komponierte Ludwig Schlesinger aus London in Wien das Scherzo für Klavier A-Dur.[16] Wenn man das Notenblatt auf den Kopf stellt und spielt, klingt es genau gleich. Über die künstlerische Qualität des Stückes lässt sich allerdings streiten.

Scherzo für Klavier A-Dur von Ludwig Schlesinger: Ein Ambigramm aus dem Jahr 1832.

Lösungen

1. Diese Aufgabe wurde im Jahr 2013 Grundschülern in Hongkong gestellt. Für die Lösung hatten sie zwanzig Sekunden Zeit. Die meisten Kinder, aber längst nicht alle Eltern, konnten sie lösen. Schaut man sich die Stellplätze aus Sicht des einparkenden Fahrers an, sieht man, dass die Plätze fortlaufend von 86 bis 91 nummeriert sind. Das Auto steht also auf dem Platz mit der Nummer 87.

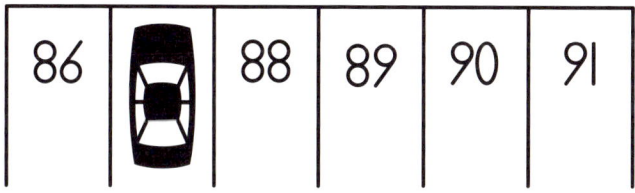

Aus der Sicht des Autofahrers erkennt man, dass der besetzte Parkplatz die Nummer 87 hat.

2. Tippt man die Zahl 31907018 in einen Taschenrechner mit Sieben-Segment-Anzeigen und dreht ihn anschließend um, kann man in der Anzeige das Wort BIOLOGIE lesen. Zieht man davon die Zahl 7353 ab, die auf dem Kopf stehend ESEL darstellt, so erhält man 31899665.

Quellen

1. Herbert Pfeiffer, Wende-Köpfe, Frankfurt/M. 1993, S. XXIX.
2. Otto Bromberger, Drehbilderbuch mit Versen, Ravensburg 1911. Nachdruck Ravensburg 1981.
3. Laurence Whistler, ¡OHO!, London 1946.
4. Peter Maresca (Hg.), The Upside Down World of Gustave Verbeek, Palo Alto 2009.
5. Gustave Verbeek, Unten ist Oben, Frankfurt/M. ca. 1978.
6. Heinrich Hemme, Düsentrieb contra Einstein, Reinbek 2008, S. 9, 111.
7. Richard Zehl, Denken mit Spaß 2, Wien 1984, S. 84.
8. Maxey Brooke, Tricks, Games and Puzzles with Matches, New York 1973, S. 12, 46.
9. Franz-Josef Schulte in: Heinrich Hemme, Das Ei des Kolumbus, Reinbek 2004, S. 65.
10. Volker Wagner in: Heinrich Hemme, Die Hölle der Zahlen, Göttingen 2007, S. 19, 73.
11. Douglas R. Hofstadter, Metamagical Themas, New York 1985. Deutsche Ausgabe: Metamagicum, Stuttgart 1988.
12. Scott Kim in: David Wolfe und Tom Rodgers, Puzzlers' Tribute, Natick 2002, S. 167–177.
13. Peter Newell, Topsys and Turvys, New York 1893.
14. Dan Brown, Angels and Demons, New York 2000. Deutsche Ausgabe: Illuminati, Bergisch Gladbach 2003.
15. Jerome S. Meyer, Fun with Mathematics, Cleveland 1952, S. 52.
16. Edi Lanners, Illusionen, München 1973, S. 74.

11 Der verschwundene Chinese

Das verschwundene Quadrat

Zerschneidet man eine ebene geometrische Figur in mehrere Teile und setzt sie anschließend zu einer anderen Figur zusammen, können sich ihre Form und ihr Umfang verändern. Aus einer konvexen Figur kann eine konkave werden. Sie kann Löcher bekommen, obwohl sie vorher keine hatte. Aber eine Größe bleibt stets erhalten: Der Flächeninhalt ändert sich nicht.

Die sieben Spielsteine des Tangrams.

Beim Tangram, dem bekannten Legespiel aus fünf Dreiecken, einem Quadrat und einem Parallelogramm, sollen mit den sieben Spielsteinen Figuren gebildet werden, deren Silhouetten vorgegeben sind. Diese können Menschen, Tiere, Blumen, Schiffe, Autos oder Buchstaben darstellen. Obwohl es nur sieben Teile sind und man den genauen Umriss der Figur kennt, ist das Spiel verblüffend schwierig. Da stets alle sieben Teile verwendet werden müssen, weiß man eines ganz genau: Alle Figuren, die beim Tangramspiel gebildet werden können, haben den gleichen Flächeninhalt.

Aufgabe 1:
Mathematiker ziehen beim Tangram den Blumen und Tieren abstrakte geometrische Figuren wie Polygone vor. 1942 stellten sich die beiden chi-

nesischen Mathematiker Fu Traing Wang und Chuan-Chih Hsiung die Frage, wie viele verschiedene konvexe Polygone man aus den sieben Tangramsteinen legen kann, die in ihrem Inneren keine Löcher aufweisen.[1] Sie fanden dreizehn solcher Figuren und konnten beweisen, dass es auch nicht mehr gibt. Dabei sind spiegelbildliche Figuren als gleich gezählt worden. Versuchen Sie doch einmal selbst, sie zu entdecken.

Aufgabe 2:
Auch die zehn Ziffern und das Unendlich-Symbol lassen sich aus den Tangramsteinen legen. Alle Ziffern der Kapitelnummern dieses Buches sind aus den sieben Tangramsteinen zusammengesetzt. Wie die Steine in ihnen angeordnet sind, wird am Ende des Kapitels verraten.

Jede Ziffer von 0 bis 9 und das ∞ besteht aus jeweils allen sieben Tangramsteinen.

Ich habe behauptet, dass eine Figur, die man zerlegt und neu zusammensetzt, ihren Flächeninhalt nicht verändert, und Sie haben es mir vermutlich auch geglaubt, aber bewiesen habe ich es nicht. Es kann durchaus sein, dass der Flächeninhalt bei den meisten Zerlegungen und Zusammensetzungen gleich bleibt, er sich in manchen Fällen dennoch ändert. Dass dies tatsächlich vorkommt, sehen Sie an dem bunten rechtwinkligen Dreieck aus der Zeichnung.

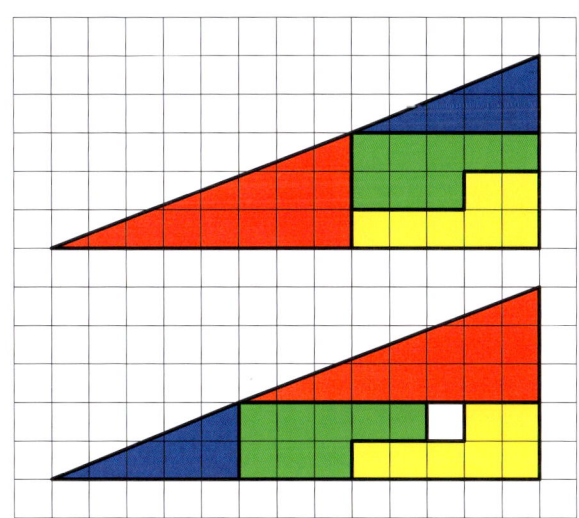

Je nachdem, wie man die vier Teile zum gleichen rechtwinkligen Dreieck zusammensetzt, ist es vollständig oder hat ein Loch.

Die Katheten des oberen Dreiecks sind 13 und 5 Einheiten lang, also hat das Dreieck einen Flächeninhalt von 13 · 5 / 2 = 32½ Quadrateinheiten. Nun wird das Dreieck in zwei kleine Dreiecke und zwei L-förmige Fünfecke zerlegt. Anschließend werden die vier Teile auf andere Weise wieder zu dem unteren, genau gleich großen rechtwinkligen Dreieck zusammengesetzt. Folglich müsste der Flächeninhalt wieder 32½ Quadrateinheiten betragen. Das ist jedoch nicht so, denn ein quadratisches Feld in der Mitte bleibt frei. Der Flächeninhalt ist also durch das Zerschneiden und Umordnen von 32½ auf 31½ Quadrateinheiten geschrumpft. Ist dies tatsächlich so oder hat sich auf geheimnisvolle Weise ein Quadrat in Luft aufgelöst? Wo ist das fehlende Quadrat geblieben? Dieses verblüffende geometrische Paradoxon erfand 1956 der große amerikanische Unterhaltungsmathematiker Martin Gardner.[2]

Die Angelegenheit wird noch verwirrender, wenn man die Flächeninhalte der vier Teile einzeln betrachtet. Die beiden kleinen Dreiecke haben Flächeninhalte von 12 und 5 Quadrateinheiten und die beiden Fünfecke von 8 und 7 Quadrateinheiten. Zusammen ergeben die vier Teile sowohl im oberen als auch im unteren großen Dreieck einen Flächeninhalt von 32 Quadrateinheiten. Welcher Wert ist denn nun korrekt: 31½, 32 oder 32½?

Natürlich ändert sich der Flächeninhalt durch Zerlegen und Umordnen nicht, und die Zerlegungsgleichheit geometrischer Figuren kann bewiesen werden. Der Fehler steckt in der Behauptung, dass die obere Figur ein rechtwinkliges Dreieck sei. Tatsächlich handelt es sich um ein Viereck, denn die vermeintliche Hypotenuse ist keine gerade Linie, sondern knickt an der Stelle, an der die beiden kleinen Dreiecke aneinanderstoßen, nach innen ein. Der Knick ist jedoch so klein, dass man ihn kaum wahrnimmt. Auch die zweite Figur ist, einmal abgesehen vom fehlenden Quadrat in ihrem Inneren, kein rechtwinkliges Dreieck, sondern ein Viereck. Die „Hypotenuse" hat an der Stelle, an der die beiden kleinen Dreiecke zusammenstoßen, einen Knick nach außen.

Das erste Viereck hat also eine Taille und das zweite einen Bauch. Tatsächlich beträgt der Flächeninhalt beider Vierecke 32 Quadrateinheiten. Durch die Taille fehlt dem ersten Viereck eine halbe Quadrateinheit bis zum rechtwinkligen Dreieck, und durch den Bauch hat das zweite Viereck eine halbe Quadrateinheit mehr als ein rechtwinkliges Dreieck.

Wer nicht glaubt, dass es sich nicht um Dreiecke, sondern um Vierecke handelt, kann es leicht nachrechnen. Wenn die Hypotenusen der kleinen Dreiecke die Hypotenuse des großen Dreiecks ergeben sollen, müssen die Winkel an ihren linken Ecken gleich groß sein. Bei dem kleineren der beiden Dreiecke beträgt er arctan(2/5) ≈ 21,8° und bei dem größeren arctan(3/8) ≈ 20,6°. Die Winkel sind also keineswegs gleich groß.

Das Paradoxon des verschwundenen Quadrats hat eine lange Geschichte und zahlreiche Varianten und Vorgänger. Die älteste bekannte Form stammt von William Hooper aus dem Jahr 1774.[3] Ein Rechteck von 3×10 = 30 Quadraten wird in vier Teile zerschnitten, die anschließend zu einer hakenförmigen Fläche von 32 Quadraten zusammengelegt werden. Hier ist der Pferdefuß leicht zu erkennen: Die Ecken der vier Schnittflächen aus dem linken Bild fallen nicht alle mit Eckpunkten des Quadratrasters zusammen. Im rechten Bild ist dies jedoch der Fall. Das bedeutet, die Schnittflächen im linken Bild sind andere und kleinere als im rechten Bild.

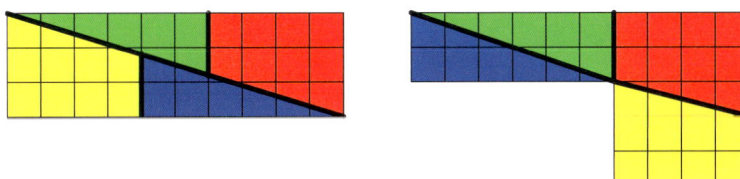

Die vier Teile zum Rechteck zusammengefügt haben 30 Quadrate und zum Haken zusammengefügt 32 Quadrate.

Schon deutlich raffinierter als Hoopers Original ist eine Variante aus dem Jahr 1868, die in der *Zeitschrift für Mathematik und Physik* veröffentlicht wurde. Der Autor ist nur mit *Schl.* angegeben.[4] Vermutlich verbirgt sich hinter diesem Kürzel der Mathematiker Oskar Schlömilch.

Ein Tischler zersägt ein Schachbrett aus 64 Feldern entlang der stark ausgezogenen Linien in vier Teile und leimt sie anschließend wieder zu einem rechteckigen Brett zusammen. Dabei stellt er fest, dass aus den 64 Feldern jetzt 65 geworden sind. Woher kommt das zusätzliche Quadrat?

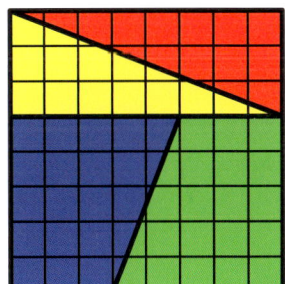 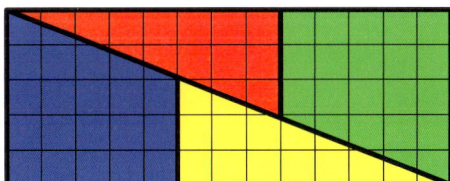

Aus 64 Quadraten werden 65 Quadrate.

Natürlich wird auch hier die Anzahl der Felder beim Zersägen und neu Zusammenleimen nicht größer. Diese Täuschung entsteht dadurch, dass sich die vier Bruchstücke des quadratischen Schachbretts gar nicht lückenlos zu dem rechteckigen Brett zusammensetzen lassen. Die Linie AC ist in Wirklichkeit ein ganz schmaler viereckiger Spalt mit den Eckpunkten A, B, C und D. Er hat den Flächeninhalt eines Schachfeldes. Das Viereck ist so schmal, dass man es bei dick ausgezogenen Linien nicht von einer einzelnen Linie unterscheiden kann.

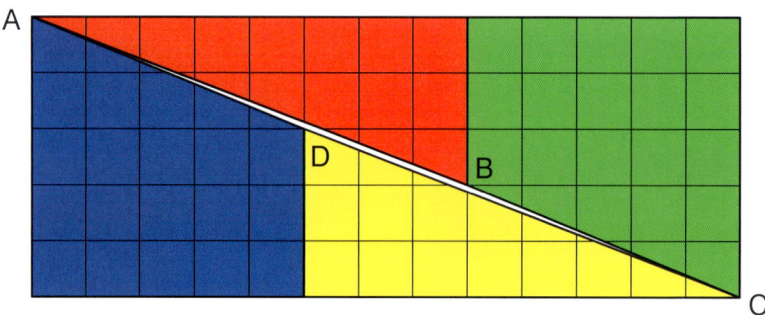

Das Geheimnis des zusätzlichen Quadrats: Ein Schlitz im Inneren.

Sam Loyd Junior, Sohn des berühmten Rätselerfinders Sam Loyd Senior, entdeckte als erster, dass man die vier Teile des zersägten Schachbretts auch so zusammensetzen kann, dass eine Figur mit nur 63 Feldern entsteht.[5]

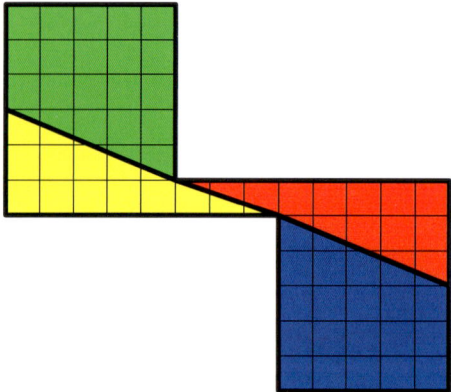

Aus 64 Quadraten werden 63 Quadrate.

Schlömilchs Paradoxon ist überraschenderweise mit den Fibonaccizahlen verwandt.[6] Die Fibonaccizahlen sind eine Folge von Zahlen, die mit zwei Einsen beginnt und bei der jede folgende Zahl die Summe ihrer beiden Vorgängerinnen ist.

1, 1, 2, 3, 5, 8, 13, 21, 34, 55, …

Diese berühmte Zahlenfolge beschrieb erstmals der italienische Mathematiker und Kaufmann Leonardo von Pisa, der auch Fibonacci genannt wurde. Die vertikalen und horizontalen Seitenlängen der vier Teile des Schachbretts sind die drei aufeinanderfolgenden Fibonaccizahlen 3, 5 und 8. Sind die vier Teile zum Quadrat geordnet, bilden sich seine Seiten dreimal als 3 + 5 und einmal als 8. Bei der Anordnung als Rechteck bilden sich hingegen die Seiten zweimal als 5 + 8 und zweimal als 5.

Bei der Umordnung der vier Teile vom Quadrat zum Rechteck zeigt sich eine bekannte Eigenschaft der Fibonaccizahlen: Jedes Quadrat einer Zahl a_n ist gleich dem um 1 erhöhten oder verringerten Produkt seiner beiden Nachbarzahlen a_{n-1} und a_{n+1}.

$$a_n^2 = a_{n-1}a_{n+1} \pm 1$$

In diesem Fall hat das Quadrat die Seitenlänge 8 und den Flächeninhalt 64. In der Fibonaccifolge liegt die 8 zwischen der 3 und der 13. Da die Seiten des Rechtecks automatisch 5 und 13 lang werden, muss die Fläche 65 sein, also um 1 größer als beim Quadrat.

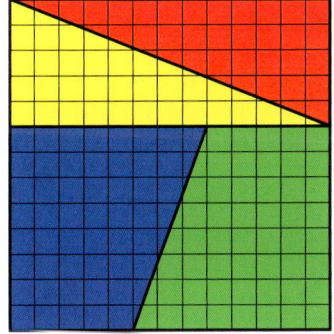
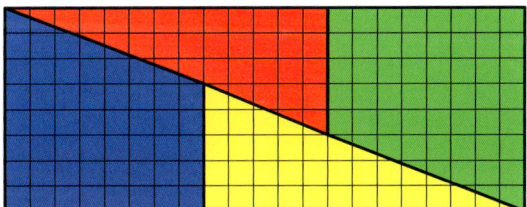

Aus 169 Quadraten werden 168 Quadrate.

Aufgrund dieser Eigenschaft kann man ein Quadrat zeichnen, dessen Seitenlänge eine Fibonaccizahl ist, die größer ist als 1, und dieses dann nach dem obigen Muster so zerschneiden, dass die horizontalen und vertikalen Seitenlängen die beiden vorangehenden Fibonaccizahlen sind. Wählen wir als Beispiel ein Quadrat der Seitenlänge 13. Es hat die Fläche 169. Wir zerschneiden es in Teile mit den Seitenlängen 5 und 8 und setzen diese zu einem Rechteck der Seitenlängen 8 und 13 und der Fläche 168 zusammen. Durch die Überschneidung der Diagonalen des Rechtecks wird diesmal kein Feld gewonnen, sondern es geht eines verloren.

Der Amerikaner Paul Curry war vermutlich der Erste, der durch Zerschneiden und wieder Zusammensetzen einer Figur deren äußere Form nicht änderte, aber ein Loch im Inneren entstehen ließ.[7] 1953 entwarf er eine ganze Reihe solche Formen. Eine der schönsten ist ein Quadrat mit 12×12 Feldern.

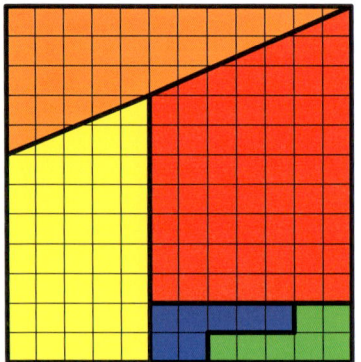 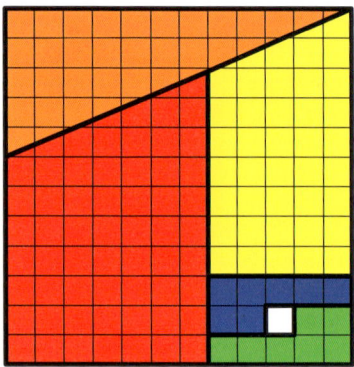

Durch Umordnen der fünf Teile entsteht ein Loch in dem Quadrat.

Der Trick hierbei ist der gleiche wie bei Martin Gardners Dreieck. Die Hypotenuse des am oberen Rand liegenden rechtwinkligen Dreiecks ist keine gerade Linie, sondern an dem Punkt, wo sie mit den beiden Vierecken darunter zusammentrifft, geknickt, und zwar im ersten Quadrat nach innen und im zweiten nach außen. Somit ist es gar kein Dreieck, sondern in den beiden Quadraten ein unterschiedlich großes Viereck.

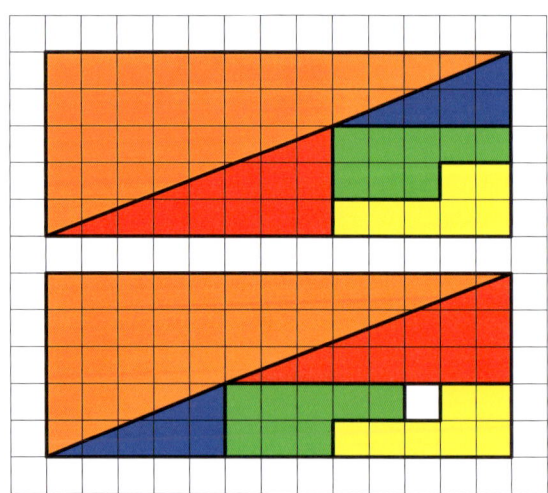

Durch Umordnen der fünf Teile entsteht ein Loch in dem Rechteck.

138 11 Der verschwundene Chinese

Bei einer anderen Figur von Paul Curry wird ein 13×5-feldiges Rechteck zerlegt und auf andere Weise zum gleichen Rechteck wieder so zusammengesetzt, dass ein Feld frei bleibt. Hier wird der gleiche Trick verwendet.

Als Martin Gardner diese Figur sah, fiel ihm auf, dass das große orangefarbene Dreieck oben in beiden Anordnungen an der gleichen Stelle liegt und gar nicht am Verschwinden des Feldes beteiligt ist. Darum ließ er es einfach fort, und das Ergebnis war die Figur, die Sie zu Beginn dieses Kapitels kennengelernt haben und das vielleicht schönste Beispiel aller bekannten Figuren dieser Art ist.

Es gibt noch eine ganz andere Möglichkeit, ein Flächenstück verschwinden zu lassen. Dazu zeichnet man in ein Quadrat zwei gerade Linien, die um wenige Grad gegenüber den Seiten gekippt sind und sich in der Quadratmitte rechtwinklig kreuzen.² Nun wird das Quadrat entlang dieser Linie in vier gleiche Vierecke zerschnitten. Jedes Viereck hat einen spitzen und einen stumpfen Winkel und zwei sich gegenüberliegende rechte Winkel. Die vier Vierecke lassen sich nun so zu einem neuen Quadrat zusammensetzen, dass die rechten Winkel, die sich in der Mitte des Ausgangsquadrats trafen, nun die vier Ecken des neuen Quadrats bilden. Dabei bleibt in der Mitte ein quadratisches Feld frei. Wo ist die Fläche geblieben?

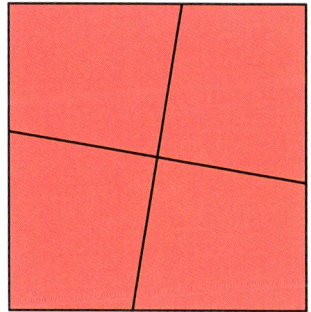 

Auch bei diesem Quadrat kann man durch Umordnen seiner Teile ein Loch entstehen lassen.

Natürlich hat sie sich auch diesmal nicht einfach in Luft aufgelöst. Das neue Quadrat ist etwas größer als das ursprüngliche Quadrat, nämlich genau um den Inhalt der freien Fläche. Die Vergrößerung ist aber so gering, dass man sie mit bloßem Auge kaum erkennt.

Aufgabe 3:
Dem englischen Rätselerfinder Henry Ernest Dudeney gelang 1917 das Kunststück, auch mit den Tangramsteinen auf geheimnisvolle Weise Flächeninhalte zu vergrößern und zu verkleinern.[8] Die beiden Männer mit spitzem Hut und Schmerbauch sehen genau gleich aus, bis auf den Unterschied, dass man beim rechten Mann die Füße sieht, bei dem linken aber nicht. Für beide Männer sind jeweils alle sieben Tangramsteine verwendet worden. Wie ist das möglich?

Beide Männer bestehen jeweils aus allen sieben Tangramsteinen. Wo kommen beim zweiten die Beine her?

Der verschwundene Krieger

Im Jahr 1896 ließ Sam Loyd Senior ein Spiel patentieren, das er *Get off the Earth Puzzle* (Fort-von-der-Erde-Puzzle) nannte. Dabei war auf einer Platte ein drehbares Bild der Erdkugel montiert. Um die Erdscheibe verteilten sich dreizehn chinesische Krieger mit Zöpfen und Schwertern, die alle teilweise auf der Platte und teilweise auf der Scheibe zu sehen waren. Drehte man die Erdscheibe um dreißig Grad, verschwand auf geheimnisvolle Weise ein Krieger und nur zwölf blieben zurück. In der Abbildung rechts ist das Puzzle in beiden Stellungen zu sehen.

Das *Get-off-the-Earth-Puzzle* von Sam Loyd: Durch Drehen der Erdscheibe löst sich ein Chinese in nichts auf.

Loyds Chinesenparadoxon wurde ein riesiger Erfolg. Schon zu seinen Lebzeiten wurden weltweit über zehn Millionen Exemplare verkauft. Wie viele Exemplare in den mehr als hundert Jahren seit seinem Tod unter die Menschen gebracht wurden, kann man nicht einmal mehr abschätzen. 1897 wurde das Spiel in den USA von der Republikanischen Partei an die Bevölkung verteilt, um William McKinley bei seinem Wahlkampf um das Präsidentenamt zu unterstützen. Bei der *A Century of Progress Exposition* 1933 in Chicago war vor Robert Ripleys Kuriositätenkabinett ein großes hölzernes Modell des Chinesenparadoxons aufgebaut. Ein Marktschreier lockte die Menge an und zählte mit einem Zeigestock die Krieger. Dann drehte er die Erdscheibe schnell ein Stück und bewies den verblüfften Zuschauern durch Nachzählen, dass ein Chinese verschwunden war.

Wie ist dieses paradoxe Verhalten des *Get off the Earth Puzzle* zu erklären? Alles bleibt sichtbar und dennoch verschwindet ein Chinese. Dazu vereinfachen wir Loyds geniales Puzzle einmal drastisch.

Zehn Männner sitzen in einer Reihe, jeder hat zehn Euro in der Tasche. Nun gibt jeder seinem rechten Nachbarn Geld, und zwar gibt der erste zehn Euro ab, der zwei neun, der dritte acht und so fort, der neunte gibt einen Euro und der zehnte schließlich gibt gar nichts ab. Durch dieses ungewöhnliche Verfahren hat jeder Mann einen Euro mehr erhalten als er abgegeben hat. Nur der erste hat Pech gehabt: Er hat sein ganzes Geld abgegeben, aber nichts zurückbekommen. Darum haben alle Männer bis auf den Pechvogel ganz vorn in der Reihe jetzt elf Euro. Alle sind reicher geworden, nur einer ist nun pleite.

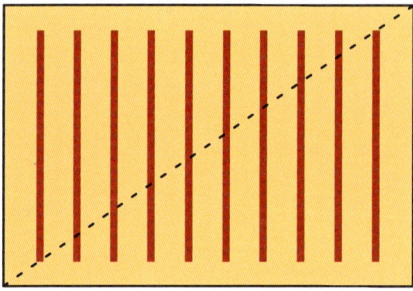

Zehn Parallelen auf einem Blatt Papier.

Dieses Verfahren kann man geometrisch umsetzen. Auf ein Blatt Papier werden zehn gleich lange parallele Linien gezeichnen. Dann schneidet man das Blatt entlang der gestrichelten Diagonale durch und verschiebt die beiden Hälften ein wenig gegeneinander. Im Resultat sind aus den ursprünglich zehn Linien neun geworden. Welche Linie ist verschwunden?

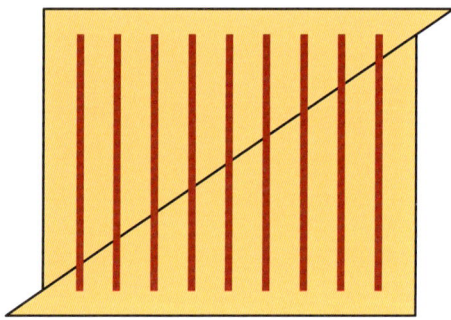

Durch Zerschneiden und Verschieben sind aus zehn parallelen Linien neun geworden.

Die Frage ist nicht korrekt gestellt, denn es ist gar nicht eine bestimmte Linie verschwunden, sondern jede Linie wurde in zwei Teile geschnitten, und die Teile wurden auf andere Weise wieder zusammengesetzt. Es ist wie bei dem Geld der zehn Männer. Jede Linie gibt ein Stück an ihren rechten Nachbarn ab und erhält dafür ein etwas größeres Stück von ihrem linken Nachbarn. Dadurch wird jede Linie etwas länger. Die Ausnahme ist die erste Linie. Sie gibt alles ab und bekommt nichts wieder. Damit hat sie sich völlig aufgelöst. Die Summe der Zuwächse der neun Linien entspricht der Länge der ersten Linie.

Beim folgenden Puzzle aus dem Jahr 1920 sieht man anstelle der Striche Zeichnungen von acht Spielern einer Baseballmannschaft. Durch Zerschneiden und Verschieben kann man die Mannschaft auf neun Spieler vervollständigen. Der Trick dabei ist genau der gleiche wie bei den Linien.

Das *Baseball-Puzzle*: Aus acht Spielern werden neun.

Die Puzzles mit den Strichen und den Baseballspielern haben einen kleinen Schönheitsfehler. Die Ausgangsfigur ist ein schönes Rechteck, aber die neue Figur hat zwei hässliche dreieckige Ohren. Es gibt verschiedene Möglichkeiten, dies zu vermeiden. Man kann die gerade Schnittlinie zu einem Kreis biegen und Anfang und Ende zusammenfügen. Dies hat Sam Loyd bei seinem *Get off the Earth Puzzle* gemacht. Der Rest ist im Grunde nicht anders als beim Linienparadox.

Schauen wir uns die dreizehn Chinesen an und beginnen dabei links unten mit dem Krieger, der einem anderen Krieger, der sich auf der Erdscheibe befindet, genau gegenübersteht. Die Schnittlinie läuft durch seinen Fuß und linken Unterschenkel. Bei dem im Uhrzeigersinn nächsten Krieger läuft die Schnittlinie durch das ganze linke Bein. Bei jedem folgenden Krieger verschiebt sich die Schnittlinie immer weiter durch den Körper. Bei den Kriegern oben rechts wird auch der Kopf zerschnitten. Wenn nun die Scheibe um dreißig Grad gegen den Uhrzeigersinn gedreht wird, gibt jeder Krieger einen Teil seines Körpers an seinen linken

Nachbarn ab und bekommt dafür einen etwas größeren Teil von seinem rechten Nachbarn zurück. Dadurch wird jede Figur etwas größer, was aber kaum auffällt.

Die Krieger sind viel kunstfertiger gezeichnet, als es auf den ersten Blick scheint. Da alle Chinesen aufrecht stehen, müssen die Figuren an einer Stelle rechts und links vertauschen. Das heißt aus einem rechten Bein und einem rechten Arm müssen nach der Drehung ein linkes Bein und ein linker Arm werden, ohne dass es auffällt. Dies geschieht bei dem knienden Krieger unten rechts.

Der amerikanische Präsident Theodore „Teddy" Roosevelt war ein begeisterter Jäger. 1909 unternahm er eine ausgedehnte Großwildjagd in Afrika, über die er sogar ein Buch schrieb. Dies nahm Sam Loyd noch im selben Jahr zum Anlass, von seinem *Get off the Earth Puzzle* eine neue Variante zu zeichnen, die er *Puzzle of Teddy and the Lions* nannte. In der Mitte der drehbaren Scheibe sieht man Teddy Roosevelt, der von sieben Löwen und sieben afrikanischen Jägern umgeben ist. Dreht man die Scheibe ein Stückchen, verschwindet einer der sieben Jäger, dafür erscheint ein achter Löwe. Auf der Rückseite der Karte stand: „Vor Ihren eigenen Augen verwandelt sich ein schwarzer Mann in einen gelben Löwen, und je länger Sie sich damit beschäftigen, umso weniger begreifen Sie es."

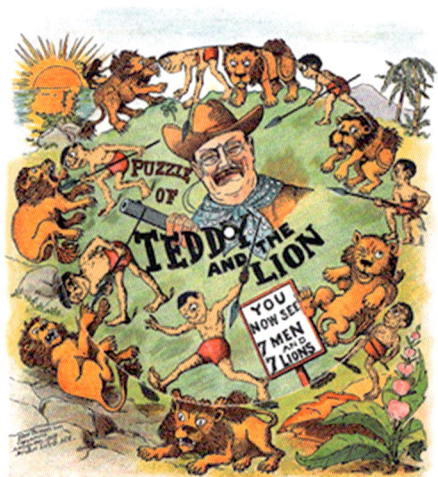 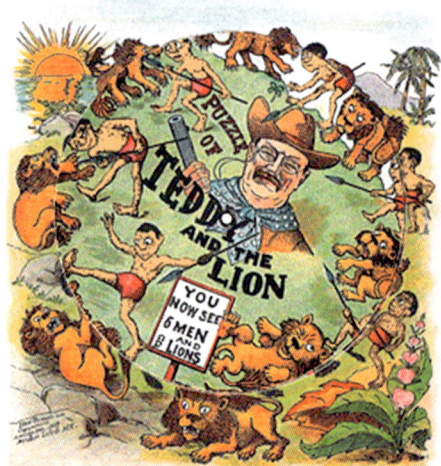

Puzzle of Teddy and the Lions: Durch Drehen der Scheibe wird aus einem Jäger ein Löwe.

Eine dritte Variante von Sam Loyd ist sehr an sein *Get off the Earth Puzzle* angelehnt und heißt *The Disappearing Bicyclist* (Der verschwindende Radfahrer). Die chinesischen Krieger mit ihren Schwertern sind durch Radfahrer mit Fähnchen ersetzt worden und die Erdscheibe wurde zum Hinterrad eines Fahrrades, das Prinzip ist das gleiche geblieben.

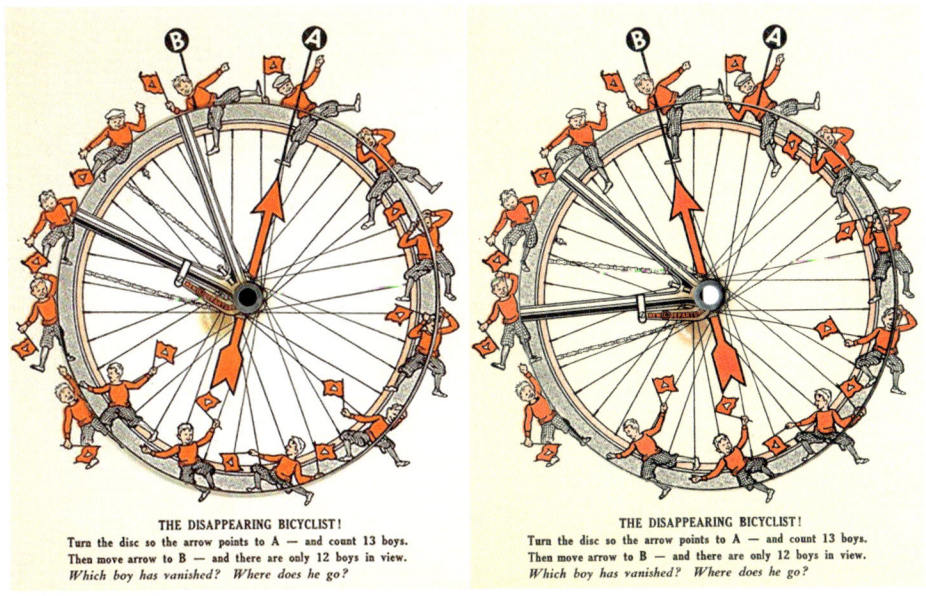

The Disappearing Bicyclist: Durch Drehen des Rades verschwindet ein Radfahrer.

Es gibt eine bayerische Version dieses Spiels, bei dem man aus acht Maßkrügen neun und aus neun Maßkrügen acht machen kann. Der wohlgenährte und offensichtlich nicht mehr ganz nüchterne Mann drückt sein Unverständnis in bayerischen Versen aus:

> Da kunnst dir scho' glei' grandi wer'n,
> jetzt zähl' i' die halb' Nacht –
> und bring's nit firti', Hagelstern!
> sind's 9 Krüag oder 8?

Die wundersame Biervermehrung.

Man muss den Schnitt nicht wie Sam Loyd bei seinem *Get off the Earth Puzzle* kreisförmig machen, um hässliche Nasen zu vermeiden, sondern kann ihn auch treppenförmig entlang einer Diagonalen anlegen. Dann wird aus einem Rechteck auch wieder ein Rechteck, das zwar den geichen Flächeninhalt, aber andere Abmessungen hat.

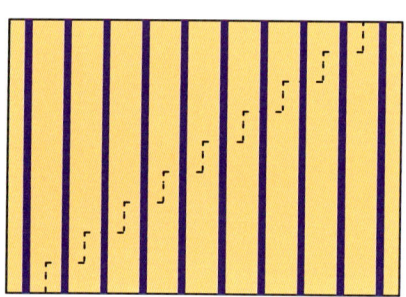 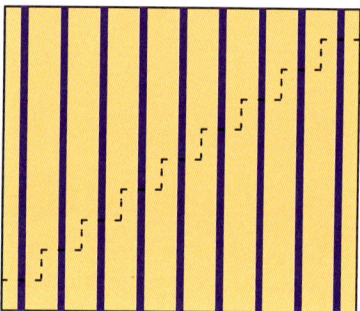

Durch einen Treppenschnitt werden aus zehn Parallelen neun.

Sam Loyd machte aus dem treppenförmigen Schnitt durch ein Rechteck ein Preisrätsel.[9] Die amerikanische Flagge hat dreizehn gleich breite horizontale Streifen, die abwechselnd rot und weiß sind und für die dreizehn Gründungsstaaten der USA stehen. In der oberen linken Ecke ist ein blaues Feld mit weißen Sternen. In Loyds Problem *Sailing under false Colors* (Segeln unter falscher Flagge) hat ein Schiff eine fehlerhafte amerikanische Fahne mit fünfzehn roten und weißen Streifen gehisst. Loyd forderte nun seine Leserinnen und Leser auf, die Fahne in möglichst wenige Teile zu zerschneiden, die sich anschließend, ohne dabei etwas wegzuwerfen oder hinzuzufügen, zu einer korrekten amerikanischen Fahne zusammennähen lassen.

Die fehlerhafte amerikanische Fahne.

Die Lösung ist ganz einfach: Wenn man einen treppenförmigen Schnitt wählt, braucht man die Fahne in nur zwei Stücke zu zerschneiden.

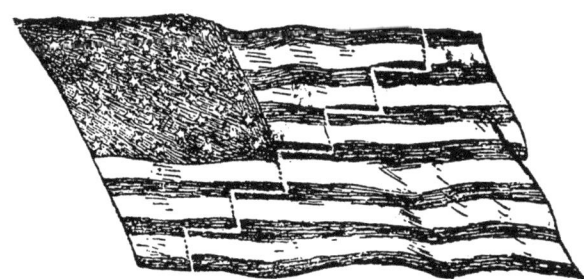

Die Reparatur der amerikanischen Fahne.

Eine dritte Möglichkeit, beim Zerschneiden und Zusammensetzen die störenden Nasen zu vermeiden, ist, das Rechteck in mehrere kleinere Rechtecke zu zerlegen, die in anderer Anordnung wieder zu einem Rechteck der gleichen Abmessungen zusammengesetzt werden. Das älteste bekannte Objekt dieser Art erschien 1880 bei der New Yorker Firma Wemple & Company. Es nennt sich *The Magic Egg Puzzle*. Auf einem rechteckigen Stück Karton sind neun Eier, ein Huhn und ein kleiner Kobold zu sehen. Auf der Karte steht die Aufforderung, die Karte entlang der Linien in vier Stücke zu zerschneiden und dann daraus 6, 7, 8, 10 oder 12 Eier herzustellen.

Das magische Eierpuzzle.

Aus neun Eiern sind acht Eier geworden.

Die vier Teile so anzuordnen, dass daraus acht oder zehn Eier entstehen, ist kein großes Problem. Wie aber sechs, sieben, elf oder zwölf daraus werden sollen, wird wohl auf ewig ein Geheimnis des Erfinders bleiben. Der Trick bei diesem Paradoxon ist natürlich der gleiche wie bei den verschwindenden Linien und Chinesen.

Aus neun Eiern sind zehn Eier geworden.

Im Jahr 1907 erwarb der Amateurmagier Theodore DeLand aus Philadelphia das Urheberrecht an dieser Spielerei und variierte sie in Form eines Spielkartenparadoxons. Im Grunde wurden nur die Eier durch Spielkarten ersetzt, dennoch ist es deutlich schwieriger zu durchschauen, da die treppenförmige Anordnung unterbrochen wird durch zusätzliche Karten, die nicht zerschnitten werden und gar nicht am Paradoxon beteiligt sind. Dadurch entsteht der Eindruck, alle Spielkarten seien zufällig auf dem Bild verteilt.

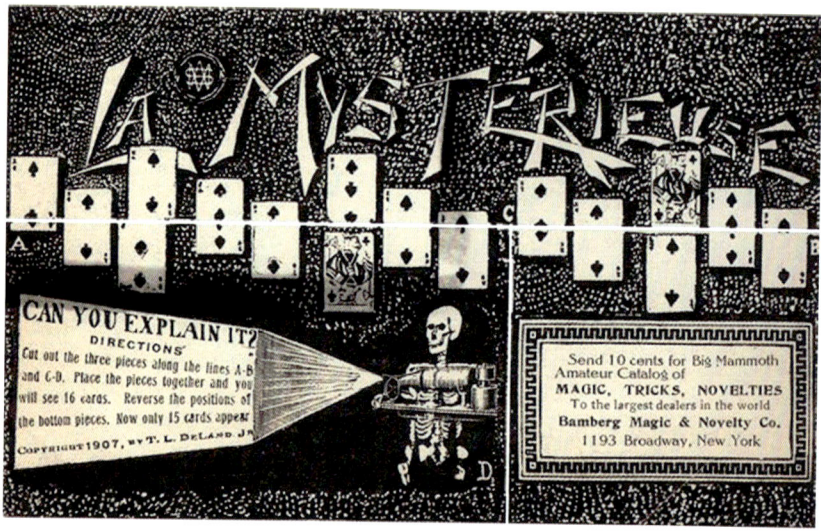

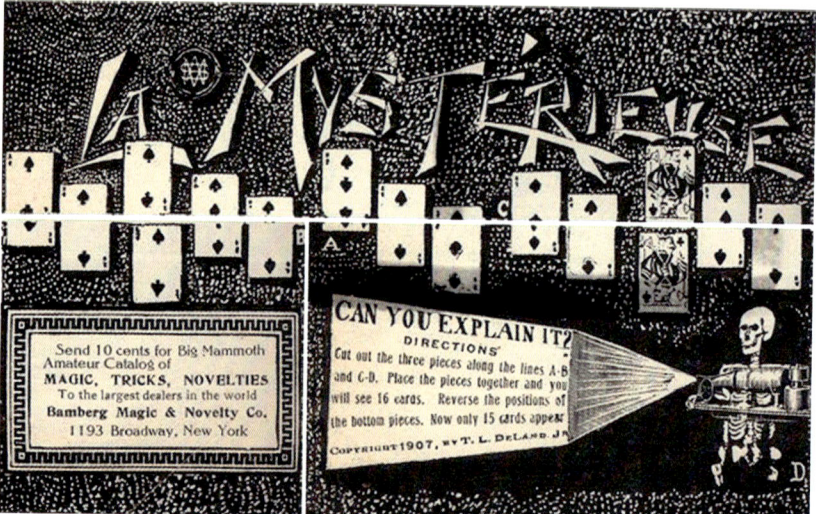

Das geheimnisvolle Verschwinden einer Spielkarte.

Man kann das Spiel noch hübscher gestalten, indem man statt Linien, Eiern oder Spielkarten Menschen, Gesichter oder Tiere nimmt. All dies ist im Lauf der vergangenen hundert Jahre erprobt worden. Hier ein schon leicht erotisches Beispiel unbekannten Alters aus Deutschland. Aus vierzehn leichtbekleideten jungen Damen werden durch Vertauschen der oberen beiden Kartenteile fünfzehn.

Woher kommt die fünfzehnte Schönheit?

Zwei besonders raffinierte Varianten hat 1956 der kanadische Amateurmagier Mel Stover aus Winnipeg entworfen. Auf einer seiner Karten sind sechs blaue und sieben rote Bleistifte zu sehen. Durch Vertauschen der beiden unteren Kartenteile werden daraus sieben blaue und sechs rote Bleistifte. Ein Stift hat also seine Farbe gewechselt. Stover hat dabei einfach nur das Linienparadoxon doppelt angewendet. Die roten Linien

Aus einem roten wird ein blauer Bleistift.

werden von der ersten zur zweiten Anordnung um eine Linie verringert, dafür aber alle etwas länger. Bei den blauen Linien ist es umgekehrt. Sie werden von der zweiten zur ersten Anordnung um eine Linie weniger und dafür etwas länger.

Den gleichen Trick hat er bei seiner zweiten Karte angewandt. Vor dem Umordnen sind auf der Karte sechs Männer und vier Glas Bier zu sehen und nach dem Umordnen nur noch fünf Männer, aber fünf Glas Bier. Anscheinend hat sich einer der Männer in Bier verwandelt, ein Verdacht, in dem wohl mancher Mann bei seiner leidgeprüften Ehefrau steht.

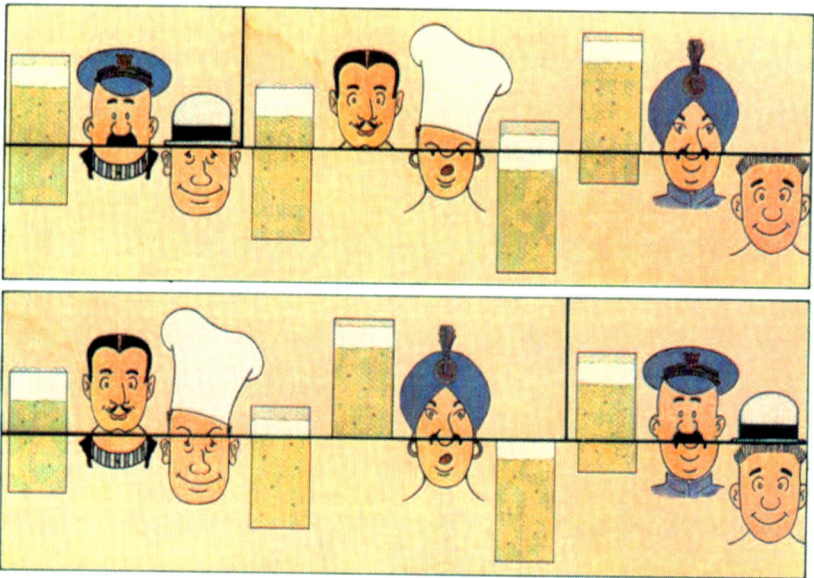

Wie ein Mann zum Bierglas wird.

Gleich ob man Löwen in Jäger, rote Bleistifte in blaue oder Männer in Biergläser verwandelt, stets werden Bilder verändert. Man kann den Trick auch auf Texte anwenden. 1981 schrieb Donald E. Knuth, der berühmte amerikanische Informatiker und Schöpfer des vor allem von Mathematikern und Naturwissenschaftlern seit Jahrzehnten verwendeten Textverarbeitungssystems TeX, ein Gedicht aus acht Versen über Magier.[10]

	I wonder how magicians make their rabbits disappear;
Enchanted words like *hocus pocus* can	not interfere
with laws of science	and facts of mathematics that are clear.
The prestidigitators, making use of devious schemes,	
(although they never tell you how)	transport things as in dreams:
At times	suspended, banished, null and void – or so it seems.
There must be something secret, yes, a trick that will	involve
– when done with sleight of hand –	a force that's able to *dissolve*.

Dann schneidet man das gelbe und orangefarbene Stück ab und setzt die beiden Teile mit vertauschten Positionen wieder an die linke Hälfte. Dadurch entsteht ein neues Gedicht, das nur aus sieben Versen besteht.

Enchanted words like *hocus pocus* can	transport things as in dreams:
with laws of science	suspended, banished, null and void – or so it seems.
The prestidigitators, making use of devious schemes,	involve
(although they never tell you how)	a force that's able to *dissolve*.
At times	I wonder how Magicians make their rabbits disappear;
There must be something secret, yes, a trick that will	not interfere
– when done with sleight of hand –	and facts of mathematics that are clear.

Grit Jacobi hat dieses Gedicht 2016 frei übersetzt. Mit dem gelben Block oben und dem orangenen unten lautet es auf Deutsch:

	ich frage mich, wie Zauberer ihre Kaninchen verschwinden lassen;
Zauberworte wie *Hokus Pokus*	können da nicht hineinpassen
Mit den Gesetzen der Natur	und mit mathematischen Fakten, die jeder kann erfassen.
Die Taschenspieler, die raffiniert vorgehen,	
(obwohl sie einem nicht verraten, wie)	können Dinge aus dem Nichts herbringen so wie im Traum:
Manchmal bin ich in Gedanken versunken und	außer Kraft gesetzt, verbannt, ausgehebelt – man glaubt es kaum.
Es muss da etwas Geheimes geben, ja, bestimmte Tricks	ziehen dazu heran
– wenn sie fingerfertig und geschickt ausgeführt werden –	eine Kraft, die verlustig gehen kann.

Vertauscht man den gelben mit dem orangenen Block, wird daraus dieses Gedicht:

Zauberworte wie *Hokus Pokus*	können Dinge aus dem Nichts herbringen so wie im Traum:
Mit den Gesetzen der Natur	außer Kraft gesetzt, verbannt, ausgehebelt – man glaubt es kaum.
Die Taschenspieler, die raffiniert vorgehen,	ziehen dazu heran
(obwohl sie einem nicht verraten, wie)	eine Kraft, die verlustig gehen kann.
Manchmal bin ich in Gedanken versunken und	ich frage mich, wie Zauberer ihre Kaninchen verschwinden lassen;
Es muss da etwas Geheimes geben, ja, bestimmte Tricks	können da nicht hineinpassen
– wenn sie fingerfertig und geschickt ausgeführt werden –	und mit mathematischen Fakten, die jeder kann erfassen.

In der Geometrie lässt sich, wie wir in diesem Kapitel gesehen haben, eine Figur durch Zerschneiden und wieder Zusammensetzen scheinbar ein wenig vergrößern. Was die Geometrie kann, kann die katholische Kirche noch viel besser. Durch vielfache Teilung und Zusammensetzung der Körper verstorbener Heiliger hat sie diese nicht nur um wenige Prozent vergrößert, sondern regelrecht vervielfacht. So findet man im Reliquienschatz der katholischen Welt vom heiligen Dionysius zwei vollständige Körper – einen in Saint-Denis und einen Regensburg – und noch zwei zusätzliche Köpfe – einen in Prag und einen in Bamberg.[11] Von der heiligen Anna gibt es ebenfalls zwei Körper und zusätzlich nicht weniger als acht Köpfe und sechs Arme.

Hier noch einige weitere Beispiele für die wunderbare Körpervermehrung:

    Hl. Andreas: 5 Körper, 6 Köpfe, 17 Arme, Beine und Hände
    Hl. Antonius: 4 Körper, 1 Kopf
    Hl. Blasius: 1 Körper, 5 Köpfe
    Hl. Lukas: 8 Körper, 9 Köpfe
    Hl. Sebastian: 4 Körper, 5 Köpfe, 13 Arme

Diese Liste lässt sich beliebig erweitern. Rekordverdächtig sind die beiden Heiligen Georg und Pankraz mit je über dreißig Körpern.

Hl. Dyonysus

11 Der verschwundene Chinese

Lösungen

1. Aus den sieben Tangramsteinen kann man dreizehn konvexe Polygone legen, die keine Löcher in ihrem Inneren haben. Es sind alles Drei-, Vier-, Fünf- und Sechsecke.

Mit sieben Tangramsteinen kann man dreizehn konvexe Polygone legen.

2. Jede der Ziffern, aus denen sich die Kapitelnummern zusammensetzen, ist aus den sieben Tangramsteinen gebildet worden.

Jede der zehn Ziffern von 0 bis 9 und auch das 8 besteht aus jeweils allen sieben Tangramsteinen.

3. Beide Männer sind tatsächlich jeweils aus allen sieben Tangramsteinen zusammengesetzt, soweit stimmt die Behauptung. Abgesehen von den Füßen sehen die Figuren gleich aus, sind jedoch unterschiedlich. Hut, Kopf und Arm sind bei beiden Männern genau gleich. Auch die Körper haben die gleiche Form und Breite, sind aber unterschiedlich lang. Das sieht man sofort, wenn man sie in gleicher Höhe direkt nebeneinanderstellt.

Die beiden Tangrammänner.

Der Körper des fußlosen Mannes ist um den orangefarbenen Streifen länger als der des Mannes mit Füßen.

Der Körper des fußlosen Mannes ist um den orangefarbenen Streifen länger als der des anderen. Dieser Streifen hat den gleichen Flächeninhalt wie die Füße des zweiten Mannes.

Quellen

1. Fu Traing Wang und Chuan-Chih Hsiung, The American Mathematical Monthly 49, November 1942, S. 596–599.
2. Martin Gardner, Mathematics, Magic and Mystery, New York 1956, S. 145–150.
3. William Hooper, Rational Recreations, Bd. 4, London 1774, S. 286–287.
4. Schl., Zeitschrift für Mathematik und Physik 13, 1868, S. 162.
5. Sam Loyd Jun. (Hg.), Sam Loyd's Cyclopedia of 5000 Puzzles, Tricks and Conundrums, New York 1914, S. 288, 378.
6. Viktor Schlegel, Zeitschrift für Mathematik und Physik 24, 1879, S. 123–128.
7. Paul Curry in: Martin Gardner, Mathematics, Magic and Mystery, New York 1956, S. 139–145.
8. Henry Ernest Dudeney, Amusement in Mathematics, London 1917, S. 46, 178–179.
9. Sam Loyd Jun. (Hg.), Sam Loyd's Cyclopedia of 5000 Puzzles, Tricks and Conundrums, New York 1914, S. 231, 369.
10. Donald E. Knuth in: David A. Klarner (Hg.), The Mathematical Gardner, Belmont 1981, S. 264.
11. Max Kemmerich, Kultur-Kuriosa, Bd. 1, München 1910, S. 258.

12 Unmögliche Welten

Die Penrose-Treppe

1956 saßen der britische Genetiker Lionel S. Penrose und sein Sohn, der Mathematiker und Physiker Roger Penrose, zusammen und erdachten eine seltsame Treppe, bei der sich jedem Architekten der Magen umdreht. Die beiden wussten zunächst nicht recht, wie sie ihre Erfindung der Öffentlichkeit bekannt machen sollten. Da fiel dem Vater ein, dass er den Herausgeber des *British Journal of Psychology* kannte. Im Februar-Heft 1958 brachte dieser einen Artikel der beiden Penroses mit deren unmöglicher Treppe.[1]

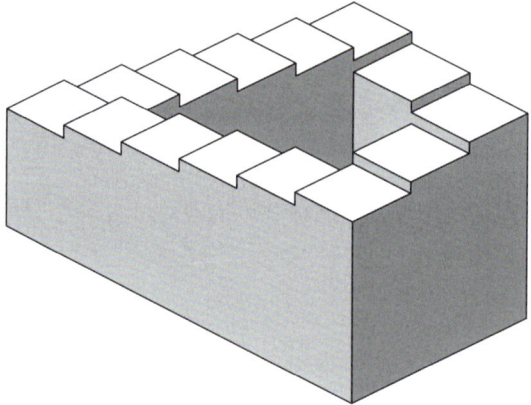

Die Penrose-Treppe.

Die Treppe verläuft im Karree. Geht man gegen den Uhrzeigersinn durch dieses Karree, steigt man sie über alle vier Seiten immer weiter hoch und gelangt nach einem Umlauf paradoxerweise wieder genau dort an, wo man gestartet ist. Auch nach vielen Runden wird man nichts an Höhe gewonnen haben. Im Uhrzeigersinn steigt man immer weiter treppab und kommt trotzdem niemals tiefer. Eine solche Treppe kann man unmöglich bauen. Aber man kann sie zeichnen, indem man bei der Perspektive mogelt.

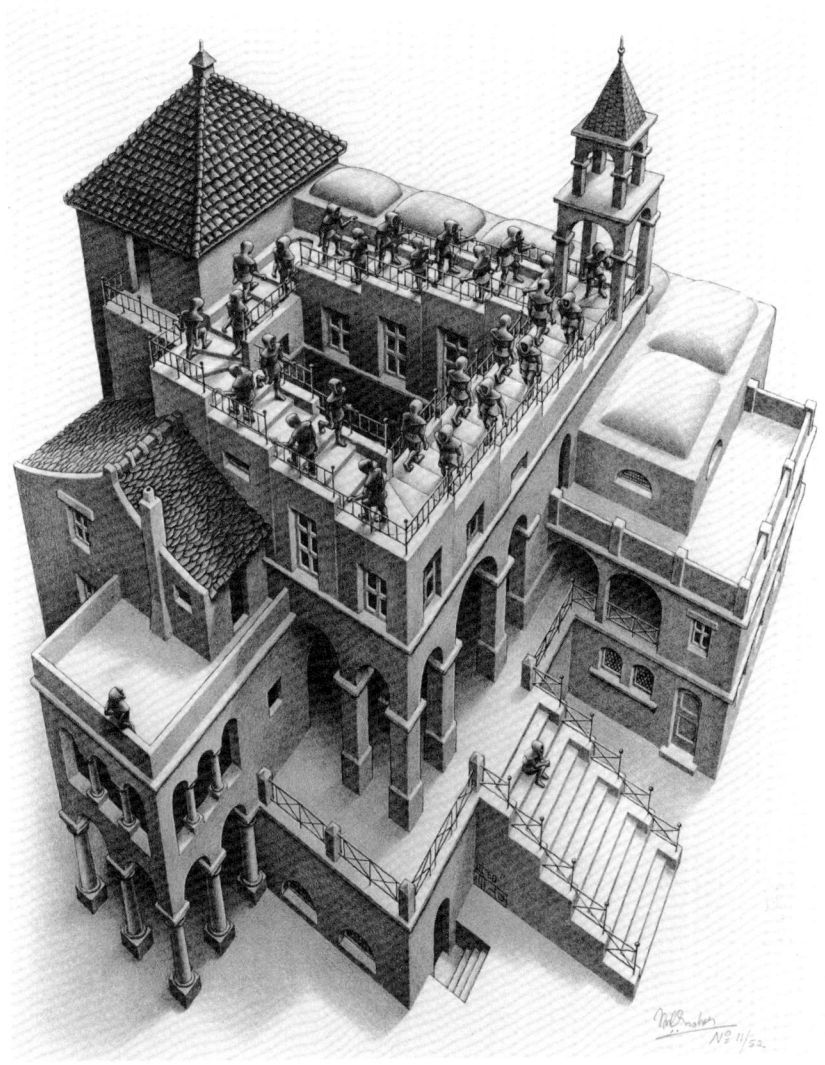

Treppauf Treppab: Lithographie von M. C. Escher (1960).

Der holländische Grafiker Maurits Cornelis Escher las den Artikel von Penrose Senior und Junior und schuf 1960 aus deren Treppe seine berühmte Lithografie *Treppauf Treppab*. In der Grafik blickt man aus der Vogelperspektive auf ein Gebäude mit quadratischem Innenhof, das auf dem Dach eine endlos umlaufende Treppe hat. Vierzehn uniformierte Gestalten, die alle eine Kapuze über ihren Kopf gezogen haben – es könnten Mönche oder Ritter sein –, laufen im Uhrzeigersinn permanent treppauf

12 Unmögliche Welten

und zwölf andere Bewohner laufen gleichzeitig gegen den Uhrzeigersinn permanent treppab.

Wie entsteht diese verblüffende optische Täuschung? Der Trick ist leicht zu durchschauen, wenn man einmal selbst versucht, eine solche endlose Treppe zu konstruieren. Dazu beginnt man mit einem perspektivisch gezeichneten Quadrat, das parallel zum Boden im Raum schwebt.

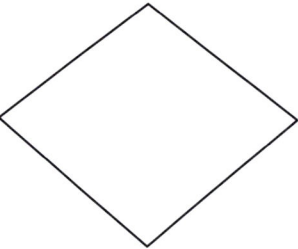

Perspektivische Zeichnung eines Quadrats, das parallel zum Boden im Raum schwebt.

Danach zeichnet man in jede Seite des Quadrats eine Stufe ein.

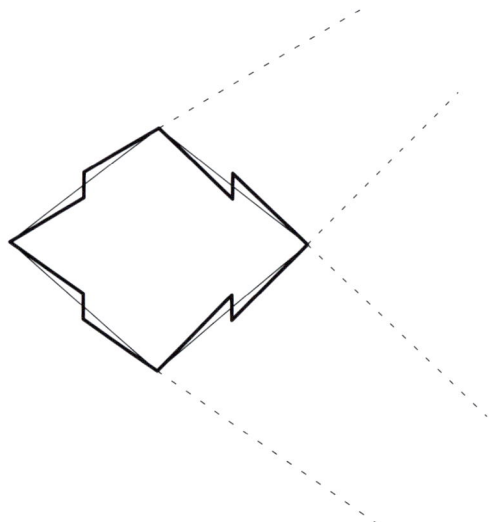

Perspektivische Zeichnung mit je einer Stufe pro Seite.

Jetzt sieht man deutlich, was passiert ist. Die Stufenflächen liegen nicht mehr parallel zum Boden, sondern sind alle ein wenig nach unten geneigt, sodass man auf jeder zweiten Stufe wieder auf der gleichen Höhe steht. Selbst wenn man die Linien des ursprünglichen Quadrats weglässt, merkt man, dass die Stufenflächen nicht alle parallel zum Boden liegen können. Dies hat seine Ursache in den Fluchtpunkten der Zeichnung, auf die die gestrichelten Linien zulaufen. Der Fluchtpunkt der Treppenstufen hinten links und vorne rechts liegt oben rechts in der Zeichnung. Das sollte auch so sein. Der Fluchtpunkt der Stufen vorne links und hinten rechts liegt unten rechts in der Zeichnung. Dies stört das perspektivische Empfinden jedes Betrachters. Dieser Fluchtpunkt sollte eigentlich oben links in der Zeichnung liegen und die gleiche Höhe haben wie der andere Fluchtpunkt. Escher hat dies dadurch erreicht, dass er die rechte Ecke des Quadrats so weit nach oben rechts verschoben hat, bis der Fluchtpunkt nach oben links gerutscht ist.

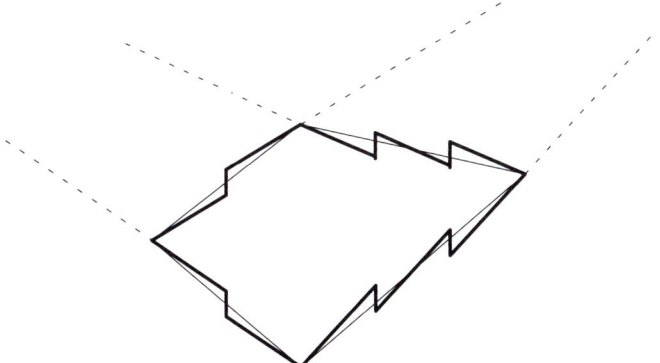

Perspektivische Zeichnung mit mehreren Stufen pro Seite und verschobenen Fluchtpunkten.

Der Preis, den er dafür zahlen musste, ist eine unterschiedliche Stufenzahl in den vier Abschnitten der Treppe, doch das stört den Betrachter weniger als die fehlerhafte Lage der Fluchtpunkte. Die beiden Penroses und Escher haben noch einen weiteren Trick benutzt, den man auch nicht ohne Weiteres bemerkt. Die vier Kanten, mit denen das Gebäude auf dem Boden stehen sollte, bilden kein Quadrat, sondern eine viereckige Schraubenlinie. Startet man an einer Ecke des Gebäudes und umrundet es entlang dieser Linie, kommt man nicht wieder zum Startpunkt, sondern zu einem Punkt, der ein Stockwerk oberhalb dieses Punktes liegt.

Aufgabe 1:
Die Penrose-Treppe und Eschers Lithografie sind vielfach adaptiert worden. Eine der ersten Varianten stammt von den Penroses selbst. Im *New Scientist* vom 25. Dezember 1958 stellten Vater und Sohn eine Sammlung origineller Weihnachtsrätsel vor.[2] Eines war die Aufgabe, in einem Bauwerk mit vielen Treppen vom Punkt A am Boden zum höchsten Punkt C zu gelangen, ohne mehr als zehn Stufen zu steigen. Von A nach B muss man, auch wenn man es nicht genau erkennen kann, drei Stufen aufsteigen.

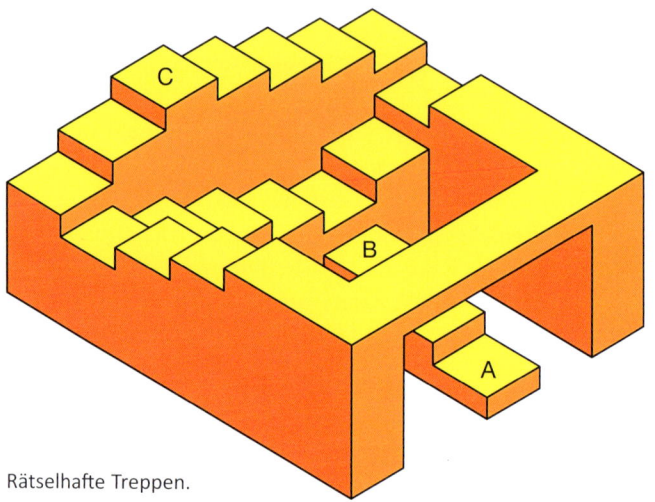

Rätselhafte Treppen.

Corporate Europe Observatory, eine Nichtregierungsorganisation, die sich für die Einschränkung privatwirtschaftlicher Einflussnahme auf EU-Politik einsetzt, hat in 2012 einen Stadtführer durch das Brüsseler EU-Viertel herausgegeben.³ Das Titelbild stammt aus der Feder Khalil Bendibs und zeigt eine Variante von Eschers Lithographie, die illustriert, wie die Gruppe die Wege von EU-Lobbyisten sieht.

Die Wege der EU-Lobbyisten auf einer Penrose-Treppe.

1964 stellte der amerikanische Kognitionswissenschaftler Roger Newland Shepard eine akustische Version der Penrose-Treppe vor.[4] Obwohl der Mensch nur Töne aus dem Frequenzbereich von etwa 16 bis 20 000 Hertz hören kann, scheint die Shepard-Skala von Ton zu Ton unendlich weit anzusteigen, und trotzdem verlässt sie nie den Hörbereich, sondern gelangt paradoxerweise zurück zur Tonhöhe, mit der sie gestartet ist. Auch die umgekehrte Richtung ist möglich: Die Tonhöhe scheint permanent zu fallen und gelangt dennoch nach einigen Schritten wieder zum Ausgangston. Erzielt wird dieser Effekt durch eine Anzahl verschiedener Sinustöne – meist sind es mehr als acht –, deren Frequenzen langsam ansteigen und die zyklisch durch ein langsames, zeitlich versetztes An- und Abschwellen der Lautstärke ausgetauscht werden. Die Frequenzen der einzelnen Sinustöne liegen jeweils um eine Oktave auseinander und werden über einen beschränkten Frequenzbereich hinweg langsam parallel verschoben. Töne, die sich der Grenze des Frequenzbereichs nähern, werden ausgeblendet, und für jeden Ton, der an einem Ende aus dem Frequenzbereich herausfällt, wird am anderen Ende ein neuer eingeblendet. Je nach Richtung der Frequenzverschiebung tritt beim Zuhörer der Eindruck einer in der Tonhöhe laufend ansteigenden oder laufend abfallenden Tonfolge auf.

Der französische Komponist Jean-Claude Risset, ein Pionier der Computermusik, verwendete für seine Werke den Shepard-Effekt. Allerdings wandelte er die einzelnen Töne der Shepard-Tonleiter in einen sich kontinuierlich ändernden Ton um, der scheinbar stetig ansteigt und trotzdem zum Ausgangspunkt zurückkehrt. Risset hat also aus der Penrose-Treppe eine Penrose-Rampe gemacht.

Das Penrose-Dreieck

Lionel und Roger Penrose veröffentlichten in ihrem Artikel im *British Journal of Psychology* von 1958 nicht nur ihre paradoxe Treppe, sondern auch ein unmögliches Gebilde, das als Penrose-Dreieck oder Penrose-Tribar bekannt ist.[1]

Das Penrose-Dreieck.

12 Unmögliche Welten   **163**

Drei Balken, von denen jeder senkrecht zu den beiden anderen zu stehen scheint, sind zu einem Dreieck miteinander verbunden, was natürlich ein Ding der Unmöglichkeit ist. Folgt man der Konstruktion mit den Augen, fällt einem kein Fehler auf: Jeder Balken ist gerade und jede Verbindung von zwei Balken korrekt. Erfasst man aber die gesamte Konstruktion mit einem Blick, erkennt man die Unmöglichkeit, und die Verbindungen zwischen den Balken klappen in der Interpretation ständig um.

M. C. Escher hat auch diese Penrose-Erfindung künstlerisch umgesetzt. In seiner Lithografie *Wasserfall* aus dem Jahr 1961 wurde aus dem Tribar eine Wassermühle.

Wasserfall. Lithografie von M. C. Escher (1961).

Lässt man alle schmückenden Elemente fort und reduziert die beiden Türme und vier Rinnen auf Balken, erkennt man, dass Escher das Penrose-Dreieck gleich dreifach verwendet hat.

Die Grundstruktur von Eschers Wasserfall:
Ein dreifaches Penrose-Dreieck.

Vom Mühlrad aus läuft das Wasser über vier Rinnen immer weiter nach unten und erreicht schließlich paradoxerweise einen Punkt, der weit oberhalb des Mühlrades liegt. Von dort stürzt es als Wasserfall auf das Mühlrad und treibt es an. Dann beginnt der Kreislauf von Neuem. Die Lithografie enthält nicht nur die geometrische Unmöglichkeit des Wasserlaufs, sondern auch die physikalische Unmöglichkeit eines Perpetuum mobile. Das Mühlrad erzeugt aus dem Nichts Energie, was gegen die Gesetze der Physik verstößt. Auch Proportionen werden verletzt. Die Moose in der linken unteren Ecke des Bildes sind viel zu groß im Verhältnis zum Gebäude, dem Mühlrad und der Wäsche aufhängenden Frau. Und dass auf dem linken Turm ein großes Polyeder steht, das eine Durchdringung von drei Würfeln ist, und auf dem rechten ein Polyeder, das eine Durchdringung von drei Oktaedern ist, erhöht die Verwirrung des Betrachters noch weiter.

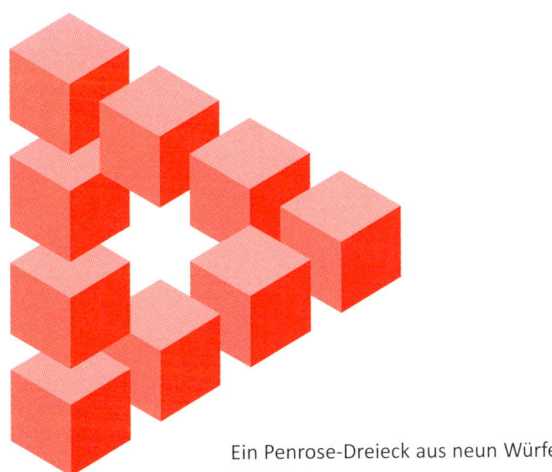

Ein Penrose-Dreieck aus neun Würfeln.

Lionel und Roger Penrose gelten als die Erfinder des nach ihnen benannten Dreiecks. Das ist aber nicht ganz richtig. Bereits 1934 zeichnete der schwedische Künstler Oscar Reutersvärd sein *Opus 1*. Vermutlich war dies das erste Mal in der Kunstgeschichte, dass ein Künstler bewusst eine unmögliche Figur konstruiert hat. Der einzige Unterschied zum Penrose-Dreieck ist, dass die Balken in einzelne Würfel mit Zwischenräumen unterteilt sind.

1982 gab die schwedische Post drei Briefmarken mit den Werten 25, 50 und 75 Öre heraus, die Reutersvärds *Opus 1* und zwei weitere unmögliche Figuren des Künstlers zeigten.

Drei Briefmarken der schwedischen Post (1982) mit unmöglichen Figuren von Oscar Reutersvärd.

Besonders verblüffend sieht Reutersvärds Täuschung aus, wenn man sie statt aus Strichzeichnungen aus Fotografien von Spielwürfeln zusammensetzt.

Penrose-Dreieck aus sechzehn Spielwürfeln. Fotomontage von Hartmut Peuker.

Die italienische Familie Borromeo, zu der auch der bekannte Kardinal Carlo Borromeo gehörte, hat in ihrem Wappen drei ineinander verschlungene Ringe, die die Freundschaft der Familien Visconti, Sforza und Borromeo symbolisieren. Die borromeischen Ringe sind so angeordnet, dass man alle drei voneinander befreien kann, indem man einen beliebigen von ihnen aufschneidet.

Die borromeischen Ringe.

Diese Art der Verschlingung von drei Ringen ist nicht von der Familie Borromeo erfunden worden, sondern schon sehr viel älter. Man findet sie beispielsweise auch in mittelalterlichen Handschriften als Symbol der Heiligen Dreifaltigkeit. Eine Variante mit dreieckigen Ringen kannten schon die alten Germanen. Das Symbol, das man heutzutage Odins Dreieck nennt, hat die gleiche Verschlingung wie die borromeischen Ringe.

Odins Dreieck.

Der kanadische Amateurmagier Mel Stover nutzte 1961 die borromeische Ringe für eine etwas hinterhältige Denksportaufgabe.[5, 6]

Die goldene Kette.

Aufgabe 2:
Eine ältere Dame strandet in einem kleinen Hotel. Da sie kein Bargeld hat, muss sie ihr Zimmer mit ihrer goldenen Kette bezahlen. Sie vereinbart mit dem Hotelier, dass sie jede einzelne Übernachtung im Voraus mit einem Glied ihrer Kette bezahlen muss. Da die Dame hofft, in den nächsten Tagen wieder zu Geld zu kommen und die Kette auslösen zu können, will sie möglichst wenige Glieder aufschneiden. Wie viele und welche Glieder muss sie auftrennen, wenn sie elf Nächte in dem Hotel bleibt? Da der Hotelier die Kettenglieder im Hoteltresor aufbewahrt, braucht sie ihm nicht

Verschlingung von drei Penrose-Dreiecken zu borromeischen Ringen.

jeden Abend ein einzelnes Glied zu geben, sondern kann beispielsweise auch am fünften Abend dem Hotelier ein Stück Kette mit fünf Gliedern geben und sich die vier Glieder der Vorabende zurückgeben lassen.

Der britische Elektroingenieur Lee Sallows hat 2014 drei Penrose-Dreiecke zu borromeischen Ringen verschlungen und damit die optische Verwirrung auf die Spitze getrieben.

Die Teufelsgabel

Oscar Reutersvärd hat Hunderte unmögliche Figuren entworfen. Er hat auch als erster die Teufelsgabel gezeichnet. Man sieht zunächst eine Gabel, wie man sie zum Essen benutzt. Lässt man den Blick von oben rechts nach unten links schweifen, sieht man, wie der Griff in die Gabelfläche und die Gabelfläche in vier Zinken übergeht. Ist schließlich der Blick am Ende der Gabel angekommen, sind die vier Zinken auf drei geschrumpft. Wo ist die vierte Zinke geblieben? Selbst wenn man genau hinsieht, findet man nirgendwo die Stelle, an der sie verschwindet. Man kann einzig sicher erkennen, dass es am unteren Ende drei und am oberen vier Zinken sind.

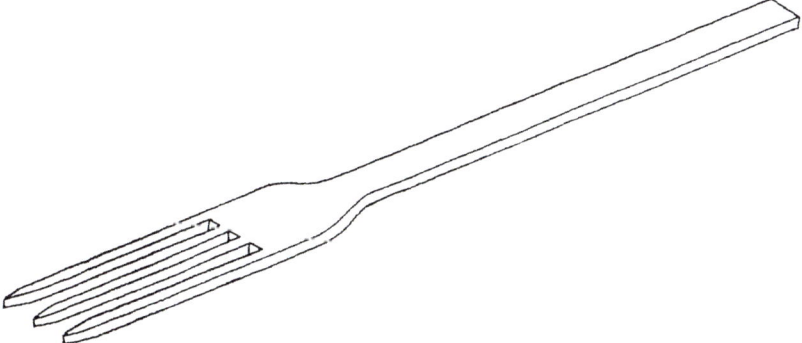

Die Teufelsgabel: Unmögliche Figur nach Oscar Reutersvärd.

Die Teufelsgabel schaffte es bis auf die Titelseite der amerikanischen Satirezeitschrift *MAD*. Auf dem Umschlag des Märzheftes 1965 balanciert der Titelboy Alfred E. Neumann sie auf der Spitze seines rechten Zeigefingers.[7] *MAD* taufte die Teufelsgabel Poiuyt, eine Bezeichnung, die noch heute oft gebraucht wird. Der Name entstand, indem *MAD* die letzten sechs Buchstaben der oberen Tastenreihe einer amerikanischen Schreibmaschine von rechts nach links zu einem Wort gefügt hat. Es gibt die Teufelsgabel in zahlreichen Versionen, Poiuyt ist die bekannteste.

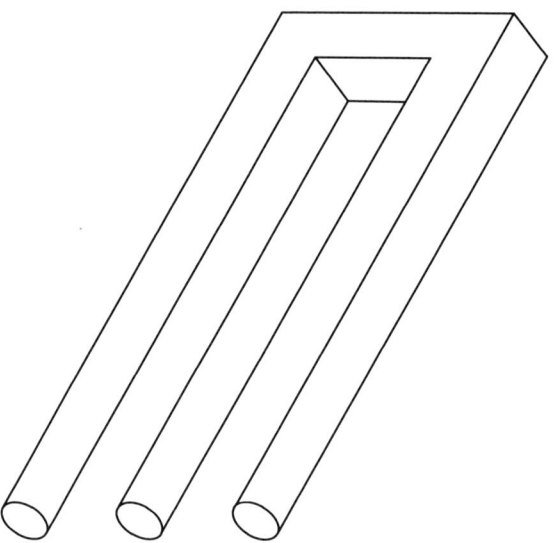

The Mad Poiuyt: Die Teufelsgabel von der Titelseite der Zeitschrift *MAD*.

Bei der Poiuyt werden aus zwei Zinken mit quadratischem Querschnitt drei mit rundem. Versucht man die Oberseite rot zu färben, entdeckt man schnell den beim Zeichnen angewandten Kunstgriff. Die Oberseite der Poiuyt ist keine geschlossene Fläche, sondern läuft von der rechten Zinke aus einfach in den Hintergrund über. Einzelne Linien und Flächen ändern innerhalb der Zeichnung ihre Bedeutung. Wenn man den Blick von oben nach unten streifen lässt, verwandelt sich die rechte Seitenfläche in die rechte Zinke. Da diese rund ist, hat sie keine Seiten, die durch Kanten voneinander getrennt sind. Der freie Raum zwischen den beiden Zinken im oberen Bereich wird im unteren Bereich zur mittleren Zinke. Eindeutig ist die Zeichnung nur, wo die Zinken in die Basis übergehen und an den Spitzen der Zinken. Dazwischen kann sie beides sein, und beim Betrachten schaltet das Gehirn auch ständig zwischen den beiden Bedeutungen hin und her.

Um diesen Effekt zu erzeugen, kann man auch die Beine eines Tieres nehmen. Bei dem Elefanten, der 1990 von dem Kognitionsforscher Roger Shepard gezeichnet wurde, lässt sich nicht entscheiden, ob das Tier vier oder fünf Beine hat. Blickt man auf die Füße des Elefanten, sieht man fünf Beine, schaut man hingegen auf die Oberschenkel, sind es nur vier. Lässt man seinen Blick von unten nach oben über das Tier streifen, springt irgendwo im Bereich der Knie die Beinzahl zwischen fünf und vier hin und her.

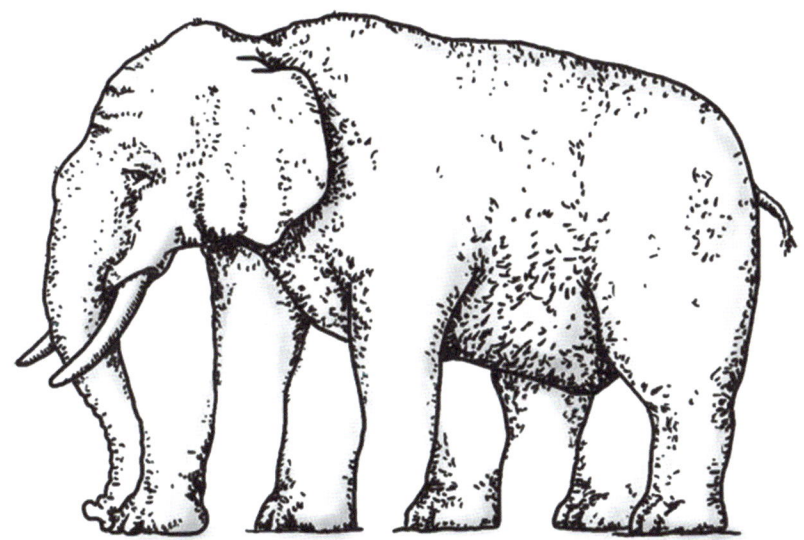

Wie viele Beine hat der Elefant?

Der unmögliche Würfel

Ein bekanntes Objekt, das es ebenfalls nicht geben kann, ist der unmögliche Würfel. Aus zwölf Stäben mit quadratischem Querschnitt lässt sich das Kantenmodell eines Würfels bauen. Zeichnet man dieses Modell perspektivisch, kreuzen sich in dem Bild zwei vertikale Kanten mit zwei horizontalen Kanten. Jeweils eine vertikale und horizontale Kante gehö-

Kantenmodell eines Würfels

Unmögliches Kantenmodell eines Würfels.

ren zur Vorderseite des Würfels und eine zur Rückseite. Wo sich die Kanten schneiden, müssen die Vorderflächenkanten die Hinterflächenkanten abdecken. Dies ist in der ersten Zeichnung auch korrekt gemacht worden.

In der zweiten Zeichnung jedoch deckt die hintere vertikale Kante die eigentlich davorliegende horizontale Kante im Kreuzungsbereich ab. Dies ist zwar leicht zu zeichnen, aber unmöglich zu bauen.

Wer den unmöglichen Würfel als erster zeichnete und wann dies geschah, ist unbekannt. 1958 schuf der Grafiker M. C. Escher seine weithin bekannte Lithografie *Belvedere*. Auf dem mit drei Kuppeln gedeckten Aussichtsturm sind einige mittelalterlich gekleidete Männer und Frauen zu sehen, die ihn besteigen oder von den beiden Plattformen aus in die Ferne blicken. Am Fuß des Belvedere sitzt auf einer Bank ein Mann, der einen unmöglichen Würfel in seinen Händen betrachtet. Vor ihm auf dem Boden liegt eine Zeichnung des Würfels, in der die kritischen Punkte eingekreist sind.

Das Belvedere selbst ist übrigens auch ein unmögliches Objekt. Seine Grundfläche ist ein Rechteck, dessen Längsseiten im Erdgeschoss und auf der ersten Plattform von vorne links nach hinten rechts verlaufen. Bei der zweiten Plattform und beim Dach laufen die Längsseiten hingegen von hinten links nach vorne rechts, was architektonisch unmöglich ist.

Belvedere. Lithografie von M. C. Escher (1958).

1981 gab die österreichische Post anlässlich eines Mathematikerkongresses in Innsbruck eine Briefmarke im Wert von vier Schilling heraus, die einen unmöglichen Würfel zeigt. Was den Grafiker dieser Marke dazu bewog, einen Mathematikerkongress, bei dem es doch um das streng logisch Mögliche geht, durch etwas Unmögliches zu illustrieren, ist nicht bekannt.

Österreichische Briefmarke von 1981 mit einem unmöglichen Kantenmodell eines Würfels.

12 Unmögliche Welten

Mit einem etwas faulen Trick lässt sich der unmögliche Würfel tatsächlich herstellen. Das Modell wird aus Holzlatten gezimmert. Von zwei der vorderen Latten werden Stückchen herausgesägt. Hat man es richtig gemacht und schaut dann aus einer bestimmten Perspektive auf das Modell, sieht man tatsächlich einen unmöglichen Würfel. Wegen dieses Lattenmodells wird der unmögliche Würfel übrigens auch häufig als unmögliche Lattenkiste bezeichnet.

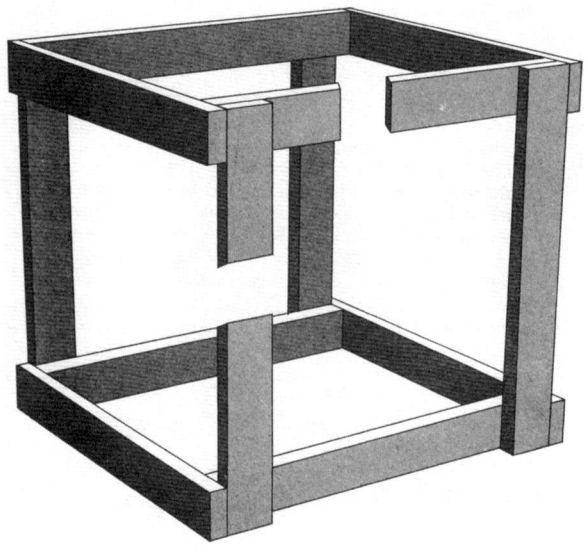

Lattenkistenrahmen, der aus dem richtigen Blickwinkel wie ein unmögliches Kantenmodell eines Würfels aussieht.

Lösungen

1. Eine Lösung des Weihnachtsrätsels der beiden Penroses ist nur deshalb möglich, weil die Treppe unmöglich ist. Man steigt zuerst vier Stufen auf, wendet sich dann nach rechts und steigt weitere drei Stufen hinauf. Bei der letzten Stufe wendet man sich erneut nach rechts und geht dann auf dem U-förmigen Weg zur gegenüberliegenden Seite. Dort geht es dann zuerst drei Stufen hinunter und anschließend wieder drei Stufen hinauf zum höchsten Punkt C. Insgesamt ist man dann zehn Stufen aufgestiegen.

2. Bei einer gewöhnlichen Kette, ist jedes Glied, abgesehen vom ersten und letzten, mit seinem linken und seinem rechten Nachbarn verschlungen und mit sonst keinem. Bei der Kette der alten Dame ist dies im Mittelbereich etwas anders. Das fünfte und das sechste Glied sind nicht miteinander verbunden, aber sie sind so vom vierten Glied durchschlungen, dass sie sich nicht trennen lassen. Die drei Glieder sind also wie die borromeischen Ringe miteinander verbunden. Schneidet man nun das vierte Glied auf, zerfällt die Kette in drei einzelne Teile, in ein Stück mit drei und in eines mit sechs Gliedern und in das aufgeschnittene Glied. Damit kann die Dame ihr Zimmer bezahlen, ohne weitere Glieder aufschneiden zu müssen.

$1 = 1$
$2 = 1 + 1$
$3 = 3$
$4 = 3 + 1$
$5 = 3 + 1 + 1$
$6 = 6$
$7 = 6 + 1$
$8 = 6 + 1 + 1$
$9 = 6 + 3$
$10 = 6 + 3 + 1$
$11 = 6 + 3 + 1 + 1$

Quellen

1. Lionel S. Penrose und Roger Penrose, British Journal of Psychology 49, Februar 1958, S. 31–33.
2. Lionel S. Penrose und Roger Penrose, New Scientist, Dezember 1958, S. 1581, 1597.
3. LobbyControl, *Lobby-Planet Brüssel: Das EU-Viertel*, 3. Aufl., Brüssel 2012.
4. Roger N. Shepard, Journal of the Acoustical Society of America 36, Dezember 1964, S. 2346–2353.
5. Mel Stover, Journal of Recreational Mathematics 2, April 1961, S. 33.
6. Mel Stover, Journal of Recreational Mathematics 3, Juni 1961, S. 45.
7. MAD, H. 93, März 1965, vordere Umschlagseite.

13 Der unendliche Regress

„Er erinnerte sich eines Einfalls, den Leinbach vor Jahren in größerer Gesellschaft ganz ernsthaft, ja, mit einer gewissen Wichtigkeit vorgebracht hatte. Er hatte damals einen Beweis gefunden, dass es eigentlich keinen Tod auf der Welt gebe. Es sei ja zweifellos, erklärte er, dass nicht nur für Ertrinkende, sondern dass für alle Sterbenden im letzten Augenblick das ganze Leben mit einer ungeheuren, für uns andere gar nicht zu erfassenden Geschwindigkeit noch einmal sich abrolle. Da nun dieses erinnerte Leben natürlich auch wieder einen letzten Augenblick habe und dieser letzte Augenblick wieder einen letzten Augenblick, und so weiter: so bedeute das Sterben im Grunde nichts anderes als die Ewigkeit – unter der mathematischen Formel einer unendlichen Reihe."[1]

Sicher hat jeder schon einmal davon gehört, dass sich im Augenblick des Todes das ganze Leben im Zeitraffertempo vor dem inneren Auge wiederholen soll. Der österreichische Schriftsteller Arthur Schnitzler jedoch hat in seiner Novelle *Flucht in die Finsternis* (entstanden 1912 bis 1917), aus der das obige Zitat stammt, wohl als erster diese Idee zu Ende gedacht: Auch das im Sterben noch einmal nacherlebte Leben hat einen Augenblick des Todes, in dem sich das ganze Leben vor dem inneren Auge wiederholt.

Durch das Geschehen im Todesmoment wird das menschliche Leben zum unendlichen Regress. Das heißt, in einen Teil des Lebens, in diesem Fall in den Augenblick des Todes, wird das komplette Leben noch einmal eingesetzt. Dies führt automatisch dazu, dass man eine unendlich oft ineinander geschachtelte Abfolge von Leben erhält.

Von Regress spricht man stets, wenn etwas sich selbst als Bestandteil enthält. Der Begriff stammt vom lateinischen Wort *regressis*, Rückschritt. Neben dem unendlichen Regress gibt es auch den endlichen Regress, bei dem die Schachtelungstiefe nicht unendlich ist, sondern nach einem bestimmten Wert abbricht.

Endliche und unendliche Regresse tauchen in allen möglichen Bereichen auf. Man findet sie in der Natur, in der Kunst, in Wissenschaft und Unterhaltung. Oft bemerkt man den unendlichen Regress gar nicht und bricht ihn gedanklich bereits nach dem ersten oder zweiten Schritt ab. Ein typischer Fall eines unendlichen Regresses, den man sofort als solchen erkennt und auch bewusst als Clou benutzt, ist das Kinderlied *Ein Hund kam in die Küche*. Man kennt es spätestens seit der Mitte des 19. Jahrhunderts, aber wer es geschrieben hat, ist in Vergessenheit geraten. Das Lied wird mit der Melodie von *Mein Hut, der hat drei Ecken* gesungen und lautet:

> Ein Hund kam in die Küche
> und stahl dem Koch ein Ei.
> Da nahm der Koch den Löffel
> und schlug den Hund zu Brei.
> Da kamen die anderen Hunde
> und gruben ihm ein Grab
> und setzten ihm ein'n Grabstein,
> worauf geschrieben stand:
>
>> Ein Hund kam in die Küche
>> und stahl dem Koch ein Ei.
>> Da nahm der Koch den Löffel
>> und schlug den Hund zu Brei.
>> Da kamen die anderen Hunde
>> und gruben ihm ein Grab
>> und setzten ihm ein'n Grabstein,
>> worauf geschrieben stand:
>>
>>> Ein Hund kam in die Küche
>>> …

Der Text wiederholt sich immer und immer wieder, man kann dieses Lied bis in alle Ewigkeit weitersingen, ohne jemals zu einem Ende zu kommen.

Dieses unendlich lange Kinderlied hat es bis auf die Bühne geschafft. In dem Stück *Warten auf Godot*[2] des absurden Theaters, das Samuel Beckett 1948/49 schrieb und 1953 in Paris uraufgeführt wurde, verbringen die beiden Hauptfiguren, die Landstreicher Estragon und Wladimir, an einer Landstraße mit kahlem Baum ihre Zeit damit, auf eine Person namens Godot zu warten, die sie nicht kennen und von der sie nichts wissen, nicht einmal, ob es sie überhaupt gibt. Am Anfang des zweiten Aktes singt Wladimir das Lied *Ein Hund kam in die Küche*.

Auch das bekannte Volks- und Kinderlied vom Topf, der ein Loch hat, ist ein unendlicher Regress. Es ist ein Duett zwischen der fragenden dummen Liese und dem antwortenden geduldigen Heinrich. Wer dieses Lied wann erdacht hat, ist unbekannt. Die älteste gedruckte Version findet sich im *Bergliederbüchlein* (um 1700). Das Lied ist vielfach variiert und auch in andere Sprachen übersetzt worden. Die folgende Variante stammt, von einer kleinen Änderung abgesehen, aus dem 1909 von Hans Breuer herausgegebenen Liederbuch *Der Zupfgeigenhansl*.³

„Wenn der Topp aber nun 'n Loch hat,
lieber Heinrich, lieber Heinrich?"
„Stopp es zu, liebe, liebe Liese,
liebe Liese, stopp's zu!"

„Womit soll ich's aber zustopp'n,
lieber Heinrich, lieber Heinrich?"
„Nimm Stroh, liebe, liebe Liese,
liebe Liese, nimm Stroh!"

„Wenn das Stroh aber nun zu lang ist,
lieber Heinrich, lieber Heinrich?"
„Hau es ab, liebe, liebe Liese,
liebe Liese, hau's ab!"

„Womit soll ich's aber abhau'n,
lieber Heinrich, lieber Heinrich?"
„Mit dem Beil, liebe, liebe Liese,
liebe Liese, mit'm Beil!"

„Wenn das Beil aber nun zu stumpf ist,
lieber Heinrich, lieber Heinrich?"
„Mach es scharf, liebe, liebe Liese,
liebe Liese, mach's scharf!"

„Womit soll ich's aber scharf mach'n,
lieber Heinrich, lieber Heinrich?"
„Mit dem Stein, liebe, liebe Liese,
liebe Liese, mit'm Stein!"

„Wenn der Stein aber nun zu trock'n ist,
lieber Heinrich, lieber Heinrich?"
„Mach' ihn nass, liebe, liebe Liese,
liebe Liese, mach'n nass!"

„Womit soll ich'n aber nass mach'n,
lieber Heinrich, lieber Heinrich?"

„Mit dem Wass'r, liebe, liebe Liese,
liebe Liese, mit'm Wasser!"

„Womit soll ich denn das Wass'r holen,
lieber Heinrich, lieber Heinrich?"
„Mit dem Topp, liebe, liebe Liese,
liebe Liese, mit'm Topp!"

„Wenn der Topp aber nun 'n Loch hat,
lieber Heinrich, lieber Heinrich?"
„Stopp es zu, liebe, liebe Liese,
liebe Liese, stopp's zu!"

…

Hans Breuer war der unendliche Regress des Liedes wohl nicht ganz geheuer. Er ließ das Lied nach dem ersten Durchgang enden mit der Strophe

„Wenn der Topp aber nun 'n Loch hat,
lieber Heinrich, lieber Heinrich?"
„Lass es sein, dumme, dumme Liese,
dumme Liese, lass's sein!"

Besonders interessant und verwirrend wird der unendliche Regress, wenn er zwar unendlich tief geschachtelt ist, in einer anderen Qualität, zum Beispiel in der Zeit, der Länge, der Fläche oder dem Volumen, aber trotzdem endlich bleibt.

Was ist damit gemeint? Dazu kommen wir noch einmal auf Arthur Schnitzlers Novelle zurück. Nehmen wir einmal völlig willkürlich an, das Leben im Augenblick des Todes liefe vor dem inneren Auge zwei Milliarden Mal so schnell ab wie das wirkliche Leben, dann würde es bei einem Siebzigjährigen etwa eine Sekunde dauern. Um den Effekt deutlicher zu machen, werden wir zunächst mit einfacheren Zahlen rechnen: Der Schnelldurchgang soll halb so lange dauern wie das bisherige wirkliche Leben, das wir mit hundert Jahren annehmen. Wir tragen die einzelnen Lebensabschnitte auf einer Zeitachse ab, die mit der Geburt im Jahre 0 beginnt.

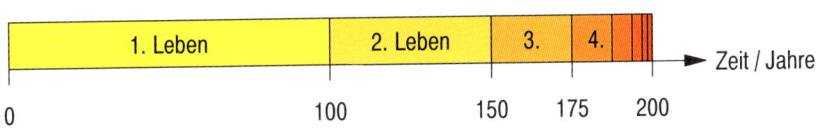

Der unendliche Regress von unendlich vielen Leben.

Das Originalleben, wir wollen es als erstes Leben bezeichnen, liegt zwischen den Jahren 0 und 100. Anschließend folgt das zweite Leben, das mit der doppelten Geschwindigkeit abläuft und folglich 50 Jahre dauert. Das dritte Leben wiederum ist doppelt so schnell wie das zweite und dauert somit 25 Jahre. Man sieht jetzt schon an der Grafik, dass jedes weitere Leben das Intervall halbiert, das zwischen dem Ende der bisher gelebten Zeit und 200 Jahren liegt. Das heißt, egal wie tief wir die Leben auch schachteln, wir erreichen niemals ein Alter von über 200 Jahren. Auch 200 Jahre werden erst im Grenzfall, nach unendlich vielen Leben erreicht. Der unendliche Regress der Leben vor dem inneren Auge führt in unserem Beispiel also keineswegs zu einem beliebigen Alter oder zur Unsterblichkeit. Es bleibt endlich in der Zeit.

Den etwas „realistischeren" Fall mit einem Lebensalter von 70 Jahren und dem Zeitrafferfaktor von zwei Milliarden berechnen wir nach der allgemeinen Formel

$$A = \frac{fa}{f-1}.$$

Dabei ist a das Alter des ersten Lebens, f der Zeitrafferfaktor und A das Gesamtalter, das man durch die unendlich tief geschachtelten Leben erreicht. Setzt man die Werte in diese Gleichung ein, erhält man ein Gesamtalter von etwa 70,000000035 Jahren. Das Leben verlängert sich dadurch also nur um etwa 1,1 Sekunden, obwohl man es unendlich oft durchlebt.

In den 1950er-Jahren zeichnete und schrieb Manfred Schmidt die Geschichten über den Privatdetektiv Nick Knatterton, Parodien auf die amerikanischen Superman-Comics. In der Geschichte *Ein Schloss fällt aus der Tür* sieht man, dass Nick Knatterton besonders konzentriert schläft und dabei träumt, dass er schläft und träumt, dass er schläft und träumt …[4]

Nick Knatterton schläft und träumt, dass er schläft und träumt, dass er schläft …

Ein hübsches Beispiel für ein Bild mit unendlichem Regress ist das Bild einer jungen Frau, die ein großes gerahmtes Bild in den Händen hält. Auf diesem Bild im Bild ist die Frau zu sehen, die das Bild trägt, auf dem sie selbst mit einem Bild zu sehen ist. Und so geht dies immer weiter.

Diesen Effekt nennt man auch Droste-Effekt. Auf den Schachteln und Dosen mit Kakaopulver der holländischen Firma Droste aus Haarlem befindet sich seit 1904 das Bild einer Krankenschwester in recht altmodischer Tracht mit Flügelhaube. Sie hält ein Tablett in den Händen, auf dem eine Tasse Kakao und eine Dose mit Kakaopulver stehen. Auf dieser Dose entdeckt man das Bild einer Krankenschwester, die ein Tablett trägt, auf dem eine Tasse Kakao und eine Dose mit Kakaopulver stehen. Auf der Dose mit Kakaopulver kann man, wenn man genau hinsieht, eine Krankenschwester mit einem Tablett entdecken.

Der Droste-Effekt ist aber keine Erfindung des unbekannten

Bild einer Frau mit einem Bild der Frau mit einem Bild …

Kakaodose der Firma Droste, auf der eine Kakaodose der Firma Droste zu sehen ist, auf der eine Kakaodose der Firma Droste zu sehen ist …

Grafikers dieser Kakaopulverdose, sondern wurde seit dem Mittelalter von vielen Künstlern benutzt. Im Stefaneschi-Triptychon aus dem Jahr 1332, das Giotto di Bondone zugeschrieben wird, ist auf der Mitteltafel der Stifter des Triptychons, Kardinal Giacomo Gaetani Stefaneschi, zu sehen, der ein Bild des Triptychons in den Händen hält. Das Triptychon schmückte einen Altar des ursprünglichen Petersdoms in Rom und wird heute in den Vatikanischen Museen aufbewahrt.

Ausschnitt aus dem Stefaneschi-Triptychon (1332, Giotto zugeschrieben).

Sehr häufig tritt der unendliche Regress natürlich in der Mathematik auf. Ein Beispiel ist der Kettenbruch:

$$\Phi = 1 + \cfrac{1}{1 + \cfrac{1}{1 + \cfrac{1}{1 + \cfrac{1}{1 + \cfrac{1}{\ldots}}}}}$$

Die Größe Φ greift bei ihrer Definition durch den Bruch immer wieder auf sich selbst zurück: Im Nenner steht jeweils wieder der vollständige Bruch. Man kann Φ deshalb auch zum Beispiel als

$$\Phi = 1 + \cfrac{1}{1 + \cfrac{1}{1 + \cfrac{1}{1 + \cfrac{1}{\Phi}}}}$$

oder als

$$\Phi = 1 + \frac{1}{\Phi}$$

schreiben. Diese Schreibweise ermöglicht es, den Wert von Φ zu berechnen. Dazu löst man die Gleichung nach Φ auf.

$$\Phi = \frac{1 + \sqrt{5}}{2} = 1{,}618\ldots$$

Diese Größe Φ ist eine sehr berühmte Zahl und schon seit dem klassischen Altertum bekannt: der Goldene Schnitt. Dieser taucht in der Natur, aber auch in der Baukunst oder Malerei häufig als Proportionalitätsfaktor zwischen Seitenlängen auf.

Auch in der Mengenlehre kann der unendliche Regress auftreten. Die Elemente einer Menge können selbst auch wieder Mengen sein. Beispielsweise kann A die Menge sein, die als Elemente die Menge aller Äpfel, die Menge aller Birnen und die Menge aller Pflaumen enthält. Die Menge X hingegen ist eine ganz spezielle Menge. Sie enthält nur ein einziges Element, nämlich sich selbst.

$$X = \{X\}$$

Somit gilt natürlich auch X = {{X}} oder X = {{{X}}} oder X = {{{{X}}}} oder {{{…{X}…}}}.

Der Ouroboros (griech. Selbstverzehrer) ist eine mythologische Schlange, die ihren Schwanz ins Maul nimmt und beginnt, sich selbst zu verschlingen. Er taucht schon im alten Ägypten auf und schmückt den Sarkophag des Pharaos Tutanchamun. Auch die griechische Mythologie kennt den

Der Ouroboros: Eine Schlange, die sich selbst verschlingt.

Ouroboros, und in der Alchimie des Mittelalters ist er von großer Bedeutung. Da Schlangen selbst Tiere schlucken können, die größer sind als sie selbst, kann sich der Ouroboros vollständig selbst verschlingen. Danach enthält er, wie die Menge X, sich selbst. Wenn er sich aber selbst enthält, enthält das innere Selbst sich auch noch einmal selbst. Und so geht das immer weiter. Ein Ouroboros, der sich selbst verschlungen hat, ist ein unendlicher Regress und entspricht der Menge X = {X}.

Hier noch zwei hübsche Beispiele zum Selberlösen.

Aufgabe 1:
Wie groß ist x, wenn die unendlich hohe Exponentenleiter aus lauter x den Wert 2 hat?[4]

$$x^{x^{x^{x^{\cdot^{\cdot^{\cdot}}}}}} = 2$$

Dabei muss die Leiter von oben nach unten und nicht von unten nach oben abgearbeitet werden, das heißt

$$u^{v^w} = u^{(v^w)} \neq (u^v)^w.$$

Aufgabe 2:
Die zweite Gleichung besteht aus zwei unendlich tief geschachtelten Wurzeltermen.[5]

$$\sqrt{x + \sqrt{x + \sqrt{x + \cdots}}} = \sqrt{x \cdot \sqrt{x \cdot \sqrt{x \cdot \ldots}}}$$

Ist es möglich, den Wert von x zu bestimmen?

Übrigens ist dieses Kapitel, das Sie gerade lesen, ein unendlicher Regress, denn auf den Seiten 176 bis 185 dieses Buches steht folgender Text: „Er erinnerte sich eines Einfalls…"

Gehen wir doch an den Anfang dieses Kapitels zurück und betrachten erneut das Gedicht vom Hund, der dem Koch ein Ei stahl. Anstatt das Gedicht unendlich oft aneinanderzuhängen, können wir die Zeilen auch zu einem Achteck biegen. Die erste Strophe ist die erste Leserunde, die zweite Strophe die zweite Leserunde, die dritte Strophe die dritte Leserunde usw. Das unendlich lange Gedicht ist nun platzsparend auf einer Seite untergebracht, beim Lesen drehen wir das Buch im Kreis und kommen nie zum Ende.

Ein Hund kam in die Küche: Unendlich viele Strophen im Achteck.

Der niederländische Grafiker M. C. Escher hat den unendlichen Regress 1948 in einer Lithografie umgesetzt. Eine Hand, die einen Bleistift hält, zeichnet eine Hand. Diese Hand, die ebenfalls einen Bleistift hält, zeichnet auch eine Hand. Diese Hand wiederum, die auch einen Bleistift hält, zeichnet eine Hand. Und so geht das unendlich weiter. Zu sehen sind allerdings nur zwei Hände, die sich gegenseitig zeichnen.

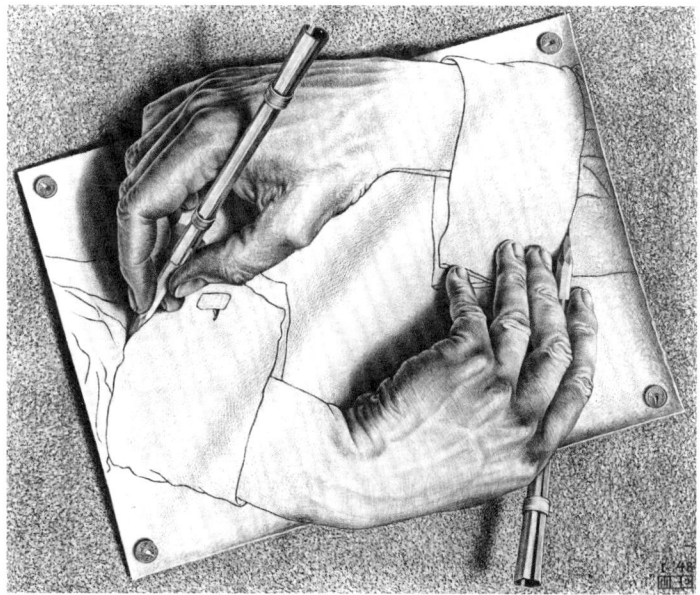

Zeichnende Hände: Lithografie von M. C. Escher (1948).

In seiner Lithografie *Bildgalerie* (1956) hat Escher den unendlichen Regress ganz anders aufgegriffen. In der unteren rechten Ecke sehen wir den Eingang einer Bildergalerie. Wenden wir uns nach links, sehen wir durch die Fensterbögen in die Galerie hinein und in der linken unteren Ecke einen jungen Mann, der mit dem Rücken zu uns ein Bild betrachtet. Er sieht ein Dampfschiff auf einem Fluss und eine dichtbebaute Stadt. Wandert der Blick über die Häuserreihen nach rechts bis zum Rand und von dort aus nach unten, sieht man, dass das Eckhaus eine Galerie ist, in der ein junger Mann ein Bild betrachtet. Das Bild ist so geschickt gezeichnet, dass es sich selbst enthält – um den Preis einer starken Verzerrung. Rechte Winkel sind keine rechten Winkel mehr und Parallelen laufen auseinander. Das ganze Bild dreht sich um den Mittelpunkt, den Escher ausgespart und für seine Signatur genutzt hat.

Bildgalerie: Lithografie von M. C. Escher (1956).

Lösungen

1. Da die Exponentenleiter unendlich hoch ist, ändert sie sich nicht, wenn man das unterste x fortnimmt. Das bedeutet, nicht nur die ursprüngliche Exponentenleiter hat den Wert 2, sondern auch die Leiter, die von allen x außer dem untersten gebildet wird. Somit gilt:

$$x^2 = 2$$
$$x = \sqrt{2}$$

2. Da die zwei Ausdrücke links und rechts vom Gleichheitszeichen denselben Wert haben müssen, kann man sie beide durch y ersetzen.

$$y = \sqrt{x + \sqrt{x + \sqrt{x + \cdots}}}$$

$$y = \sqrt{x \cdot \sqrt{x \cdot \sqrt{x \cdot \ldots}}}$$

Die Wurzeln sind unendlich tief geschachtelt, darum hat jede innere Wurzel auch dieselbe Größe wie die gesamte Wurzel. Folglich kann die jeweils erste innere Wurzel durch y ersetzt werden.

$$y = \sqrt{x + y}$$
$$y = \sqrt{xy}$$

Daraus ergeben sich die beiden Gleichungen

$$y^2 = x + y$$
$$y^2 = xy\,.$$

Aus der zweiten Gleichung erhält man die beiden Möglichkeiten $y = 0$ und $y = x$, und wenn man diese in die erste Gleichung einsetzt, ergibt sich $x^2 = 2x$ und $0 = x$. Diese beiden Gleichungen haben insgesamt zwei verschiedene Lösungen, nämlich $x = 0$ und $x = 2$.

Quellen

1. Arthur Schnitzler, Flucht in die Finsternis. In: Heinz Ludwig Arnold (Hg.), Arthur Schnitzler: Casanovas Heimfahrt. Erzählungen 1909–1917, Frankfurt/M. 1999, S. 379–477, S. 396.
2. Samuel Beckett, Warten auf Godot, Berlin 1953.
3. Hans Breuer (Hg.), Der Zupfgeigenhansl, Darmstadt 1909.
4. Manfred Schmidt, 4. Folge, Der Schatz im Gipsbein. Ein Schloß fällt in die Tür. Der Stiftzahn des Caprifischers, München 1953.
5. Tom M. Apostol, Mathematical Analysis, Reading 1957, S. 383.
6. Litton Industries (Hg.), Electronic News 625, 30. Oktober 1967.

14 Benfords Gesetz

Bis zur Erfindung der Taschenrechner und Computer waren Logarithmentafeln das wichtigste Hilfsmittel, um bequem mit großen Zahlen rechnen zu können. Diese Logarithmentafeln waren dicke Bücher, in denen die Logarithmen von Zahlen der Größe nach geordnet waren. Sie wurden ständig benutzt, und nach einiger Zeit sah man ihnen dies auch an. Die Umschläge waren eingerissen, die Seiten hatten Eselsohren und waren verschmutzt.

Gegen Ende des 19. Jahrhunderts fiel dem kanadischen Astronomen und Mathematiker Simon Newcomb auf, dass in Logarithmentafeln die Seiten mit Tabellen mit 1 als erster Ziffer deutlich schmutziger waren als die anderen Seiten, weil sie offenbar öfter benutzt worden waren. Er untersuchte diese Gesetzmäßigkeit und schrieb 1881 im *American Journal of Mathematics*, dass die 1 als erste Ziffer einer Zahl mit einer Wahrscheinlichkeit von 30,1% auftauche. Die 2 als erste Ziffer folge mit 17,6% und die 9 komme am seltensten vor: Lediglich 4,6% aller Zahlen begännen mit dieser Ziffer. Er gab keine Erklärung dafür, sondern empfand diesen Umstand einfach als interessante Kuriosität.[1]

Newcombs Veröffentlichung blieb unbeachtet und war schon in Vergessenheit geraten, als Frank Benford, Physiker bei General Electric, die Gesetzmäßigkeit wiederentdeckte und sie 1938 als „law of anomalous numbers" (Gesetz der anomalen Zahlen) erneut publizierte.[2] Seither nennt man sie Benfords Gesetz. Bis vor wenigen Jahren hatten nicht einmal alle Statistiker etwas von dieser Gesetzmäßigkeit gehört. Erst seit der amerikanische Mathematiker Theodore Hill in den 1990er-Jahren versucht hatte, die Benford-Verteilung zur Lösung praktischer Probleme nutzbar zu machen, wurde sie wesentlich bekannter.[3]

Benford untersuchte die unterschiedlichsten Zahlenwerke. Er analysierte die Flächen von Seen, die Anschriften von amerikanischen Wissenschaftlern, die Ergebnisse der amerikanischen Baseball-Liga, das Molekulargewicht Tausender chemischer Verbindungen und die Anfangsziffern aller Zahlen in bestimmten Zeitschriften. Insgesamt trug er so 20 229 Zahlen zusammen. Schließlich stellte er fest, dass bei allen seinen Zahlen die Ziffer z mit einer Wahrscheinlichkeit von

$$p(z) = \lg\left(\frac{z+1}{z}\right)$$

Anfangsziffer ist. Rechnet man mit dieser Formel die Wahrscheinlichkeiten für die neun Ziffern von 1 bis 9 aus, erhält man folgende Werte:

z	1	2	3	4	5	6	7	8	9
$p(z)$	30,1%	17,6%	12,5%	9,7%	7,9%	6,7%	5,8%	5,1%	4,6%

Nicht alle Zahlen halten sich an Benfords Gesetz. Betrachtet man etwa in Minuten gemessen die Zeiten, die Schülerinnen und Schüler für einen Tausendmeterlauf benötigen, werden diese fast alle zwischen 3 und 5 Minuten liegen. Diese Zahlen beginnen also nicht zu 30% mit einer 1, sondern zu annähernd 100% mit einer 3, 4 oder 5. Die Größen erwachsener deutscher Männer in Meter gemessen beginnen ganz überwiegend mit 1, da fast alle größer sind als einen Meter und kleiner als zwei Meter. Amerikanische Männer, die in *feet* messen, haben Größen, die meistenteils mit 5 oder 6 beginnen.

Für welche Zahlen aber gilt Benfords Gesetz? Viele Phänomene der Natur, Technik, Wirtschaft oder des menschlichen Lebens, die sich durch Zahlen beschreiben lassen, wachsen oder schrumpfen im Laufe der Zeit exponentiell. Ein Beispiel ist das Wachstum eines Guthabens auf dem Bankkonto durch Zinsen und Zinseszins. Das Guthaben K wächst also exponentiell mit der Zeit t. Bei einem Anfangskapital K_0 und stetiger Verzinsung mit einem Zinssatz z hat man nach einer Zeit t auf seinem Konto ein Kapital

$$K = K_0 e^{zt}$$

angespart. Die Basis e kann man durch die Basis 10 ersetzen, indem man den Exponenten mit der Konstante c = lg e multipliziert.

$$K = K_0 10^{czt}$$

Um ein möglichst einfaches Beispiel zu haben, starten wir mit einem Anfangskapital von einem Euro und wählen den Zinssatz so, dass $cz = 1$ pro Jahr ist. Dadurch vereinfacht sich die Gleichung zu

$$K = 10^t,$$

wobei das Kapital in Euro errechnet wird und die Zeit in Jahren zu nehmen ist. Das Kapital verzehnfacht sich also in jedem Jahr. Da wir mit einem Euro starten, haben wir am Ende des ersten Jahres 10 Euro auf dem Konto, am Ende des zweiten Jahres 100 Euro, am Ende des dritten Jahres 1000 Euro und so weiter.

Schauen wir uns das erste Jahr etwas genauer an. Dazu lösen wir die Gleichung nach t auf.

$$t = \lg K$$

Das Anfangskapital von 1 Euro hat sich erst nach $t = \lg 2 \approx 0{,}301$ Jahren, also nach etwa 3½ Monaten verdoppelt. Schaut man in dieser Zeit seinen Kontostand an, beginnt er mit einer 1. Erst danach hat der Kontostand als Anfangsziffer für eine Zeitdauer von $\lg 3 - \lg 2 \approx 0{,}176$ Jahre oder etwa 2 Monate eine 2. Das Kapital wächst nun immer schneller. Die 3 als Anfangsziffer des Kontostands ist nur $\lg 4 - \lg 3 \approx 0{,}125$ Jahre oder 1½ Monate zu sehen. Dies lässt sich leicht für alle Anfangsziffern des Kapitals im ersten Jahr verallgemeinern. Die Ziffer z ist für eine Zeit der Länge $\lg(z + 1) - \lg(z)$ Jahre Anfangsziffer des Kapitals. Diese Zeitdauer lässt sich nach den Logarithmusgesetzen auch als $\lg((z + 1)/z)$ schreiben. Schaut man nun im Laufe des ersten Jahres zu einem zufällig gewählten Zeitpunkt auf sein Konto, ist Wahrscheinlichkeit $p(z)$, dass der Kontostand mit einer bestimmten Ziffer z beginnt, proportional zur Zeitdauer, mit der der Kontostand diese Anfangsziffer hat. Es gilt somit

$$p(z) = \lg\left(\frac{z + 1}{z}\right).$$

Nach den Logarithmusgesetzen sind für das zweite Jahr, das dritte Jahr und alle weiteren Jahre die Zeitdauern für Anfangsziffern des Kapitals jeweils genauso groß wie im ersten Jahr. Folglich gilt auch für beliebig lange Zeiträume, dass das Kapital mit der Wahrscheinlichkeit

$$p(z) = \lg\left(\frac{z + 1}{z}\right)$$

die Anfangsziffer z hat.

Wir haben hier Benfords Gesetz nur für die Kapitalentwicklung durch Zinsen und Zinseszins hergeleitet. Es gilt aber auch für die Zahlen aller anderen Größen, die exponentiell von einem Beobachtungsparameter wie Zeit oder Ort abhängen.

Das Benford'sche Gesetz hat noch zwei Besonderheiten. Es ist skalen- und baseninvariant. Skaleninvariant heißt, dass es bei der Verteilung der Anfangsziffern einer Datenmenge keine Rolle spielt, ob Geldbeträge in Dollar, Pfund oder Euro gelten, Längen in Meter, Fuß oder Seemeilen genannt werden oder ob Energie in Joule, Kilowattstunden oder Kalorien angegeben wird. Baseninvarianz hingegen bedeutet, dass die Verteilung der Anfangsziffern der Datenmengen gleich bleibt, wenn man nicht unser gewöhnliches Dezimalsystem benutzt, sondern beispielsweise das Dualsystem der Informatiker, das Hexadezimalsystem der Elektroingenieure oder das Sexagesimalsystem der Babylonier. Allerdings ändert sich dabei die Anzahl der möglichen Anfangsziffern.

Lange Zeit galt das Benford'sche Gesetz als Kuriosität ohne jeden praktischen Nutzen, bis der Ökonom Mark Nigrini entdeckte, dass auch die Zahlen in Steuererklärungen diesem Gesetz folgen.[4] Jedenfalls wenn sie nicht gefälscht sind, denn wer betrügen will, denkt sich irgendwelche Zahlen aus, und für ausgedachte Zahlen gilt Benfords Gesetz nicht. Nigrini entwickelte ein Programm, das Abweichungen von diesem Gesetz in Steuererklärungen aufspürt. Der große Vorteil des Benford-Tests ist seine Automatisierbarkeit. Menschliche Steuerprüfer können bestenfalls Stichproben vornehmen. Computer dagegen fressen sich blitzschnell und ohne zu ermüden durch sämtliche Zahlenkolonnen eines Großunternehmens. Fördern sie Unregelmäßigkeiten zutage, ist zwar noch nichts bewiesen, aber Steuerfahndern ein Wink gegeben. Nigrinis Software wird in vielen Ländern, auch in Deutschland, von Behörden und Wirtschaftsprüfern zum Aufspüren manipulierter Steuererklärungen und falscher Bilanzen eingesetzt. Nigrini hat sie an Fällen zugegebener Steuerhinterziehung getestet: Keine der gefälschten Erklärungen passierte seinen Benford-Test.

Quellen

1. Simon Newcomb, American Journal of Mathematics 4, 1881, S. 39–40.
2. Frank Benford, Proceedings of the American Philosophical Society 78, 1938, S. 551–572.
3. Theodore P. Hill, Statistical Science 10, 1995, S. 354–363.
4. Mark J. Nigrini, The Detection of Income Tax Evasion Through an Analysis of Digital Frequencies, Dissertation, University of Cincinnati UMI, Ann Arbor 1992.

15 Queen Pippi

Ein Bierbeweis

Ein Esel hat zwei Vorderbeine, zwei Hinterbeine, zwei linke Beine, zwei rechte Beine, und er hat an jeder Ecke ein Bein. Folglich hat ein Esel zwölf Beine.

Kein Esel hat zwölf Schwänze. Ein Esel hat einen Schwanz mehr als kein Esel. Also hat ein Esel 1 + 12 = 13 Schwänze.

Ein halbvolles Glas Bier ist bekanntlich das Gleiche wie ein halbleeres Glas Bier. Mathematisch ausgedrückt heißt das

½ leeres Glas Bier = ½ volles Glas Bier.

Wenn man beide Seiten der Gleichung mit 2 multipliziert, ergibt sich daraus

1 leeres Glas Bier = 1 volles Glas Bier.

Wie jeder Biertrinker weiß, ist dies bedauerlicherweise falsch. Aber wo steckt der Fehler?[1]

Diese drei „Beweise" kursieren seit vielen Jahren als Mathematikerwitze in Schulen und Hochschulen. Die Fehler in den beiden ersten Beweisen sind kinderleicht zu durchschauen. Der dritte Beweis ist etwas raffinierter.

Der Satz „Ein halbvolles Glas Bier ist das Gleiche wie ein halbleeres Glas Bier" und die Gleichung „½ volles Glas Bier = ½ leeres Glas Bier" bedeuten etwas völlig verschiedenes. Ein halbvolles und ein halbleeres Glas Bier sind zwei Biergläser, die bis zur Hälfte mit Bier gefüllt sind. Beide sind also wirklich gleich. Auf der anderen Seite stellt ½ volles Glas Bier ein bis zum Rand gefülltes Glas Bier dar, das man halbiert hat. Man hat also den halben Inhalt, das halbe Glas, den halben Henkel und den halben Fuß. Entsprechend ist ½ leeres Glas Bier ein halbiertes leeres Bierglas. Die Gleichung „½ volles Glas Bier = ½ leeres Glas Bier" ist folglich falsch, deshalb kommt bei der Multiplikation mit 2 nur Unsinn heraus.

Die Langstrumpf'schen Theoreme

Deutlich schwerer sind die „Beweise" der drei Langstrumpf'schen Theoreme zu durchschauen. 1944 schrieb Astrid Lindgren ihr Kinderbuch *Pippi Langstrumpf*, ein Weltbestseller. Bereits 1949 wurde es erstmals verfilmt, bis heute folgten etliche weitere Filme und Zeichentrickserien. Am bekanntesten ist die Serie von Filmen aus den Jahren 1969 und 1970 mit Inger Nilsson als Pippilotta Viktualia Rollgardina Pfefferminz Efraimstochter Langstrumpf. Hier singt Pippi ihr berühmtes Lied, mit dem sie ihre drei mathematischen Theoreme bekannt macht.

Queen Pippi

Zwei mal drei macht vier,
widdewiddewitt und drei macht neune.
Ich mach' mir die Welt
widdewidde wie sie mir gefällt.

Hey, Pippi Langstrumpf
trallari trallahey tralla hoppsasa
Hey, Pippi Langstrumpf,
die macht, was ihr gefällt.

Ich hab' ein Haus,
ein kunterbuntes Haus,
ein Äffchen und ein Pferd,
die schauen dort zum Fenster raus.
Ich hab' ein Haus,
ein Äffchen und ein Pferd,
und jeder, der uns mag,
kriegt unser Einmaleins gelehrt.

Drei mal drei macht sechs,
widdewidde wer will's von mir lernen?
Alle groß und klein
trallalala lad' ich zu mir ein.

Der erste Langstrumpf'sche Satz steht gleich im ersten Vers der ersten Strophe, der zweite Satz im ersten und zweiten Vers der ersten Strophe und der dritte Satz im ersten Vers der vierten Strophe.

Erster Satz: Zwei mal drei macht vier.
Zweiter Satz: Vier und drei macht neune.
Dritter Satz: Drei mal drei macht sechs.

In mathematischer Notation lauten die drei Pippi-Langstrumpf-Theoreme:

1. $2 \cdot 3 = 4$
2. $4 + 3 = 9$
3. $3 \cdot 3 = 6$

Viele Menschen und die meisten Mathematiklehrer sind der irrigen Ansicht, die Langstrumpf'schen Sätze seien falsch. Tatsächlich sind sie allesamt korrekt, was sich leicht beweisen lässt.

Erster Satz von Langstrumpf: $2 \cdot 3 = 4$

Ein Dutzend ist und bleibt ein Dutzend. Die Behauptung ist sicherlich unstrittig. Man kann sie auch als Gleichung schreiben.

$12 = 12$

Nun werden beide Seiten der Gleichung mit -2 multipliziert.

$-24 = -24$

Auf beiden Seiten der Gleichung werden die Terme in Differenzen aufgespalten.

$$36 - 60 = 16 - 40$$

Zu beiden Seiten der Gleichung wird 25 addiert.

$$36 - 60 + 25 = 16 - 40 + 25$$

Die zweite binomische Formel besagt, dass $(a - b)^2 = a^2 - 2ab + b^2$ ist. Diese Formel wird auf die beiden Terme links und rechts vom Gleichheitszeichen angewendet.

$$(6 - 5)^2 = (4 - 5)^2$$

Dass diese Umformungen korrekt sind, kann man leicht durch Ausmultiplizieren der Klammern überprüfen. Anschließend zieht man auf beiden Seiten der Gleichung die Wurzel.

$$\sqrt{(6 - 5)^2} = \sqrt{(4 - 5)^2}$$

Die 6 unter der ersten Wurzel wird nun in $2 \cdot 3$ gespalten.

$$\sqrt{(2 \cdot 3 - 5)^2} = \sqrt{(4 - 5)^2}$$

Aus den beiden Termen kann man nun die Wurzel berechnen.

$$2 \cdot 3 - 5 = 4 - 5$$

Jetzt addiert man zu beiden Gleichungsseiten 5.

$$2 \cdot 3 = 4$$
q. e. d.

Die Buchstaben q. e. d. stehen für *quod erat demonstrandum* und bedeuten *was zu beweisen war*. Mathematiker setzen sie seit vielen Jahrhunderten an das Ende ihrer Beweise. Die lateinischen Wörter sind eine Übersetzung der griechischen Wörter ὅπερ ἔδει δεῖξαι, womit schon Mathematiker im antiken Griechenland ihre Beweise abschlossen.

Ist Pippi Langstrumpfs erster Satz nun richtig und bewiesen oder ist der Beweis fehlerhaft? Die Antwort hierauf finden Sie am Ende dieses Kapitels.

Zweiter Satz von Langstrumpf: 4 + 3 = 9

Ausgangspunkt des Beweises ist die Gleichung $4a = -2b$. Es gibt unendlich viele Zahlenpaare a und b, für die sie korrekt ist, zum Beispiel für $a = 1$ und $b = -2$ oder für $a = -0{,}5$ und $b = 1$. Dann werden einige Umformungen vorgenommen.

$$4a = -2b$$

Auf beiden Seiten der Gleichung werden die Terme in Differenzen zerlegt.

$$14a - 18a = 9b - 7b$$

Nun wird zu beiden Seiten der Gleichung $18a + 7b$ addiert.

$$14a + 7b = 18a + 9b$$

Auf der linken Gleichungsseite wird 7 und auf der rechten 9 ausgeklammert.

$$7(2a + b) = 9(2a + b)$$

Die 7 auf der linken Gleichungsseite kann in Summanden 4 und 3 zerlegt werden.

$$(4 + 3)(2a + b) = 9(2a + b)$$

Beide Seiten der Gleichung werden durch $2a + b$ geteilt.

$$4 + 3 = 9$$
q. e. d.

Auch hier sollte q. e. d. nicht *quod erat demonstrandum* bedeuten. Besser wäre *quod est dubitandum*, auf Deutsch *was zu bezweifeln ist*. Wo steckt der Fehler im Beweis des zweiten Langstrumpf'schen Satzes?

Dritter Satz von Langstrumpf: 3 · 3 = 6

In einem Viereck mit der Grundseite a steht die linke der beiden angrenzenden Seiten unter einem rechten Winkel und die rechte unter 78° auf ihr.[2] Sie haben beide die Länge c, und die vierte Seite ist b lang. Die Mittelpunkte der Seiten a und b sind M_a und M_b. Die Mittelsenkrechten auf *a* und auf *b* schneiden sich, da die beiden Seiten nicht parallel liegen, im Punkt O. Punkt O wird mit den Ecken A, B, A' und B' des Vierecks verbunden.

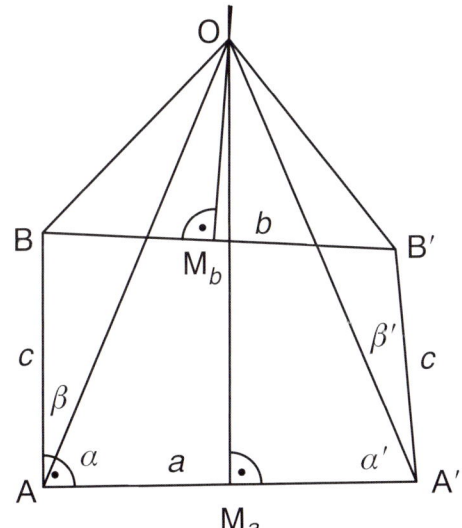

Die geometrische Konstruktion zum dritten Satz von Langstrumpf.

Aus dieser Konstruktion folgt jetzt:
1. Das Dreieck OM_bB' ist das Spiegelbild des Dreiecks OM_bB, d. h. die entsprechenden Seiten und Winkel sind in beiden Dreiecken gleich.
2. Das Dreieck OM_aA' ist das Spiegelbild des Dreiecks OM_aA, also sind auch die Winkel α' und α gleich.
3. Das Dreieck OA'B' ist das Spiegelbild des Dreiecks OAB, das bedeutet, auch die Winkel β' und β sind gleich.
4. $\alpha + \beta = 90°$ und $\alpha' + \beta' = 78°$.

Da aber $\alpha + \beta$ den gleichen Wert hat wie $\alpha' + \beta'$, muss 90° = 78° sein. Zieht man nun von beiden Seiten der Gleichung 54° ab, erhält man 36° = 24°. Nun wird die Gleichung durch 4° geteilt, was 9 = 6 ergibt. Zerlegt man schließlich noch die 9 in zwei Faktoren, erhält man mit 3 · 3 = 6 den Beweis für den dritten Satz von Langstrumpf. Was ist hier falsch?

Pippi Langstrumpf, Königin von England[3]

Es ist unmöglich, ein unendliches Mosaik mit regelmäßigen Fünfecken zu erzeugen, ohne dass es Lücken oder Überlappungen gibt. Von allen regelmäßigen Polygonen ist dies nur mit Dreiecken, Quadraten und Sechsecken möglich. Man kann aber sehr wohl die Ebene mit lauter verschiedenen konvexen Fünfecken überdecken und außerdem noch die Bedingung erfüllen, dass an jeder Ecke immer genau vier Fünfecke zusammentreffen.

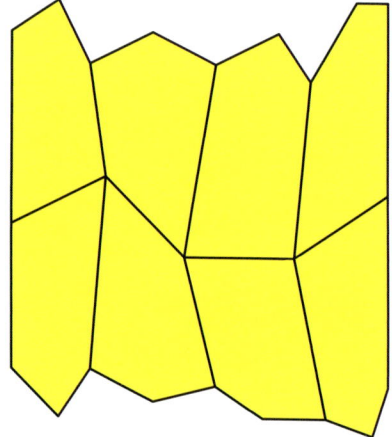

Mit unregelmäßigen konvexen Fünfecken wird die Ebene vollständig so parkettiert, dass an jeder Ecke stets vier Fünfecke zusammenstoßen.

Die Winkelsumme in einem n-Eck ist $(n-2) \cdot 180°$, in jedem unserer Fünfecke beträgt sie also

$$\varphi_1 + \varphi_2 + \varphi_3 + \varphi_4 + \varphi_5 = (5-2) \cdot 180° = 540°.$$

Da die ganze Ebene vollständig mit Fünfecken bedeckt ist, haben die Winkel in diesem Mosaik im Durchschnitt einen Wert von $540°/5 = 108°$.

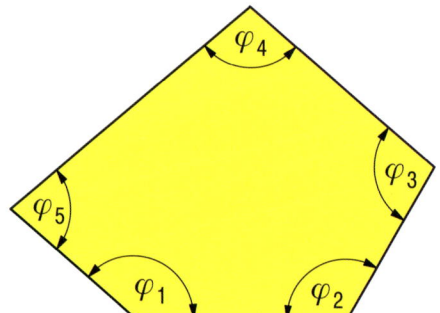

Die Innenwinkel eines Fünfecks.

Jetzt stoßen aber auch an jeder Ecke vier solcher Winkel aneinander und bilden einen Vollwinkel.

$$\varphi_1 + \varphi_2 + \varphi_3 + \varphi_4 = 360°$$

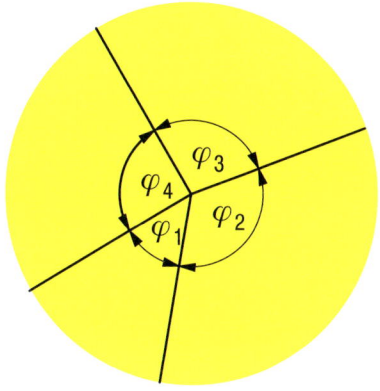

Die vier Winkel, die in der parkettierten Ebene an einer Ecke zusammentreffen.

Folglich ist die durchschnittliche Größe eines solchen Winkels 360°/4 = 90°. Hieraus folgt, dass die Durchschnittsgröße eines Winkels im Mosaik 108° und gleichzeitig 90° beträgt. Es gilt also 108° = 90°. Zieht man von beiden Seiten der Gleichung 72° ab, erhält man 36° = 18°. Die anschließende Division der Gleichung durch 18° ergibt 2 = 1.

Da die britische Königin Elizabeth II. und Pippi Langstrumpf zwei verschiedene Personen sind und, wie wir gerade gezeigt haben, zwei gleich eins ist, muss Pippi Langstrumpf die britische Königin sein. Da Pippi Langstrumpf aber offenkundig nicht die Königin Großbritanniens ist, muss es einen Fehler in den Überlegungen geben. Wo steckt er?

So manche Leserin und mancher Leser wird vermuten, dass die Behauptung, man könne die Ebene so mit lauter konvexen Fünfecken überdecken, dass an jeder Ecke immer genau vier Fünfecke zusammentreffen, falsch sei. Doch falsch ist nur diese Vermutung. Die Abbildung zeigt eine Konstruktionsmethode, die genau dies erfüllt Das Mosaik lässt sich Ring für Ring beliebig weit fortsetzen.

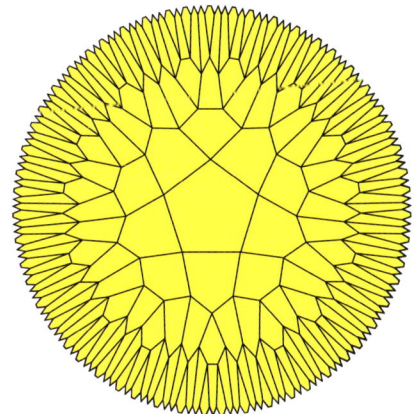

Wie man mit lauter unregelmäßigen konvexen Fünfecken die Ebene vollständig so parkettiert, dass an jeder Ecke stets vier Fünfecke zusammenstoßen.

Die Summe aller natürlichen Zahlen beträgt −1/12

Die Physiker Edmund Copeland und Tony Padilla von der University of Nottingham in England „bewiesen" 2014 mit einer ganz ähnlichen Methode, dass die Summe aller positiven ganzen Zahlen $-1/12$ beträgt. Dafür haben sie drei unendliche Reihen betrachtet.

$$A = 1 - 1 + 1 - 1 + 1 - 1 + \ldots$$
$$B = 1 - 2 + 3 - 4 + 5 - 6 + \ldots$$
$$C = 1 + 2 + 3 + 4 + 5 + 6 + \ldots$$

Wie groß ist A? Das ist nicht ganz leicht zu entscheiden, denn je nachdem, nach welchem Element man die Rechnung abbricht, ist das Ergebnis entweder 0 oder 1. Da beide Fälle gleich wahrscheinlich sind, kann man den Mittelwert $A = (0+1)/2 = ½$ nehmen. Diese Reihe wird in der Mathematik Grandi-Reihe genannt nach dem italienischen Mathematiker, Philosophen und Priester Guido Grandi, der 1703 darüber eine Arbeit veröffentlichte.

Um die zweite Reihe zu berechnen, wird B zu sich selbst addiert. Dabei schreibt man die beiden Reihen so untereinander, dass sie um ein Element gegeneinander verschoben sind.

$$2B = 1 - 2 + 3 - 4 + 5 - 6 + \ldots$$
$$ + 1 - 2 + 3 - 4 + 5 - \ldots$$

Addiert man nun die Zahlen nicht zeilenweise, sondern spaltenweise, erhält man

$$2B = 1 - 1 + 1 - 1 + 1 - 1 + \ldots$$

oder

$$2B = A = ½$$
$$B = ¼ \,.$$

Zum Schluss wird noch von der dritten Reihe die zweite abgezogen.

$$C - B = 1 + 2 + 3 + 4 + 5 + 6 + \ldots$$
$$ -(1 - 2 + 3 - 4 + 5 - 6 + \ldots)$$

Auch diesmal werden die beiden Reihen spaltenweise berechnet.

$$C - B = 0 + 4 + 0 + 8 + 0 + 12 + \ldots$$

Das kann man ein wenig zusammenfassen.

$$C - B = 4(1 + 2 + 3 + 4 + 5 + 6 + \ldots)$$

Der Klammerausdruck entspricht der Reihe C.

$$C - B = 4C$$

Dies wird nach C aufgelöst.

$$3C = -B$$
$$C = -\tfrac{1}{3}B$$

Für B haben wir zuvor den Wert ¼ bestimmt. Setzen wir ihn ein, erhalten wir

$$C = -\tfrac{1}{3} \cdot \tfrac{1}{4}$$
$$C = -\tfrac{1}{12}.$$

Die Summe aller positiven ganzen Zahlen beträgt also genau $-\tfrac{1}{12}$.

Der fehlende Euro [4, 5]

Drei Männer wollen in einer Kleinstadt im Hotel übernachten. Für ihr gemeinsames Zimmer bezahlen sie im Voraus 60 Euro. Die Männer haben gerade die Hotelhalle verlassen, als der Rezeptionist entdeckt, dass das Zimmer nur 55 Euro pro Nacht kostet. Er schickt den Hotelboy mit fünf Ein-Euro-Münzen den Gästen nach. Der unehrliche Boy gibt jedoch jedem der drei Männer nur einen Euro zurück und behält zwei für sich.

Nun haben die Gäste jeder 19 Euro für die Übernachtung bezahlt, das macht zusammen 57 Euro. Mit den zwei Euro des Hotelboys ergibt das einen Betrag von 59 Euro. Wo ist der fehlende Euro geblieben?

Geheimnisse der Prozentrechnung

Der Inhaber eines Textilgeschäfts möchte im September seine Sommerbekleidung möglichst komplett verkaufen, um Platz für die Herbstware zu haben. Er senkt deshalb die Preise aller Kleidungsstücke um 20%. Nach einer Woche beendet er seine Aktion und erhöht die Preise der nicht verkauften Ware wieder um 20% zum ursprünglichen Preis. Hat also ein Hemd ursprünglich 200 € gekostet, kostete es während des Ausverkaufs 0,8 · 200 € und nach dem Ausverkauf wieder 1,2 · 0,8 · 200 € = 200 €. Teilt man beide Seiten den Gleichung durch 8 € und multipliziert die verbleibenden drei Faktoren auf der linken Gleichungsseite, erhält man 24 = 25. Zieht man nun noch auf beiden Seiten der Gleichung 23 ab, ergibt sich 1 = 2. Was ist falsch gemacht worden?

Der Erdbeerschwund[6]

Frische Erdbeeren bestehen zu 99% aus Wasser. Ein Gärtner hat 100 kg Erdbeeren gepflückt und sie den ganzen Tag über in der prallen Sonne stehen lassen. Dadurch ist ein Teil des Wassers verdunstet, sodass die Erdbeeren am Abend nur noch zu 98% aus Wasser bestehen. Wie viel wiegen sie nun?

Die 100 kg frische Erdbeeren bestehen aus 99 kg Wasser und 1 kg Erdbeer-Trockenmasse. Weil über Tag nur Wasser verdunsten kann, nicht aber Trockenmasse, enthalten die eingetrockneten Erdbeeren am Abend immer noch 1 kg Trockenmasse. Da sie nun zu 98% aus Wasser bestehen, muss dieses 1 kg gerade 2% sein. Folglich sind 100%, also das Gesamtgewicht der eingetrockneten Erdbeeren, genau 50 kg. Wo steckt der Fehler?

Die Teilung der siebzehn Kamele[7]

Bei einer sehr bekannten Aufgabe, die in kaum einem Rätselbuch fehlt, geht es um die Teilung eines Erbes. Wer sie erdacht hat, ist unbekannt. Die älteste bekannte Quelle ist das Buch *Hanky Panky* des deutschen Zauberkünstler Wiljalba Frikell, das um 1872 in Edinburgh erschien.

Ein Scheich vererbte seinen drei Söhnen siebzehn Kamele. In seinem Testament legte er fest, dass der Älteste, sein Lieblingssohn, die Hälfte der Kamele bekommen soll. Der Zweite soll ein Drittel und der Jüngste nur ein Neuntel der Tiere erben. Da sich siebzehn Kamele weder halbieren, dritteln noch neunteln lassen, wussten die drei Söhne nicht, wie sie ihr Erbe verteilen sollten, und suchten Rat bei einem weisen alten Mann. Der überlegte kurz und stellte dann das einzige Kamel, das er besaß, zu den siebzehn anderen. „Nun teilt!", sagte er. Jetzt hatten die Söhne achtzehn Kamele und die Rechnung ging auf. Der Älteste bekam die Hälfte, also neun Kamele, der Mittlere ein Drittel, sechs Kamele, und der Jüngste ein Neuntel, zwei Kamele. Das machte zusammen siebzehn Kamele, das achtzehnte Tier nahm der weise Mann wieder an sich, und alle waren zufrieden. Aber war die Teilung auch korrekt?

Der Ungleichungswiderspruch[8]

Die Ungleichung

$$\left(\frac{1}{2}\right)^3 < \left(\frac{1}{2}\right)^2$$

ist offensichtlich richtig. Wir logarithmieren nun beide Seiten mit der Basis ½ und erhalten

$$\log_{1/2}\left(\frac{1}{2}\right)^3 < \log_{1/2}\left(\frac{1}{2}\right)^2.$$

Die beiden Exponenten lassen sich vor den Logarithmus ziehen.

$$3\log_{1/2}\left(\frac{1}{2}\right) < 2\log_{1/2}\left(\frac{1}{2}\right)$$

Da für Logarithmen das Gesetz $\log_b b = 1$ gilt, muss $3 < 2$ sein, was natürlich falsch ist. Wo steckt der Fehler?

Schulden gleich Guthaben[9]

Obwohl viele Menschen Probleme damit haben, das Vorzeichen einer Größe zu berechnen oder auch nur zu verstehen, ist jedem völlig klar, dass ein Guthaben von 1000 Euro etwas ganz anderes ist als Schulden von 1000 Euro. Im ersten Fall ist man nämlich um 2000 Euro reicher als im zweiten Fall. Umso verblüffender ist die folgende Rechnung:

$$1 = \sqrt{1}$$
$$1 = \sqrt{(-1)(-1)}$$
$$1 = \sqrt{-1} \cdot \sqrt{-1}$$

Die Quadratwurzel aus -1 ist die imaginäre Konstante i.

$$1 = i \cdot i$$
$$1 = -1$$

Nun werden beide Seiten der Gleichung mit 1000 Euro multipliziert.

$$1000\ \text{€} = -1000\ \text{€}$$

Somit sind 1000 Euro Guthaben das Gleiche wie 1000 Euro Schulden. Was stimmt hier nicht?

Das Kreissehnenparadoxon[10]

Der amerikanische Mathematiker und Philosoph Charles Sanders Pierce schrieb im 19. Jahrhundert, dass sich in keiner anderen mathematischen Disziplin Experten so leicht irrten wie in der Wahrscheinlichkeitsrechnung. Die Geschichte gibt ihm Recht. Leibniz hielt es für gleich wahrscheinlich, mit zwei Würfeln eine 11 oder eine 12 zu würfeln. Er irrte sich.

Jean le Rond d'Alembert sah nicht ein, dass das Ergebnis beim dreimaligen Werfen einer Münze dasselbe ist wie das einmalige Werfen dreier Münzen. Auch war er, wie viele leidenschaftliche Spieler der heutigen Zeit, der festen Überzeugung, dass nach einer langen Zahl-Serie die Wahrscheinlichkeit, dass Kopf geworfen wird, wächst.

Der französische Mathematiker Joseph Louis Bertrand veröffentlichte in seinem Buch *Calcul des probabilités* (1889) eine verblüffende Wahrscheinlichkeitsaufgabe, mit der selbst viele Experten ihre Probleme hatten. Einem Kreis ist ein gleichseitiges Dreieck einbeschrieben. Wie groß ist die Wahrscheinlichkeit, dass eine zufällig ausgewählte Kreissehne länger ist als die Dreiecksseiten? Diese Wahrscheinlichkeit kann mit verschiedenen Methoden berechnet werden.

Erste Methode: Man wählt einen zufälligen Punkt im Inneren des Kreises aus. Dieser Punkt soll der Mittelpunkt der Kreissehne sein und legt sie damit eindeutig fest. Die Sehne ist nur dann länger als die Dreiecksseite, wenn der gewählte Punkt im Inneren des Inkreises des Dreiecks liegt. In der Zeichnung sind dies die roten Sehnen. Die blauen Sehnen sind kürzer als eine Dreiecksseite. Dass dies so sein muss, kann man ohne Weiteres sehen, indem man das Dreieck so in dem Kreis dreht, dass eine Dreiecksseite parallel zur Sehne verläuft. Da beim gleichseitigen Dreieck der Inkreisradius halb so lang ist wie der Umkreisradius, beträgt der Flächeninhalt des Inkreises nur ein

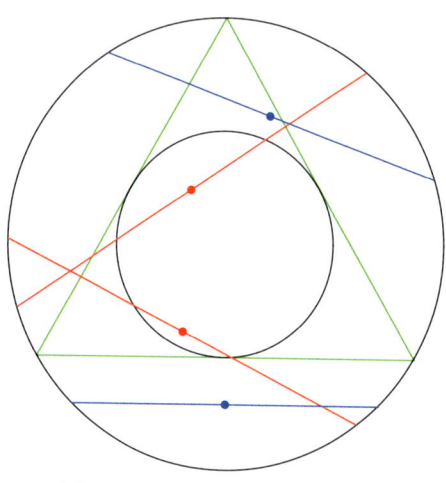

Die Zufallssehne eines Kreises. Methode 1.

Viertel von dem des Umkreises. Die Wahrscheinlichkeit, dass der zufällig gewählte Sehnenmittelpunkt im Inneren des Inkreises liegt und somit auch die Wahrscheinlichkeit, dass die Kreissehne länger als die Dreiecksseite ist, beträgt folglich auch ¼.

Zweite Methode: Man wählt zufällig zwei Punkte auf dem Umfang des Kreises und verbindet sie mit einer geraden Linie zu einer Kreissehne. Nun kann man das Dreieck so im Kreis drehen, dass ein Eckpunkt mit einem Ende der Sehne zusammenfällt. Dadurch sieht man, dass die zufällig gewählte Sehne nur dann länger ist als eine Dreiecksseite, wenn die Sehne das Dreieck schneidet. In der Zeichnung sind dies die roten Sehnen. Da die Ecken des Dreiecks den Kreisumfang in drei gleich große Bögen unterteilen, ist die Wahrscheinlichkeit ⅓, dass die Sehne das Dreieck schneidet. Folglich ist auch die Wahrscheinlichkeit, dass die zufällige Kreissehne länger ist als die Dreiecksseite, ⅓.

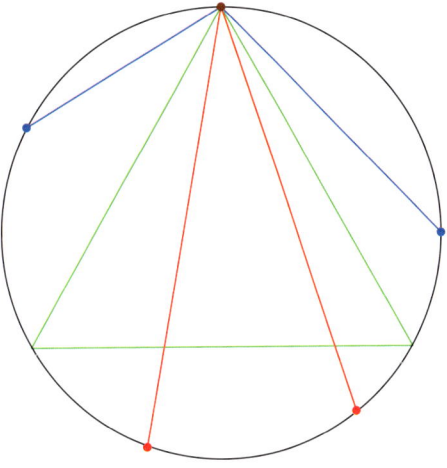

Die Zufallssehne eines Kreises. Methode 2.

Dritte Methode: Auf einem Radius des Kreises wird ein Punkt zufällig ausgewählt. Die Sehne kreuzt den Radius in dem Punkt rechtwinklig. Das Dreieck wird nun so im Kreis gedreht, dass der Radius eine Dreiecksseite schneidet. Dabei teilt die Dreiecksseite den Radius genau in der Mitte. Die Sehne ist nur dann länger als eine Dreiecksseite, wenn der Schnittpunkt mit dem Radius im Inneren des Dreiecks liegt (rote Sehnen). Somit beträgt die Wahrscheinlichkeit ½.

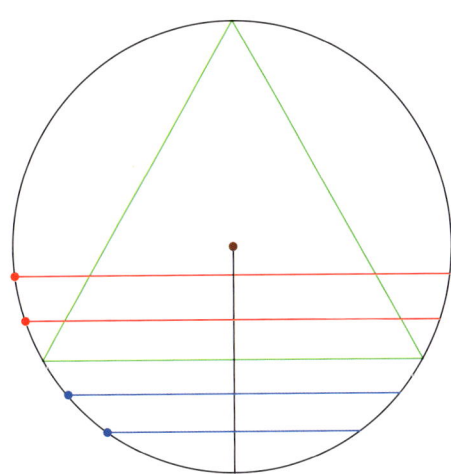

Die Zufallssehne eines Kreises. Methode 3.

Die Aufgabe hat also je nachdem, wie man sie löst, die drei sich widersprechenden Ergebnisse ¼, ⅓ und ½. Aber es kann doch nur ein Ergebnis richtig sein. Oder?

Lewis Carrolls Zufallsdreieck

Lewis Carroll, der Autor von *Alice im Wunderland*, war Mathematiker und litt unter Schlaflosigkeit. Wenn er sich nachts im Bett wälzte, kam er auf knifflige mathematische Probleme, die er unter dem Titel *Pillow-Problems: Thought out during wakeful hours* (Kopfkissenprobleme: Erdacht in schlaflosen Stunden) 1893 als Buch herausgab. In der Nacht vom 20. Januar 1884 grübelte er über folgendes Problem nach:[11]

Auf eine unendlich große Ebene werden an völlig zufälligen Orten drei Punkte gezeichnet und anschließend zu einem Dreieck miteinander verbunden. Wie groß ist die Wahrscheinlichkeit, dass das Dreieck stumpfwinklig ist?

Carroll fand folgende Antwort: Angenommen, A und B seien von den drei Punkten die beiden mit dem größten Abstand x voneinander. Um A und B werden nun zwei Kreisbögen mit dem Radius x geschlagen, die eine linsenförmige Fläche umschließen. Da der Abstand von C zu A und zu B höchstens x beträgt, muss C innerhalb der Linsenfläche liegen.

Außerdem wird in die Skizze ein orangefarbener Kreis gezeichnet, der die Seite AB als Durchmesser hat. Liegt der Punkt C genau auf dem Umfang dieses Kreises, ist das Dreieck ABC nach dem Satz des Thales rechtwinklig. Die Wahrscheinlichkeit hierfür ist aber praktisch null. Liegt C hingegen innerhalb der orangefarbenen Kreisfläche, ist das Dreieck stumpfwinklig, und liegt C in den gelben Flächen, ist es spitzwinklig. Die Wahrscheinlichkeit P, dass das Dreieck ABC stumpfwinklig ist, ist demnach gleich dem Verhältnis der orangenen Kreisfläche zur gesamten linsenförmigen Fläche.

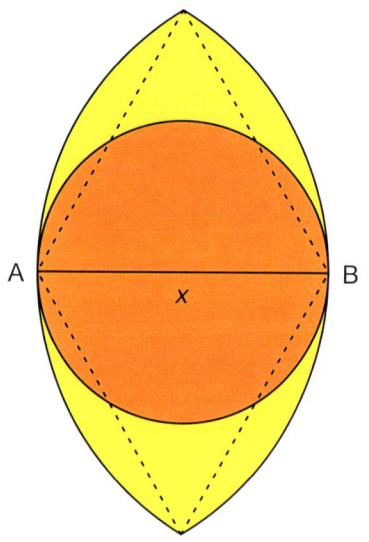

Lewis Carrolls Kopfkissenproblem vom 20. Januar 1884. Methode 1.

Der orangefarbene Kreis hat den Durchmesser x und damit eine Fläche von $\frac{1}{4}\pi x^2$. Die linsenförmige Fläche zu berechnen, ist etwas komplizierter. Man kann sie sich zusammengesetzt denken aus vier 60°-Kreissektoren mit dem Radius x, vermindert um zwei gleichseitige Dreiecke der Seitenlänge x. Somit hat die Linse eine Fläche von

$$4 \cdot \frac{\pi x^2}{6} - 2 \cdot \frac{\sqrt{3}x^2}{4}.$$

Daraus folgt für die Wahrscheinlichkeit P:

$$P = \frac{\pi x^2/4}{4\pi x^2/6 - 2\sqrt{3}x^2/4}$$

$$P = \frac{3\pi}{8\pi - 6\sqrt{3}}$$

$$P \approx 0{,}639$$

Lewis Carrolls Lösung hat auch etlichen seiner Leser schlaflose Nächte bereitet, als sie fanden, dass ein anderes Lösungsverfahren ein anderes Ergebnis liefert.

Bei der zweiten Methode, die Wahrscheinlichkeit zu berechnen, nehmen wir an, B und C seien die beiden Punkte mit dem zweitgrößten Abstand y voneinander. Auch diesmal seien A und B die Punkte mit dem größten Abstand voneinander. Um den Punkt C schlagen wir einen Kreis mit dem Radius y. Weil der Punkt A nicht weiter als y von C entfernt ist, muss er innerhalb dieses Kreises liegen. Da aber A andererseits von B mindestens eine Strecke y entfernt ist, bleiben nur die Punkte übrig, die in den farbigen Flächen liegen.

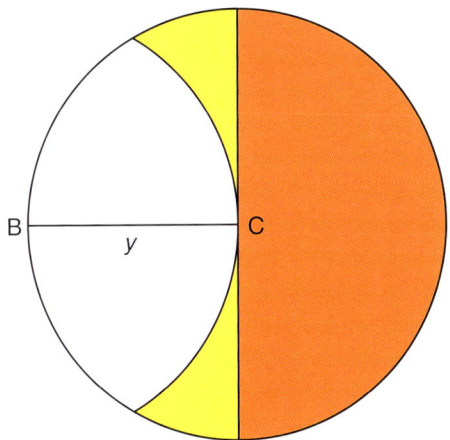

Lewis Carrolls Kopfkissenproblem vom 20. Januar 1884. Methode 2.

Da AB die längste Dreiecksseite ist, kann ein stumpfer Winkel nur bei C liegen. Folglich ist das Dreieck spitzwinklig, wenn A in den gelben Flächen liegt, und stumpfwinklig, wenn A in der orangefarbenen Fläche liegt. Die Wahrscheinlichkeit P, dass das Dreieck ABC stumpfwinklig ist, ist somit das Verhältnis der orangenen Fläche zur gesamten farbigen Fläche.

Die orangefarbene Fläche ist ein Halbkreis und hat den Inhalt ½πy^2. Die gelbe Fläche hingegen ist ein Halbkreis, in dem ein linsenförmiges Stück fehlt. Eine Formel für die Fläche einer solchen Linse haben wir schon bei der ersten Lösungsmethode entwickelt. Sie beträgt

$$\frac{2\pi y^2}{3} - \frac{\sqrt{3}y^2}{2}.$$

Folglich gilt für die Wahrscheinlichkeit P:

$$P = \frac{\pi y^2/2}{\pi y^2 - 2\pi y^2/3 + \sqrt{3}y^2/2}$$

$$P = \frac{3\pi}{2\pi + 3\sqrt{3}}$$

$P \approx 0{,}821$

Die beiden Methoden, die Wahrscheinlichkeit für ein stumpfwinkliges Dreieck zu berechnen, führen also zu unterschiedlichen Ergebnissen. Wo steckt der Fehler?

Der zerbrochene Stab

In den 1940er-Jahren erschien in den USA die Zeitschrift für Ingenieure *Graham DIAL* mit der Kolumne *Private Corner for Mathematicians* (Privatecke für Mathematiker). In dieser Kolumne stellte Theodore R. Goodman ein Problem vor, das erstmals 1854 in England veröffentlicht wurde:[12, 13] Ein langer, dünner Glasstab fällt vom Tisch und zerbricht in drei Teile. Angenommen, das Glas konnte mit gleicher Wahrscheinlichkeit an jeder Stelle des Stabes brechen und die beiden Bruchstellen hängen in keiner Weise voneinander ab. Wie groß ist die Chance, dass die drei Bruchstücke die Seiten eines Dreiecks bilden können?

Joseph T. Hogan und W. Weston Meyer lösten in der Kolumne Goodmans Aufgabe in folgender Weise:[14] Angenommen, wir haben ein gleichseitiges Dreieck, dessen Höhe gleich der Länge des Glasstabs ist. Nach einem Satz, den Abu Ali al-Hasan ben al-Hasan Ibn al-Haitam um das Jahr 1000 entdeckte, ist für jeden beliebigen Punkt im Inneren des gleichseitigen Dreiecks die Summe der drei Senkrechten auf die Seiten gleich der Dreieckshöhe. Deshalb kann man immer das erste Bruchstück des Glasstabs senkrecht auf die untere Seite des Dreiecks stellen, das zweite Bruchstück senkrecht auf die linke Dreiecksseite und das dritte senkrecht auf die rechte Dreiecksseite, sodass sie in einem Punkt zusammensto-

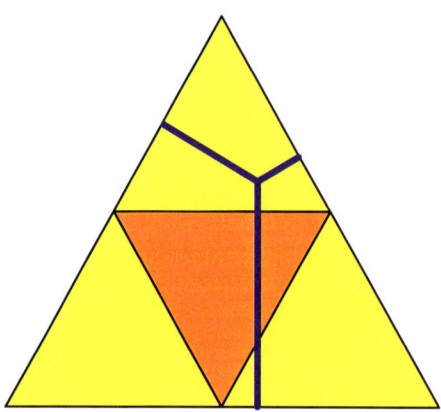

Wie groß ist die Wahrscheinlichkeit, dass die drei Bruchstücke eines zerbrochenen Stabs die Seiten eines Dreiecks bilden können? Methode 1.

ßen. Diese den Glasbrüchen zugeordneten Punkte sind im Dreieck gleich verteilt.

Die drei Bruchstücke des Glasstabs lassen sich nur dann zu einem Dreieck auslegen, wenn die beiden kürzeren Stücke zusammen größer sind als das längste Stück. Liegt nun der Punkt im gleichseitigen Dreieck außerhalb der orangefarbenen Fläche, ist immer eine der drei Senkrechten länger als eine halbe Dreieckshöhe und damit auch länger als die beiden kürzeren Stücke zusammen. Zerbricht der Glasstab auf diese Weise, können die Bruchstücke kein Dreieck bilden. Nur wenn der Punkt innerhalb der orangenen Fläche liegt, sind die beiden kürzeren Senkrechten zusammen länger als die längste Senkrechte, und dann können auch die Bruchstücke des Glasstabs die Seiten eines Dreiecks sein. Da die orangefarbene Fläche ein Viertel der Gesamtfläche des gleichseitigen Dreiecks ausmacht, beträgt auch die Wahrscheinlichkeit, dass die Bruchstücke des Glasstabes ein Dreieck bilden können, ein Viertel.

Angenommen, der Stab zerbricht an einer beliebigen Stelle in zwei Teile und anschließend zerbricht noch einmal eines der beiden Stücke an einer beliebigen Stelle erneut in zwei Teile. Das Ergebnis sind drei Teile, deren Längen, wie auch nach Hogans und Meyers Überlegungen, ganz zufällig sind. Also sollte, genau wie bei Hogan und Meyer, auch die Wahrscheinlichkeit, dass man aus den drei Stücken ein Dreieck bilden kann, ¼ sein. Wirklich? Rechnen wir einmal nach.

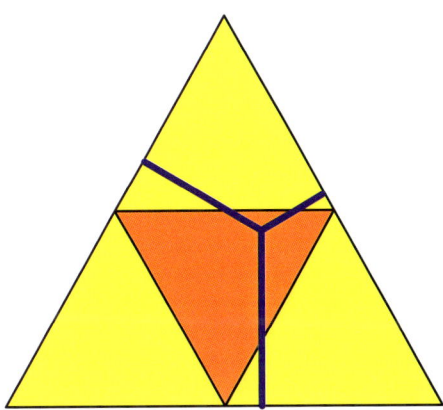

Wie groß ist die Wahrscheinlichkeit, dass die drei Bruchstücke eines zerbrochenen Stabs die Seiten eines Dreiecks bilden können? Methode 2.

Zerbricht man nach dem ersten Zerbrechen des Stabes das kürzere Stück, kann man aus den drei Teilen garantiert kein Dreieck bilden. Was aber geschieht, wenn man das längere Stück zerbricht? In der Abbildung ist das kürzere Stück als lotrechte Höhe gezeichnet und die beiden Bruchstücke des längeren Stücks sind die anderen beiden Höhen. Da das kürzere erste Stück nicht größer ist als die halbe Stablänge, kann der Punkt, an dem die drei Höhen zusammentreffen nicht in dem oberen gelben Dreieck liegen. Nur die unteren drei Dreiecke kommen überhaupt in Frage. Das orangefarbene Dreieck stellt wieder die Menge der günstigen Punkte dar, macht aber in diesem Fall nur ⅓ der betrachteten Fälle aus. Die Wahrscheinlichkeit beträgt also ⅓, dass beim nochmaligen Zerbrechen des größeren Stücks die drei Teile des Stabs ein Dreieck bilden. Da die Wahrscheinlich-

keit, dass das größere und nicht das kleinere Stück beim zweiten Mal zerbricht, ½ beträgt, ist die Antwort auf die ursprüngliche Frage ½ · ⅓ = ⅙.
Welche der beiden Lösungen ist richtig?

Zwei gleich eins

Nicht nur mit der fehlerhaften Anwendung von Mathematik lassen sich unsinnige Beweise konstruieren. Es geht auch mit anderen Wissenschaften, beispielsweise mit der Physik.

Wie jedem aus der Schule bekannt ist, sind die vier Grundgrößen der Kinematik, die Zeit t, der Weg s, die Geschwindigkeit v und die Beschleunigung a, über die folgenden drei Gleichungen miteinander verknüpft:

$$v = \frac{s}{t}$$

$$a = \frac{v}{t}$$

$$s = \frac{1}{2}at^2$$

Multipliziert man die dritte Gleichung mit 2, erhält man

$$2s = at^2.$$

Die Beschleunigung a in dem Ausdruck wird nun durch die zweite Gleichung ersetzt.

$$2s = \frac{v}{t}t^2$$

$$2s = vt$$

Anschließend wird noch v durch die erste Gleichung ersetzt.

$$2s = \frac{s}{t}t$$

$$2s = s$$

$$2 = 1$$

Das ist ganz offensichtlich falsch. Wo aber steckt der Fehler?

Lösungen

Erster Satz von Langstrumpf: 2 · 3 = 4

Die Quadratwurzel aus einer Größe ist niemals eine negative Zahl. Quadriert man eine Zahl x, erhält man mit x^2 eine Größe, die nicht negativ ist, auch dann nicht, wenn x selbst negativ ist. Zieht man nun aus x^2 die Quadratwurzel, bekommt man nicht x zurück, sondern $|x|$. Die Größen x und $|x|$ sind nur dann gleich, wenn x nicht negativ ist. Ansonsten unterscheiden sie sich im Vorzeichen. Im „Beweis" wurden beim Ziehen der Wurzel aus den quadratischen Termen die Betragsstriche weggelassen. Das ist falsch und führt zu dem unsinnigen Ergebnis. Richtig hätten die letzten Zeilen lauten müssen:

$|2 \cdot 3 - 5| = |4 - 5|$

$|1| = |-1|$

$1 = 1$

Und das ist offensichtlich richtig. Die drei Buchstaben q. e. d. am Ende sollten also nicht für *quod erat demonstrandum* stehen, sondern für *quo errat demonstrator – worin sich der Beweisende irrt*. Der erste Satz von Langstrumpf ist also nicht bewiesen worden.

Zweiter Satz von Langstrumpf: 4 + 3 = 9

Ein eisernes Gesetz beim Rechnen lautet: Teile nicht durch 0! Diese Division führt in der Regel zu unsinnigen Ergebnissen und ist deshalb in der Mathematik nicht erlaubt. In dem Beweis wurde aber durch 0 geteilt, man sieht es nur nicht sofort. Die Ausgangsgleichung lautet

$4a = -2b.$

Man kann sie auch etwas anders umformen als im Beweis. Dazu addiert man zuerst auf beiden Seiten der Gleichung $2b$.

$4a + 2b = 0$

Dann teilt man beide Seiten durch 2.

$$2a + b = 0$$

$2a + b$ hat also den Wert 0, und im Beweis wurde verbotenerweise durch $2a + b$, also durch 0 geteilt. Im Beweis ist bis zur Zeile

$$(4 + 3)(2a + b) = 9(2a + b)$$

noch alles richtig. Danach hätte es aber etwas anders weitergehen müssen.

$$(4 + 3) \cdot 0 = 9 \cdot 0$$
$$0 = 0$$

Und das ist sicher richtig. Damit ist also auch der Beweis des zweiten Satzes von Langstrumpf fehlerhaft.

Dritter Satz von Langstrumpf: 3 · 3 = 6

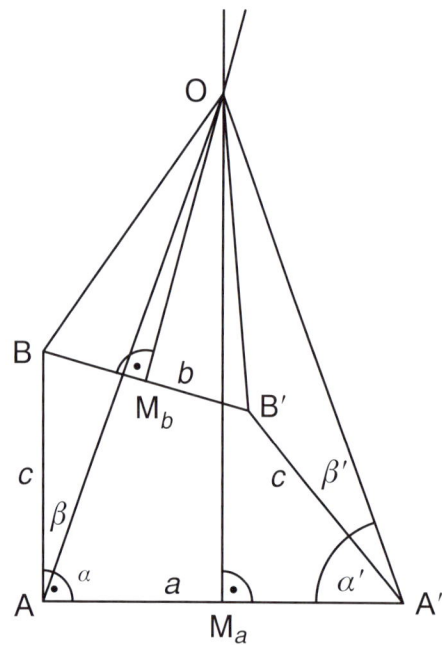

In der geometrischen Konstruktion zum dritten Satz von Langstrumpf liegt die Verbindungsstrecke A'O immer außerhalb des Vierecks AA'B'B.

Man sieht sofort den Wurm, wenn man die Konstruktion ausführt, aber statt des 78°-Winkels einen kleineren, z. B. einen 50°-Winkel nimmt. Es stellt sich heraus, dass die Verbindung von A' nach O immer, auch bei einem 78°-Winkel, außerhalb des Vierecks verläuft und deshalb die zweite Gleichung unter Punkt (4) falsch ist. Richtig müsste es heißen $\alpha = \alpha'$ und $\beta = \beta'$. Daraus folgt $\alpha + \beta = 90°$ und $\alpha' - \beta' = 78°$. Jetzt ist natürlich der Schluss, dass 3 · 3 = 6 ist, nicht mehr möglich.

Pippi Langstrumpf, Königin von England

Der Fehler in diesem „Beweis" ist deutlich raffinierter versteckt als bei den bisherigen Beweisen. Das arithmetische Mittel der Glieder einer unendlichen Folge ist von der Reihenfolge ihrer Elemente abhängig. Angenommen, wir haben unendlich viele Nullen und unendlich viele Sechsen und wollen sie in eine Reihe bringen. Dazu haben wir viele Möglichkeiten, drei davon sind:

$$0, 6, 0, 6, 0, 6, 0, 6, 0, 6, 0, 6, \ldots$$
$$0, 0, 6, 0, 0, 6, 0, 0, 6, 0, 0, 6, \ldots$$
$$0, 0, 0, 0, 0, 6, 0, 0, 0, 0, 0, 6, \ldots$$

Um die Mittelwerte der Elemente zu berechnen, fasst man bei der ersten Folge immer zwei Zahlen zu einer Gruppe zusammen, bei der zweiten drei Zahlen und bei der dritten sechs Zahlen und bildet dann in jeder Gruppe den Mittelwert. Bei der ersten Folge erhält man auf diese Weise den Mittelwert $(0 + 6)/2 = 3$, bei der zweiten $(0 + 0 + 6)/3 = 2$ und bei der dritten $(0 + 0 + 0 + 0 + 0 + 6)/6 = 1$. Da in jeder Folge jede Gruppe jeweils den gleichen Mittelwert ergibt, muss er jeweils auch der Mittelwert der gesamten Folge sein. Oder? Nein, das ist falsch. Bei unendlichen Folgen von Zahlen darf man die Zahlen nicht willkürlich gruppieren und dann die Mittelwerte der Gruppen bilden. Richtig ist, dass eine unendliche Folge von Nullen und Sechsen keinen Mittelwert hat.

Ein geometrisches Analogon zu diesen Zahlenfolgen sind unsere Fünfecke. Bei dem Muster werden zwei völlig verschiedene Anordnungen der unendlichen Menge von Winkeln betrachtet, und es liegt kein Grund vor, warum die Berechnung des mittleren Winkels dabei in beiden Fällen den gleichen Wert liefern sollte.

Da sich mit einer falschen Aussage jede noch so unsinnige Behauptung beweisen lässt, kann man damit auch beweisen, dass Pippi Langstrumpf die britische Königin ist.

Der fehlende Euro

Addiert man die zwei Euro des Hotelboys zu den 57 Euro der drei Gäste, erhält man eine völlig bedeutungslose Summe. Richtig muss die Rechnung lauten: Die drei Männer haben 57 Euro für ihr Zimmer bezahlt, von denen 55 Euro der Mann an der Rezeption und zwei Euro der Hotelboy bekommen haben. Oder: Die Männer bekamen drei Euro zurück, die zusammen mit den 55 Euro des Rezeptionisten und den zwei Euro des Boys den vollen Betrag von 60 Euro ergeben.

Die Geheimnisse der Prozentrechnung

Prozentangaben lesen und hören wir jeden Tag, gleich ob in der Zeitung, in Geschäften, im Radio oder Fernsehen. Wir alle haben Prozentrechnen in der sechsten oder siebten Klasse gelernt, sicher gut verstanden und glauben, sie berge keine Geheimnisse mehr. Oder vielleicht doch?

Prozentangaben beziehen sich immer auf einen Grundwert. Die Jacke kostet zu Anfang 200 €. Diese 200 € sind der Grundwert, auf den sich die Preissenkung von 20% bezieht. 20% von 200 € sind 40 €. Also kostet die Jacke während Rabattaktion nur noch 160 €. Nach einer Woche soll der Preis wieder um 40 € auf 200 € erhöht werden. Nun hat sich aber der Grundwert geändert. Er beträgt jetzt 160 €. 40 € von 160 Euro sind aber nicht mehr 20%, sondern 25%.

Um welchen Prozentsatz q muss man einen Wert erhöhen, wenn man ihn vorher um den Prozentsatz p verringert hat? Der ursprüngliche Grundwert G ist nach der Verringerung auf $G(1 - p/100)$ geschrumpft. Dieser neue Grundwert erhöht sich auf $G(1 - p/100)(1 + q/100)$, was wieder dem ursprünglichen Grundwert entsprechen soll.

$$G\left(1 - \frac{p}{100}\right)\left(1 + \frac{q}{100}\right) = G$$

Löst man diese Gleichung nach q auf, fällt der ursprüngliche Grundwert G heraus.

$$q = \frac{100}{\frac{100}{p} - 1}$$

Je größer also der Prozentsatz p ist, desto größer ist auch der Unterschied zwischen q und p.

Der Erdbeerschwund

Diese Aufgabe ist ein wenig hinterhältig, denn sie enthält gar keinen Fehler. Das Ergebnis mag überraschen: Obwohl der Wassergehalt nur um einen Prozentpunkt sinkt, halbiert sich das Gewicht. Trotzdem ist die Rechnung richtig. Sie ist deshalb so verblüffend, weil nicht, wie meistens, der Grundwert konstant ist, sondern der Prozentwert. Der Grundwert ändert sich nicht proportional, sondern umgekehrt proportional zum Prozentsatz.

Die Teilung der siebzehn Kamele

Die Verteilung der Kamele war nicht korrekt. Der Haken an der Sache ist, dass 1/2 + 1/3 + 1/9 nicht 1 ergibt, sondern

$$\frac{1}{2} + \frac{1}{3} + \frac{1}{9} = \frac{9}{18} + \frac{6}{18} + \frac{2}{18} = \frac{17}{18}.$$

Hätten die Söhne sich genau an die Bestimmungen des Testaments gehalten, hätte der Älteste ¹⁷/₂ = 8½, der Mittlere ¹⁷/₃ = 5⅔ und der Jüngste ¹⁷/₉ = 17⁸/₉ Kamele bekommen müssen. Ein ¹⁷/₁₈ Kamel wäre übrig geblieben. Bei der Teilung des Erbes durch den weisen alten Mann gab es diesen Kamelrest nicht, und alle drei Söhne erhielten mehr, als ihnen zustand.

Der Ungleichungswiderspruch

Wendet man auf beide Seiten einer Ungleichung eine streng monoton steigende Funktion an, bleibt das Ungleichheitszeichen erhalten. Benutzt man hingegen eine streng monoton fallende Funktion, dreht es sich um: Aus dem „kleiner als" wird ein „größer als" und umgekehrt. Dies haben wir gleich im ersten Schritt nicht beachtet, denn der Logarithmus zu einer Basis, die kleiner ist als 1, ist eine streng monoton fallende Funktion. Richtig hätte die Herleitung deshalb lauten müssen:

$$\left(\frac{1}{2}\right)^3 < \left(\frac{1}{2}\right)^2$$

$$\log_{1/2}\left(\frac{1}{2}\right)^3 > \log_{1/2}\left(\frac{1}{2}\right)^2$$

$$3\log_{1/2}\left(\frac{1}{2}\right) > 2\log_{1/2}\left(\frac{1}{2}\right)$$

$$3 > 2$$

Und das ist offensichtlich richtig!

Schulden gleich Guthaben

Die Gleichungen kann man als Rechnung mit reellen oder mit komplexen Zahlen auffassen. Nehmen wir zunächst an, es handle sich um reelle Zahlen.

$$1 = \sqrt{1}$$

Diese Gleichung ist korrekt, denn die Quadratwurzel aus der reellen Zahl 1 ist die reelle Zahl +1. Die reelle Zahl −1 darf nicht auf der linken Seite der Gleichung stehen, denn laut Definition gilt für die Quadratwurzel aus reellen Zahlen

$$\sqrt{a^2} = |a| \,.$$

Auch die nächste Gleichung ist noch richtig.

$$1 = \sqrt{(-1)(-1)}$$

Die reelle Zahl 1 ist zweifellos das Produkt der beiden reellen Zahlen −1 und −1. Die darauf folgende Gleichung jedoch ist falsch.

$$1 \neq \sqrt{-1} \cdot \sqrt{-1}$$

Im Reellen ist die Quadratwurzel aus −1 nicht definiert. Damit sind auch die beiden nächsten Schritte nicht mehr sinnvoll.

Nehmen wir an, dass sich alle Gleichungen auf komplexe Zahlen beziehen. Die erste Zeile ist nun unvollständig, denn anders als im Reellen gilt im Komplexen, dass das Ergebnis der Wurzel $\sqrt{a}$ die beiden Zahlen z und $-z$ sind, für die $z^2 = a$ und $(-z)^2 = a$ gilt. Korrekt muss also die erste Gleichung lauten:

$$\mp 1 = \sqrt{1}$$

Die nächsten beiden Zeilen der Rechnung sind, abgesehen von dem fehlenden $\mp$, richtig.

$$\mp 1 = \sqrt{(-1)(-1)}$$

$$\mp 1 = \sqrt{-1} \cdot \sqrt{-1}$$

Im Komplexen hat die Quadratwurzel aus $\sqrt{-1}$ die beiden Werte +i und −i. Der nächste Schritt ist deshalb wieder unvollständig.

$$\mp 1 = (\pm i) \cdot (\pm i)$$

Die beiden Plusminuszeichen kann man auch zusammenfassen.

$$\mp 1 = \pm i \cdot i$$

Da i · i = −1 ist, gilt für die letzte Gleichung:

$$\mp 1 = \pm i \cdot i$$

$$\mp 1 = \mp 1$$

Dies ist zweifelsohne richtig.

Das Kreissehnenparadoxon

Das Problem bei dieser Aufgabe ist, dass Gleichverteilung nicht gleich Gleichverteilung ist. Es wurde nicht festgelegt, wie der zufällige Punkt, der die zufällige Sehne bestimmt, gewählt werden soll. Jede der drei Methoden beruht auf einer Gleichverteilung der Punkte, nur sind sie einmal in der Kreisfläche, einmal auf dem Kreisumfang und einmal auf dem Kreisradius gleichverteilt. Dass verschiedene Gleichverteilungen zu unterschiedlichen Ergebnissen führen, ist nicht verwunderlich. Aber welche ist die richtige oder „natürliche" Verteilung? Die Entscheidung hängt vom konkreten Problem ab. Der französische Mathematiker und Physiker Jules Henri Poincaré war der Ansicht, dass man, wenn man keine Vorabinformation hat, die dritte Methode verwenden sollte, denn diese sichere, dass für zwei geometrisch kongruente Sehnenmengen die Wahrscheinlichkeiten dafür, dass eine zufällig ausgewählte Sehne der einen oder der anderen Menge angehöre, dieselben sind.

Lewis Carrolls Zufallsdreieck

Das Problem ist das gleiche wie beim Kreissehnenparadox. Was sind drei völlig zufällige Orte in einer unendlich großen Ebene? Da Carroll dies nicht konkret festgelegt hat, ist es kein Wunder, wenn verschiedene Methoden der „Zufälligkeit" zu unterschiedlichen Ergebnissen führen. Carroll war diese Unbestimmtheit gar nicht aufgefallen. Er hatte nur das erste Ergebnis gefunden und war der Ansicht, dass dies das einzig mögliche sei.

Der zerbrochene Stab

Wieder ist das Problem das gleiche wie beim Kreissehnenparadox. Da in der Aufgabe nicht genau festgelegt wurde, wie das zufällige Zerbrechen des Stabs geschieht, kann man auch keine eindeutige Aussage über die Dreieckswahrscheinlichkeit treffen.

Zwei gleich eins

Im Allgemeinen ist der Zusammenhang zwischen der Zeit, dem Weg, der Geschwindigkeit und der Beschleunigung nicht ganz so einfach, wie in den drei Gleichungen dargestellt. Die Geschwindigkeit ist die Ableitung des Weges nach der Zeit und die Beschleunigung die Ableitung der Geschwindigkeit nach der Zeit. Umgekehrt erhält man aus der Beschleunigung die Geschwindigkeit, indem man sie über die Zeit integriert, und man erhält aus der Geschwindigkeit den Weg, indem man auch sie über die Zeit integriert.

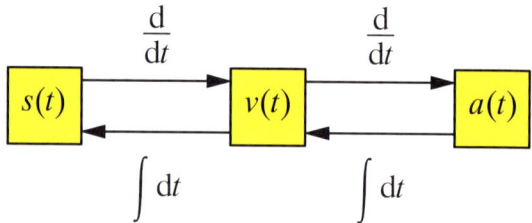

Die Zusammenhänge zwischen dem Weg, der Geschwindigkeit und der Beschleunigung eines Objekts.

Ein wichtiger Spezialfall dieses allgemeinen Falls ist die geradlinige Bewegung mit konstanter Beschleunigung a_0.

$$a(t) = a_0 = \text{konstant}$$

Setzt man dies in das Geschwindigkeitsintegral ein, erhält man:

$$v(t) = \int a(t)\,dt$$

$$v(t) = \int a_0\,dt$$

$$v(t) = a_0 t + c$$

Fügt man in diese Gleichung für t den Wert 0 ein, bekommt man $v(0) = c$. Die Integrationskonstante c ist also die Anfangsgeschwindigkeit der Bewegung und wird deshalb mit v_0 bezeichnet.

$$v(t) = a_0 t + v_0$$

Diese Gleichung für die Geschwindigkeit wird nun in das Wegintegral eingesetzt.

$$s(t) = \int v(t) dt$$

$$s(t) = \int (a_0 t + v_0) dt$$

$$s(t) = \frac{1}{2} a_0 t^2 + v_0 t + c$$

Setzt man für t den Wert 0 ein, erhält man $s(0) = c$. Die Integrationskonstante c ist folglich der Anfangsort der Bewegung und wird s_0 genannt.

$$s(t) = \frac{1}{2} a_0 t^2 + v_0 t + s_0$$

Zusammengefasst lauten die drei Bewegungsgleichungen bei einer konstanten Beschleunigung:

$$s(t) = \frac{1}{2} a_0 t^2 + v_0 t + s_0$$

$$v(t) = a_0 t + v_0$$

$$a(t) = a_0$$

Ein Spezialfall dieses Spezialfalls ist die gleichförmige oder unbeschleunigte Bewegung. Ist das Objekt außerdem zum Zeitpunkt $t = 0$ am Ort $s = 0$, vereinfachen sich die drei Bewegungsgleichungen zu:

$$s(t) = v_0 t$$

$$v(t) = v_0$$

$$a(t) = 0$$

Löst man die erste der drei Gleichungen nach v_0 auf, erhält $v_0 = s/t$. Dies entspricht der ersten der drei Schulgleichungen.

Bei einem zweiten Spezialfall des Spezialfalls sind Anfangsgeschwindigkeit und Anfangsort des sich bewegenden Objekts beide null. Auch dadurch vereinfachen sich die Bewegungsgleichungen.

$$s(t) = \frac{1}{2} a_0 t^2$$

$$v(t) = a_0 t$$

$$a(t) = a_0$$

Die erste dieser Gleichungen entspricht der dritten Schulgleichung. Löst man die zweite Gleichung nach a_0 auf, erhält man $a_0 = v/t$ und damit die zweite Schulgleichung.

Von den drei Schulgleichungen beschreibt die erste also eine unbeschleunigte Bewegung mit dem Anfangsort 0, die beiden anderen beschreiben eine gleichmäßig beschleunigte Bewegung mit der Anfangsgeschwindigkeit 0 und dem Anfangsort 0. Die Gleichungen beschreiben also verschiedene Situationen, widersprechen sich deshalb naturgemäß und dürfen nicht vermischt werden. Eine Ausnahme ist der Trivialfall der Bewegungslosigkeit im Ursprung: $a_0 = v_0 = s_0 = 0$. Vermischt man die Gleichungen trotzdem, kann man jede beliebige unsinnige Aussage herleiten, zum Beispiel auch 2 = 1.

Quellen

1. Theodor Wolff, Der Wettlauf mit der Schildkröte, Berlin 1929, S. 159, 167.
2. Walter William Rouse Ball, Mathematical Recreations and Problems, London 1892, S. 33–34.
3. Hugo Steinhaus, 100 neue Aufgaben, Leipzig 1973, S. 31–32, 137.
4. Eugene P. Northrop, Riddles in Mathematics, New York 1944, S. 8–9.
5. Joseph Leeming, Fun with Puzzles, Philadelphia 1946, S. 152.
6. Hans Borucki, Mathematik zum Schmökern, Köln 1993, S. 168–169.
7. Wiljalba Frikell, Hanky Panky, Edinburgh um 1872, S. 73–74.
8. Anonymus, Pi Mu Epsilon Journal 1, November 1950, S. 111.
9. Walther Lietzmann und Viggo Trier, Wo steckt der Fehler?, Leipzig 1913, S. 9–10.
10. Louis Bertrand, Calcul des probabilités, Paris 1889.
11. Lewis Carroll, Pillow-Problems, London 1895, S. 14, 83–84.
12. Theodore R. Goodman in: L. A. Graham, Ingenious Mathematical Problems and Methods, New York 1959, S. 21–22.
13. The Moderators and Examiners, Solutions of the Problems and Riders proposed in the Senate-House Examination for 1854, Cambridge 1854, S. 49–52.
14. Joseph T. Hogan und W. Weston Meyer in: L. A. Graham, Ingenious Mathematical Problems and Methods, New York 1959, S. 141.

16 Rätselhafte Erde

Geistige Landkarten

Die Geografie steckt voller Paradoxien, Kuriositäten und Rätsel. Einige werden Sie in diesem Kapitel kennenlernen. Fragt man in Deutschland jemanden, ob London weiter nördlich oder weiter südlich als Berlin liegt, bekommt man meist die Antwort: London liegt weiter nördlich als Berlin. Das ist aber falsch. London liegt etwa auf der Höhe des Ruhrgebiets und damit deutlich südlicher als Berlin. Wie erklärt sich dieser so weitverbreitete Irrtum?

Um sich im Leben zurechtzufinden, neigen Menschen dazu, Zusammenhänge zu vereinfachen. Auf der mentalen Landkarte Europas sind

Die Staaten Europas.

Grenzen, Küstenlinien und Flussläufe vergröbert und begradigt. Die Nordsee ist rechteckig. Sie wird im Süden von Deutschland und den Niederlanden begrenzt, im Osten von Dänemark und Norwegen und im Westen von Großbritannien. An der südwestlichen Ecke verbindet der Ärmelkanal, der genau auf einer Ost-West-Achse liegt, die Nordsee mit dem Atlantik. Somit „müssen" Großbritannien und folglich auch seine Hauptstadt nördlicher liegen als Berlin.

Eine Frage, die ebenfalls fast immer falsch beantwortet wird, lautet: Welche große Stadt in Europa liegt auf dem gleichen Breitengrad wie New York? Die häufigste Antwort ist „Berlin", aber auch „Moskau" ist nicht selten. Schaut man auf eine Weltkarte, sieht man schnell, dass das nicht stimmen kann. Moskau liegt etwa auf dem 56. Breitengrad, Berlin auf dem 52. und New York auf dem 40. New York liegt also über 1300 Kilometer weiter südlich als Berlin, etwa auf Höhe der nordportugiesischen Hafenstadt Porto.

Ursache des Irrtums ist auch hier die stark vereinfachte geistige Landkarte. Der Atlantik ist ein langer rechteckiger Streifen, der sich vom Nordpol zum Südpol zieht. Östlich des Atlantiks liegt im Norden Skandinavien. Auf der Westseite liegen Alaska und Kanada auf einer Höhe mit Skandina-

Die Staaten der Welt. Mercatorprojektion.

vien. Gegenüber von Mittel- und Südeuropa liegen die USA. Die Karibik liegt dem Mittelmeer gegenüber und Südamerika Afrika.

Europa liegt östlich und Nordamerika westlich des Atlantiks. Also liegt ganz Europa östlich von Nordamerika. Richtig? Falsch. Auch hier spielt einem die vereinfachte geistige Landkarte einen Streich. Island zählt zu Europa, Grönland hingegen zur Nordamerika. Die isländische Hauptstadt Reykjavík liegt auf 21°56' westlicher Länge und die zu Grönland gehörende Insel Shannon auf 18°30'. Somit liegt Shannon östlich von Reykjavík.

Die Mercatorprojektion

Viele andere gängige Vorurteile und Fehler gehen darauf zurück, dass die Erde eine Kugel ist und keine Scheibe.

Die Stadt Seattle liegt im äußersten Nordwesten der USA an einer Pazifikbucht und nahe der kanadischen Grenze. Zeigt man jemanden eine Weltkarte und fragt ihn, ob Seattle näher an England oder an Finnland liege, wird man fast immer die Antwort hören: Natürlich an England! Dennoch ist sie falsch. Geht man von Seattle aus über den Nordpol in den Norden Finnlands, ist dies näher als die kürzeste Verbindung nach England.

Wäre die Erde eine Scheibe, könnte man Landkarten maßstabsgerecht und ohne jede Verzerrung zeichnen. Bei kleinen Ausschnitten der Erdkugeloberfläche wird dies sogar näherungsweise erfüllt. Stadtpläne lassen sich ohne jede merkbare Verzerrung zeichnen. Bei Weltkarten ist dies unmöglich. Jeder, der die Schale einer Mandarine an einem Stück abgeschält und dann versucht hat, sie flachzudrücken, weiß: Es geht einfach nicht. Um eine gekrümmte Kugeloberfläche auf einem ebenen Blatt Papier abzubilden, muss man Verzerrungen in Kauf nehmen. Es gibt zahlreiche Möglichkeiten, die Kugeloberfläche auf eine Karte zu projizieren. Die Karten, die man am häufigsten in Schulbüchern, Atlanten und im Fernsehen sieht, sind Mercatorprojektionen. Sie gehen auf den Duisburger Kartografen Gerhard Mercator zurück, der 1569 solche Karten für die Seefahrt entwickelt hat.

Um Mercators Lösung zu verstehen, wollen wir versuchen, eine Kugel aus dünnem Karton zu basteln. Eine perfekte Kugel lässt sich so leider nicht herstellen, aber ein einigermaßen brauchbares Modell erhält man mit einem Schnittmuster aus aneinanderhängenden gleichen linsenförmigen Zweiecken. Umgekehrt kann man auch ein ebenes Bild der Erdkugel aus solchen Zweiecken herstellen. Alle oberen Spitzen würden sich im Nordpol treffen, alle unteren im Südpol. Diese Karte wäre nur wenig verzerrt, und je mehr und schmalere Zweiecke man nähme, umso geringer wäre die Verzerrung. Eine solche Karte wäre aber sehr unpraktisch, da sie überall Lücken hätte, die auf der Kugel gar nicht existieren.

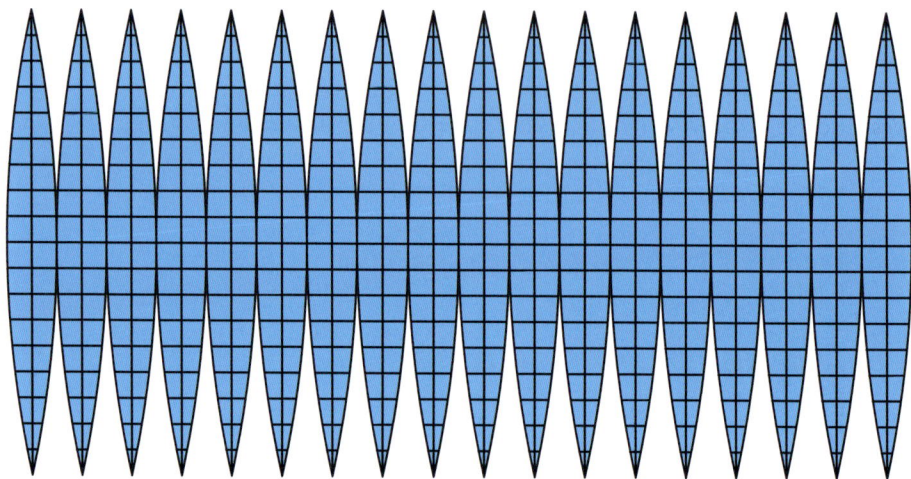

Zerlegung der Erdoberfläche in lauter schmale Linsen.

Die Lücken kann man schließen, indem man die dazwischen liegenden Linsenflächen in Ost-West-Richtung dehnt. Die Dehnung ist aber nicht gleichmäßig, sondern umso größer, je weiter man sich vom Äquator entfernt. Um leichter erkennen zu können, welche Auswirkungen diese Dehnungen haben, wurden einige gleich große kreisförmige Inseln in die Karte gezeichnet.

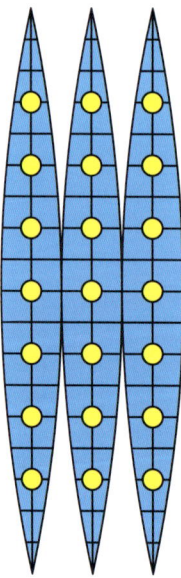

Gleich große Inseln auf drei Erdoberflächenlinsen.

Diese Inseln sind nun nach der Dehnung keine Kreise mehr, sondern Ellipsen. Sie sind umso stärker elliptisch, je näher sie an den Polen liegen. Der Maßstab der Karte ist in Nord-Süd-Richtung zwar überall gleich, aber in Ost-West-Richtung ändert er sich auf den Wegen vom Äquator zu den Polen.

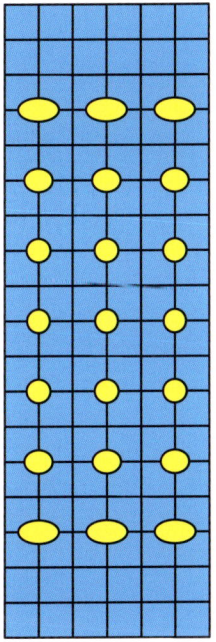
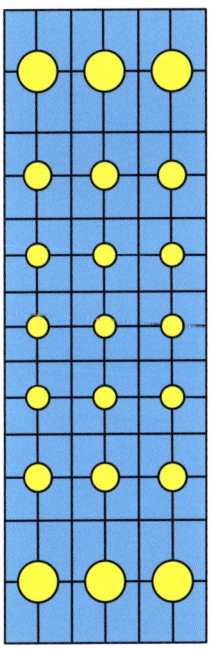

Horizontale Verzerrung der drei Erdoberflächenlinsen und ihrer Inseln durch Bildung dreier Rechtecke.

Vertikale Dehnung der Weltkarte, sodass die Inseln wieder zu Kreisen werden.

Gerhard Mercator hat dieses Problem gelöst, indem er jeden Punkt in Nord-Süd-Richtung genauso stark gedehnt hat wie in Ost-West-Richtung, sodass der Maßstab lokal wieder in allen Richtungen gleich ist. Die Inseln sind also auf der Karte auch wieder Kreise, allerdings werden sie vom Äquator zu den Polen hin immer größer.

Die wichtigste Eigenschaft dieser Projektion der Erde ist, dass sie winkeltreu ist. Das heißt, der Winkel zwischen zwei Linien auf der Erdkugel ist derselbe wie der Winkel zwischen diesen Linien auf der flachen Landkarte. Da die Winkelmessung bei der Navigation eine wesentliche Rolle spielt, ist dies der entscheidende Vorteil der Mercatorprojektion gegenüber allen anderen Projektionen.

Auf einer Mercatorprojektion verlaufen alle Breitengrade parallel zueinander von links nach rechts und alle Längengrade parallel zueinander von oben nach unten. Die Längengrade haben gleichen Abstand voneinander, die Abstände der Breitengrade hingegen werden vom Äquator zu den Polen hin immer größer. Die Formen von Ländern und Meeren bleiben zwar im Wesentlichen erhalten, aber die Größen und Richtungen stimmen nicht. Nord- und Südpol können in Mercatorprojektionen allerdings nicht dargestellt werden, da sie unendlich große Abstände vom Äquator hätten.

Heutzutage kann man Mercatorkarten in jedem Buchladen kaufen, auch Google Maps und andere Online-Dienste nutzen sie. Da die meisten Menschen selten einen Globus, aber häufig Mercator-Weltkarten sehen, haben sich in ihren Köpfen viele falsche Vorstellungen festgesetzt, die durch diese Projektion entstehen.

Bekanntlich ist Grönland die größte Insel der Erde, aber sie ist bei Weitem nicht so groß, wie viele glauben. Auf einer Mercatorprojektion sind Grönland und Afrika etwa gleich groß, tatsächlich ist Afrika vierzehnmal größer. Übereinander geschoben würde Grönland Marokko, Algerien, Mauretanien und einen Teil Malis überdecken, also nur etwa ein Drittel der Sahara. Indien liegt nahe am Äquator, Skandinavien weit davon entfernt. Darum erscheint es dreimal so groß wie Indien, das in Wirklichkeit viel größer ist als Skandinavien. Auch Europa als Ganzes liegt weit vom Äquator entfernt, durch Südamerika hingegen verläuft der Äquator. Darum erscheint Europa doppelt so groß wie Südamerika. In Wirklichkeit ist es genau andersherum.

Die Antarktis, in deren Zentrum der Südpol liegt, würde im Vergleich zum Rest der Welt gigantisch vergrößert dargestellt werden. Darum lässt man sie und die sie umgebenden Meere ab der Südspitze Südamerikas auf vielen Karten einfach fort. In der Folge nimmt die Nordhalbkugel der Erde zwei Drittel der Karte ein und die Südhalbkugel ein Drittel, und Europa liegt im Zentrum.

Wie tief die Mercatorprojektion in den Köpfen steckt, erkennt man, wenn man die Menschen fragt, ob Kairo näher am Nordpol oder an Kapstadt liegt. Die Antwort lautet fast immer: näher an Kapstadt. Ein Blick auf eine Mercator-Weltkarte scheint dies auch zu bestätigen. Dennoch ist die Antwort falsch. Kairo liegt auf dem 30. nördlichen Breitengrad und ist somit 60 Breitengrade vom Nordpol entfernt. Kapstadt hingegen liegt auf dem 34. südlichen Breitengrad und ist folglich 64 Breitengrade von Kairo entfernt. Da alle Breitengrade den gleichen Abstand von etwa 111 Kilometern haben, liegt Kairo näher am Nordpol als an Kapstadt.

Die Höhe über dem Meeresspiegel

Die Wolga ist Europas längster Fluss. Sie entspringt in den Waldaihöhen nordwestlich von Moskau, windet sich 3530 Kilometer durch Russland und mündet schließlich ins Kaspische Meer. Ihre Quelle liegt 3530 Meter näher am Erdmittelpunkt als ihre Mündung. Folglich ist die Wolga einer der ganz wenigen Flüsse, die bergauf fließen. Dass die Flusslänge in Kilometer und der Höhenunterschied in Meter gleich sind, ist reiner Zufall.

Kann das stimmen? Können denn Flüsse nicht nur so fließen, dass der Abstand zum Erdmittelpunkt immer kleiner wird? Nein, sie können tatsächlich „nach oben" fließen. Entscheidend ist, dass sie in Richtung der Schwerkraft fließen. Die Erde ist keine Kugel, sondern hat in etwa die Form eines Rotationsellipsoids, der in der Äquatorebene einen um etwa 43 km größeren Durchmesser hat als von Pol zu Pol. Da die Wolga von Norden nach Süden fließt, kann sie sich dabei vom Erdmittelpunkt entfernen und trotzdem in Richtung der Schwerkraft sinken.

Um dieses Problem zwischen Schwerkraft und Höhe zu vermeiden, gibt man auf Landkarten für Gipfel und Täler nicht die Abstände vom Erdmittelpunkt an, sondern die Höhen über dem Meeresspiegel. Nun versteht man unter Meeresspiegel aber nicht überall das Gleiche. In Deutschland und den Niederlanden ist dies der Amsterdamer Pegel und in Belgien der Ostender Pegel. Ärgerlicherweise liegt der Ostender Pegel um 2,30 m tiefer als der Amsterdamer Pegel. Das führt zu kuriosen Effekten. Auf dem Gipfel des Vaalser Bergs bei Aachen stoßen Deutschland, Belgien und die Niederlande in einem Dreiländerpunkt zusammen. Der Vaalser Berg ist außerdem der höchste Punkt der Niederlande. Wie hoch genau dieser Gipfel ist, darüber sind sich die drei Staaten aber nicht einig. Für Deutschland und die Niederlande hat er eine Höhe von 322,7 m, Belgien hingegen hält ihn für 325 m hoch. Der Unterschied ist eben die Pegeldifferenz von Amsterdam und Ostende.

Belgien ist nicht mit Hochgebirgsgipfeln gesegnet. Der höchste

Der höchste Punkt Belgiens.

Berg ist die Botrange im Hohen Venn, die nur knapp 700 m Höhe erreicht. Es sei doch schön, wenigstens einen Berg zu besitzen, der 700 m hoch ist, sagten sich die Belgier und schütteten 1923 einen kleinen Hügel auf der Botrange auf, auf dem sie auch noch ein Türmchen mauerten. Es reichte nun so gerade eben für 700 m Höhe, aber nur nach belgischer Messung. Nach deutscher Messung sind es bedauerlicherweise nur 697,7 m.

Die Schweiz nimmt für ihre Höhenangaben den Meeresspiegel der französischen Mittelmeerstadt Marseille, der leider weder mit dem Amsterdamer noch mit dem Ostender Pegel übereinstimmt. Vom Bodensee bis Basel ist der Rhein fast überall die Grenze zwischen der Schweiz und Deutschland. Als 2003/04 bei Laufenburg die Hochrheinbrücke über den Rhein errichtet wurde, war je ein Widerlager in Deutschland und eines in der Schweiz zu bauen, die genau die gleiche Höhe haben mussten. Nun war den Ingenieuren durchaus bewusst, dass die Höhenangaben in der Schweiz und in Deutschland um 27 cm voneinander abweichen, allerdings glaubten sie fälschlicherweise, dass der Marseiller Pegel höher liege als der Amsterdamer, und korrigierten die Widerlagerhöhen in die falsche Richtung. So verdoppelte sich der Fehler auf 54 cm, und es entstand ein hoher Schaden.

Die Datumsgrenze

Wie viele Wochentage kann es gleichzeitig auf der Erde geben? Immer nur einen Tag oder zwei Tage oder vielleicht sogar drei oder mehr? Um diese Frage beantworten zu können, muss man sich das System aus Zeitzonen und Datumsgrenze ansehen.

Die Erde ist in 24 Zeitzonen unterteilt, die alle als Streifen vom Nord- zum Südpol verlaufen. Reist man von Deutschland nach Osten um die Welt, durchquert man nach und nach alle 24 Zeitzonen. Bei jedem Wechsel der Zeitzone muss man seine Uhr um eine Stunde vorstellen. Kommt man nach seiner Reise um die gesamte Erde wieder in Deutschland an, hat man seine Uhr 24 Mal eine Stunde vorgestellt. Folglich zeigt die Uhr nach dieser Reise wieder die in Deutschland gültige Zeit an. Allerdings geht jetzt der Kalender um einen Tag vor. Den umgekehrten Effekt hat man, wenn man die Erde in westlicher Richtung umrundet. Auch diesmal stimmt die Uhr nach der Rückkehr wieder, aber der Kalender geht nun um einen Tag nach.

Erstmals tauchte dieser paradoxe Effekt auf, als Ferdinand Magellans Schiffe 1519 bis 1522 von Europa aus die Welt von Osten nach Westen umsegelten. Da die Seefahrer das Phänomen nicht kannten, war die Verwirrung groß, als die wenigen Überlebenden der Reise wieder in Spanien ankamen und trotz sorgfältiger Zählung anhand der Logbucheintragungen ein um einen Tag früheres Datum nannten als die Daheimgebliebenen. Die sehr gläubigen Seeleute waren voller Sorge, dass sie die kirchlichen Feiertage nicht richtig begangen haben könnten. Die Logbücher wurden Kopernikus übergeben, der dann das Rätsel löste.

Der französische Schriftsteller Jules Verne nutzte in seinem 1873 erschienenen Roman *In achtzig Tagen um die Welt* den umgekehrten Effekt.[1] Der reiche englische Gentleman Phileas Fogg ist ein Exzentriker in Sachen Pünktlichkeit. Er wettet mit Mitgliedern des Reform Club in London um 20 000 Pfund Sterling, dass es ihm gelingen werde, in 80 Tagen um die Welt zu reisen. Fast hätte er seine Wette verloren, denn er war 81 Tage unterwegs. Zum Glück waren in London erst 80 Tage verstrichen.

Um solche paradoxen Effekte zu vermeiden, gibt es die internationale Datumsgrenze. Im Prinzip fällt sie mit dem 180. Längengrad zusammen und verläuft genau durch die Mitte einer Zeitzone. Tatsächlich weicht sie auf weiten Teilen ihres Weges vom Nordpol zum Südpol von dieser Ideallinie ab, um keine Staatsgebiete zu durchschneiden. Teilweise fällt sie auch mit Zeitzonengrenzen zusammen. Da wo die Datumsgrenze durch eine Zeitzone verläuft, gilt zwar überall die gleiche Uhrzeit, nicht aber das gleiche Datum. Östlich der Datumsgrenze ist der Kalender schon einen Tag weiter als westlich davon.

Überschreitet man nun auf einer Reise von Westen nach Osten die Datumsgrenze, muss man seinen Kalender um genau einen Tag zurückstellen. Bei einer vollständigen Umrundung der Erde in Richtung Osten muss man seine Uhr 24 Mal ein Stunde vorstellen und seinen Kalender einmal um einen Tag zurückstellen, dann stimmen Datum und Uhrzeit bei der Heimkehr wieder mit denen vor Ort überein. Bei einer Reise nach Westen um die ganze Welt ist es umgekehrt: 24 Mal muss man seine Uhr um jeweils eine Stunde zurückstellen und beim Überschreiten der Datumsgrenzen den Kalender um einen Tag vorstellen.

Lange Zeit war der mikronesische Staat Kiribati, dessen Inseln sich über mehrere Millionen Quadratkilometer im Pazifik verteilen, durch die Datumsgrenze geteilt. Einige Jahre vor der Jahrtausend-

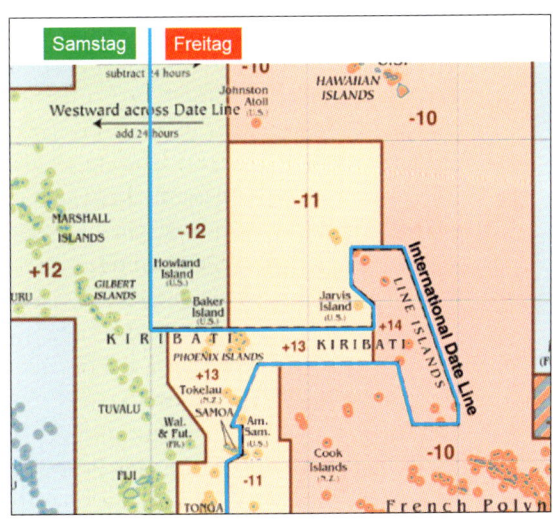

Die Datumsgrenze bei Kiribati.

wende entschied dann die Regierung, dass das komplette Staatsgebiet ab dem 1. Januar 1995 westlich der Datumsgrenze liegen soll, wodurch die Datumsgrenze eine breite Nase nach Osten bekam. Dies führte dazu, dass die östlichste Insel Kiribatis offiziell der erste Teil der Welt war, der das Jahr 2000 begrüßen konnte. Werbeträchtig wurde sie deshalb in Millennium Island umbenannt.

Die östlichste der drei Zeitzonen von Kiribati, in der die Insel Kiritimati liegt, weicht um ganze vierzehn Stunden von der Weltzeit (UTC) ab. Es gilt dort die Zeit der Inselgruppe Linieninseln = UTC + 14 h. Nach Westen weichen die Zeitzonen nur maximal zwölf Stunden von der Weltzeit ab. So gilt für die zu den Außengebieten der USA gehörende Bakerinsel die Zeit UTC − 12 h.

Auf der Erde gibt es folglich immer Uhrzeiten, die von UTC − 12 h bis UTC + 14 h reichen und somit 26 Stunden abdecken. Bricht auf Kiritimati um 0.00 Uhr der Sonntag an, hat man in Deutschland erst Samstagvormittag 11.00 Uhr und auf der Bakerinsel sogar erst Freitagnacht 22.00 Uhr. Zwei Stunden später ist es dann auf Kiritimati Sonntagmorgen 2.00 Uhr, in Deutschland Samstagmittag 13.00 Uhr, und auf der Bakerinsel beginnt mit 0.00 Uhr der Samstag. Während dieser zwei Stunden zwischen 11.00 und 13.00 Uhr MEZ gibt es auf der Erde also drei Wochentage gleichzeitig und während der anderen 22 Stunden zwei Wochentage.

Kiribatis Änderung der Datumgrenze hat noch eine kuriose Folge. Aufgrund der hammerförmigen Ausbuchtung der Datumsgrenze um die Linieninseln muss man an zwei Abschnitten beim Überschreiten der Datumsgrenze von Westen nach Osten seinen Kalender nicht um einen Tag zurück, sondern um einen Tag vorstellen. Fährt man mit dem Schiff von den zu Kiribati gehörenden Gilbert-Inseln kommend am Äquator entlang nach Osten, überquert man, bevor man zur Bakerinsel kommt, die Datumsgrenze und muss seinen Kalender um einen Tag zurückstellen. Fährt man weiter nach Osten, überquert man, nachdem man die Jarvisinsel passiert hat, erneut die Datumsgrenze und gelangt wieder nach Kiribati. Diesmal aber muss man seinen Kalender um einen Tag vorstellen. Fährt man weiter am Äquator entlang nach Osten und verlässt Kiribati wieder nach dem Passieren der Linieninseln, überquert man die Datumsgrenze von Westen nach Osten zum dritten Mal. Diesmal muss man seinen Kalender wieder um einen Tag zurückstellen.

Exklaven

Steht man an einem bestimmten Punkt in dem europäischen Staat A und entfernt sich fünfzig Meter weit von diesem Punkt, ist man in dem europäischen Staat B. Dabei spielt es keine Rolle, in welche Richtung man geht.

Entfernt man sich aber zwei Kilometer weit von dem ursprünglichen Punkt in Staat A, ist man in Staat A. Auch diesmal spielt es keine Rolle, in welche Richtung man geht. Wo befindet man sich?

Auf der Grenze zwischen den Niederlanden und Belgien liegt der Ort Baarle mit etwas mehr als 9000 Einwohnern. Er besteht aus den Ortsteilen Baarle-Nassau (niederländisch) und Baarle-Hertog (belgisch). Durch Staatsgrenzen geteilte Orte gibt es viele in Europa, die Besonderheit bei Baarle ist, dass große Teile der belgischen Gemeinde in den Niederlanden liegen, insgesamt sechzehn Exklaven. Doch das ist noch nicht alles. In zwei der zu Baarle-Hertog gehörenden Exklaven liegen wiederum insgesamt sieben winzig kleine niederländische Exklaven von Baarle-Nassau. Steht man im Zentrum der niederländischen Exklave, die der Plan mit N2 bezeichnet, steht man, egal in welche Richtung man geht, nach fünfzig Metern in der belgischen Exklave H1. Geht man allerdings vom Zentrum von N2 zwei Kilometer weit in eine beliebige Richtung, ist man in den Niederlanden, auch wenn man auf dem Weg mehrfach Staatsgrenzen überschritten hat.

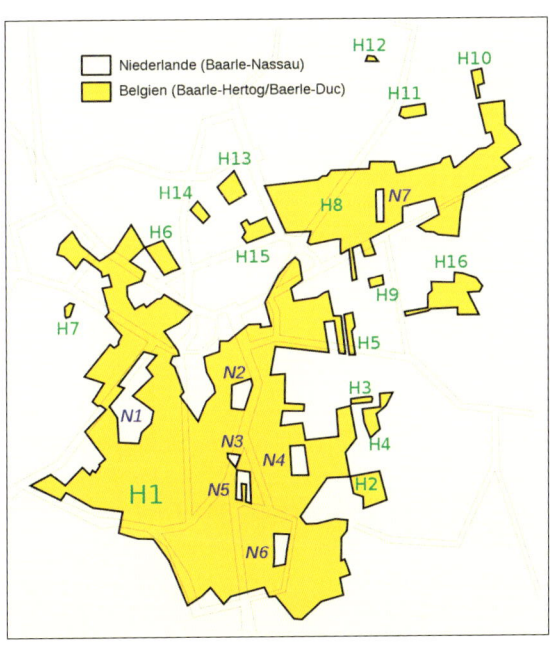

Baarle mit seinem niederländischen Ortsteil Baarle-Nassau und dem belgischen Ortsteil Baarle-Hertog.

Auch Deutschland hat Exklaven, die in anderen Staaten liegen. Als das Deutsche Reich den Ersten Weltkrieg verloren hatte, musste es nach dem Versailler Vertrag von 1919 die drei Landkreise Eupen, Malmedy und St. Vith an Belgien abtreten. Aber das war nicht alles. Die 1885–1889 gebaute Vennbahn verband Aachen mit Ulflingen (Troivierges) in Luxemburg und lag bis zur Luxemburger Grenze vollständig in Deutschland. Seit den Gebietsabtretungen von 1919 verläuft die Vennbahnstrecke im Wesentlichen durch Belgien, nur einige wenige Schleifen ziehen sich durch Deutschland. Damit die Belgier mit der Vennbahn bis nach Luxemburg fahren konnten, ohne mehrmals nach Deutschland einreisen zu müssen, wurde die komplette Bahntrasse einschließlich aller Bahnhöfe zwischen Raeren im Norden und der Luxemburger Grenze im Süden im Versailler Vertrag zu belgischem Hoheitsgebiet erklärt. Die Folge ist, dass die

Die belgische Vennbahn in der Eifel schneidet fünf Exklaven von Deutschland ab.

Bahntrasse fünf Gebiete von Deutschland abschneidet, die vollständig in Belgien eingeschlossen sind. Diese fünf Exklaven liegen nur wenige Kilometer von Aachen entfernt in der Eifel.

I: Nördlicher Teil von Roetgen
II: West- und Südteil von Roetgen und der Westteil von Lammersdorf
III: Rückschlag in Konzen
IV: Mützenich
V: Ruitzhof in Kalterherberg

Rückschlag ist die kleinste Exklave Deutschlands. Sie ist nur etwa 150 m lang und 100 m breit und unbewohnt.

Deutschland hat noch eine sechste Exklave, den kleinen Ort Büsingen am Hochrhein mit etwa 1350 Einwohnern. Seit 1465 ist Büsingen eine Exklave in der Schweiz und vollständig von den drei Kantonen Schaffhausen, Zürich und Thurgau umschlossen. Wählen die Büsinger den kürzesten

Die deutsche Exklave Büsingen in der Schweiz.

Weg, müssen sie nur etwa 500 Meter durch die Schweiz fahren, um in den Hauptteil Deutschlands zu gelangen. 1956 wurde zwischen Deutschland und der Schweiz um Büsingen verhandelt. Beide Länder stellten Forderungen: Die Schweiz wollte ganz Büsingen haben, Deutschland einen Korridor, der Büsingen mit Baden-Württemberg verbindet. Da keiner der beiden Staaten zu Gegenleistungen bereit war, blieb alles beim Alten.

Die Grenze eines Staates ist meist eine völlig unregelmäßige Linie. Sie ist aber fast immer, ähnlich wie ein Kreis, eine geschlossene Kurve ohne Anfang und Ende. Besitzt der Staat Exklaven oder liegen in ihm Enklaven, kommen äußere oder innere „Kreise" hinzu. Bei Österreich ist es noch anders, seine Grenze ähnelt einer Acht. Das heißt, die Grenzlinie schneidet sich selbst. Die Tiroler Gemeinde Jungholz ist nur sieben Quadratkilometer groß und vollständig von Deutschland umschlossen. Nur in einem einzigen Punkt berührt Jungholz Österreich. Dieser Punkt liegt nahe dem 1636 m hohen Gipfel des Sorgschrofens und ist der Punkt, an dem sich Österreichs Grenze selbst kreuzt.

Geografischer Denksport

Ein Klassiker des Denksports beruht darauf, dass zwar jeder weiß, dass die Erde eine Kugel ist, die meisten es im Alltag aber vergessen. Ein Jäger bricht eines Morgens auf und wandert zehn Kilometer nach Süden. Dann ändert er seine Richtung und geht zehn Kilometer nach Osten. Dort biegt er nochmals ab, läuft nun zehn Kilometer nach Norden und gelangt zu seinem Ausgangspunkt zurück. Hier schießt er einen Bären. Welche Farbe hat der Bär?[2, 3]

Das Problem scheint unlösbar zu sein: Was hat die Farbe des Bären mit der Wanderung des Jägers zu tun? In der Überraschung übersieht man leicht, dass man nach zweimaligem rechtwinkligem Abbiegen normalerweise nicht zum Ausgangspunkt zurückkehrt. Und darin liegt der Schlüssel zum Rätsel: Der Jäger steht auf dem Nordpol, der Bär ist ein Eisbär und hat folglich ein weißes Fell.

Der Jäger geht morgens am Pol los und wandert auf einem Meridian nach Süden. Nach zehn Kilometern biegt er ab und marschiert zehn Kilometer entlang eines Breitenkreises, der natürlich immer den gleichen Abstand vom Nordpol bewahrt. Schließlich kehrt er auf einem weiteren Längenkreis zurück zum Pol. Und da die einzigen Bären in der Arktis Eisbären sind, muss die Farbe seiner Beute weiß sein.

Der Weg des Jägers in der Arktis.

Aufgabe 1:
Gibt es noch mehr Punkte auf der Erde, von denen aus unser Jäger eine solche Wanderung unternehmen und wieder zum Ausgangspunkt zurückgelangen kann?[2, 3]

Von diesem Rätsel gibt es hübsche Varianten.

Aufgabe 2:
Ein Forscher tritt eines Tages morgens vor sein Zelt und bricht in Richtung Norden auf. Er wandert zehn Kilometer weit genau geradeaus und macht dann seine Mittagspause. Danach startet er wieder in Richtung Norden, geht zehn Kilometer weit exakt geradeaus und gelangt so schließlich zu seinem Zelt zurück. Wo steht das Zelt des Forschers?[4]

Aufgabe 3:
Ein Forscher wandert zuerst zehn Kilometer nach Norden und anschließend fünf Kilometer nach Süden. Wie weit kann er dann maximal von seinem Startpunkt entfernt sein?[5]

Aufgabe 4:
Die Himmelrichtungen stecken voller Tücken. Die Kompassscheibe mit den Himmelsrichtungen nennt man auch Windrose. Auf ihr werden nicht nur Nord, Süd, Ost und West benannt, sondern auch die winkelhalbierenden Richtungen: Nordost, Nordwest, Südost und Südwest. Die nächsten acht Unterteilungen heißen Nordnordost, Ostnordost usw. Dazwischen liegen sechzehn Richtungen, die Namen wie Nord-zu-Ost oder Südwest-zu-West haben. Mitten in der Antarktis, genau auf dem Südpol, hat sich ein etwas spleeniger Forscher einen Turm bauen lassen mit einem gleichseitigen Dreieck als Querschnitt. Die Seitenlänge des Turms beträgt zehn Meter. In der Mitte jeder Wand ist ein Fenster eingelassen. Der Turm ist so ausgerichtet, dass eines der drei Fenster nach Norden zeigt. In welche Himmelsrichtungen zeigen die anderen beiden Fenster?[6]

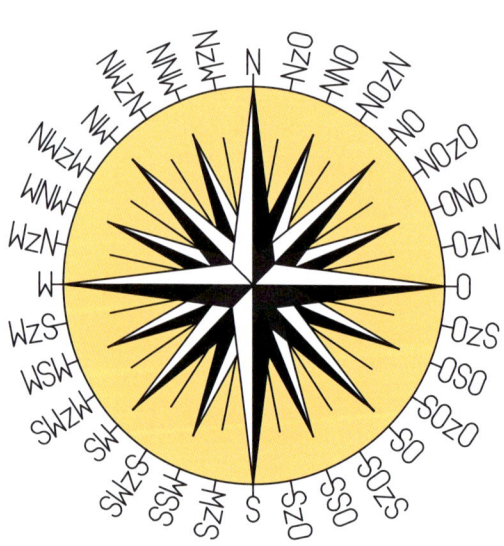

Die Windrose.

Aufgabe 5:
Wie zu Anfang dieses Kapitels erwähnt, liegen die portugiesische Stadt Porto und die amerikanische Stadt New York beide etwa auf dem 41. Breitengrad. Ein Schiff fährt von Porto quer über den Atlantischen Ozean nach New York. Obwohl auf dem 41. Breitengrad keine Inseln im Weg liegen, keine störenden Meeresströmungen fließen oder sich andere geografische oder politische Hindernisse befinden, steuert der Kapitän sein Schiff nicht entlang dieses Breitengrades. Er wählt stattdessen einen Kurs, bei dem das Schiff sich ein ganzes Stück in Richtung Nordpol von dem Breitengrad entfernt, bevor es dann in südlichere Richtung fährt und schließlich in New York wieder seinen ursprünglichen Breitengrad erreicht. Warum steuert der Kapitän diesen seltsamen Kurs?

Aufgabe 6:
Ein Flugzeug startet von einem Flugzeugträger im Golf von Guinea am Schnittpunkt des Nullmeridians mit dem Äquator und fliegt genau nach Nordosten. Es ändert seinen Kurs während der gesamten Reise nicht. Wohin fliegt es?[2, 7]

Aufgabe 7:
Ein Flugzeug fliegt auf dem kürzesten Weg von London zu einem unbekannten Flughafen am Äquator. Beobachter des Starts sahen das Flugzeug genau im Westen am Horizont verschwinden. Wohin fliegt es?[8]

Lösungen

1. Man möchte spontan „Südpol" sagen, aber das ist falsch: Vom Südpol aus kann man keine zehn Kilometer mehr nach Süden gehen. Trotzdem gibt es unendlich viele Punkte auf der Erde, die die Bedingungen erfüllen.

Um sie zu finden, schlägt man um den Südpol zwei Breitenkreise. Der innere Kreis hat einen Umfang von zehn Kilometern und der zweite Kreis vom ersten einen Abstand von zehn Kilometern. Wenn der Jäger an irgendeinem Punkt A des äußeren Breitenkreises steht und zehn Kilometer nach Süden geht, läuft er auf den Pol zu und gelangt in B zum inneren Kreis. Zehn Kilometer nach Osten wandern heißt dann, auf dem Breiten-

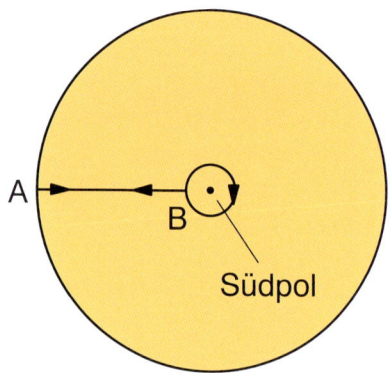

Der Weg des Jägers in der Antarktis.

grad einmal im Kreis zu gehen und zu B zurückzukehren. Schließlich geht er nach Norden und gelangt so zurück zu Punkt A. Der innere Kreis muss nicht unbedingt einen Umfang von zehn Kilometern haben, er darf auch 10/2 km, 10/3 km, 10/4 km usw. betragen. Der Jäger wird dann nur bei seiner Wanderung nach Osten den Südpol zwei-, drei-, viermal usw. umrunden. Bären kann er allerdings dort nicht schießen, denn in der Antarktis gibt es keine.

2. Das Zelt kann an einem beliebigen Punkt in der Arktis stehen, der näher als zehn Kilometer am Nordpol liegt. Der Forscher startet morgens in Richtung Norden, er geht also auf den Nordpol zu. Irgendwann überschreitet er den Pol und marschiert dann, ohne seine Richtung zu ändern, nach Süden weiter. Nach seiner Mittagspause startet er wieder in Richtung Norden. Das heißt, er geht den Weg zurück, den er gekommen ist, überschreitet irgendwann wieder den Pol, geht nach Süden weiter und kommt schließlich bei seinem Zelt an.

3. Bei diesem Forscher muss die Antwort für fast alle Startpunkte auf der Erde natürlich fünf Kilometer lauten. Aber es gibt Ausnahmen. Wenn der Mann seine Wanderung an einem Punkt beginnt, der zehn Kilometer vom Nordpol entfernt ist, steht er, wenn er zehn Kilometer nach Norden gegangen ist, auf dem Nordpol. Vom Nordpol aus ist jede Richtung Süden. Wenn der Mann also die eingeschlagene Richtung beibehält, läuft er tatsächlich nach Süden und ist dadurch am Ende seiner Wanderung fünfzehn Kilometer vom Startpunkt entfernt. Dies ist die größtmögliche Entfernung.

4. Sind Sie der Ansicht, dass ein Fenster ungefähr nach Südost-zu-Ost und das andere nach Südwest-zu-West geht? Dann haben Sie sich durch die Windrose ins Bockshorn jagen lassen. Die beiden Fenster zeigen natürlich auch nach Norden, denn vom Südpol aus ist jede Richtung Norden.

5. Die kürzeste Verbindung zwischen zwei Punkten auf einer Kugel ist ein Großkreisbogen, der durch diese beiden Punkte läuft. Ein Großkreis ist ein Kreis auf der Oberfläche, dessen Mittelpunkt mit dem Kugelmittelpunkt zusammenfällt. Alle anderen Kreise auf der Kugel heißen Kleinkreise. Die Bögen aller Kleinkreise, die durch die beiden Punkte laufen, sind länger als der Großkreisbogen. Bis auf den Äquator sind alle Breitengrade der Erde Kleinkreise. Folglich ist der Breitengrad, auf dem Por-

to und New York liegen, nicht die kürzeste Verbindung dieser beiden Städte. Der Kapitän wählt aber den kürzesten Weg und fährt deshalb auf einem Großkreisbogen.

6. Die meisten Menschen, denen man diese Aufgabe stellt, sagen sofort: Es umfliegt einmal die Erde und gelangt dann zum Flugzeugträger zurück. Diese Antwort ist aber falsch. Das ist auch leicht einzusehen, denn wenn das Flugzeug die Erde umkreisen soll, darf es nicht immer nur nach Nordosten fliegen, sondern muss auch irgendwann einen Südanteil bei der Flugrichtung haben.

Aber wie sieht die Bahn aus? Das Flugzeug schraubt sich auf einer Spirale, die in der Navigation Loxodrome genannt wird, unendlich oft um den Nordpol herum und nähert sich ihm immer mehr. Die Grafik zeigt die Erde mit Blick von oben auf den Nordpol. In der Zeichnung erkennt man von der Loxodrome nur eine Windung, die anderen Windungen sind so eng gewickelt, dass sie sich nicht auflösen lassen.

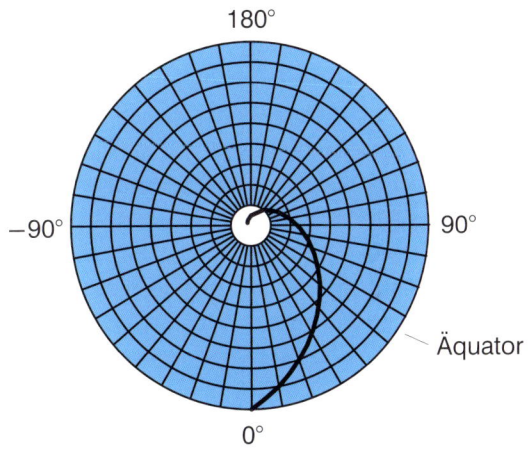

Der Weg vom Äquator aus nach Nordosten.

Die Spirale entsteht dadurch, dass der Kurs, also der Winkel zwischen der Bahn und den Meridianen, immer gleich bleibt und die Meridiane alle sternförmig auf den Nordpol zulaufen. Die Loxodrome hat die Bahngleichung

$$\lambda = \ln\left(\tan\left(45° + \tfrac{1}{2}\varphi\right)\right) \cdot \frac{180°}{\pi}.$$

Dabei sind λ und φ die geografische Länge und Breite.

Für $\varphi = 0°$ ergibt die Gleichung erwartungsgemäß $\lambda = 0°$; wenn φ aber auf 90° zuläuft, strebt λ gegen unendlich. Das bedeutet, die Loxodrome umkreist den Nordpol unendlich oft. Trotzdem ist ihre Länge endlich. Sie beträgt

$$l = \tfrac{1}{2}\pi R\sqrt{2} \approx 14153 \text{ km}.$$

In dieser Gleichung bezeichnet R den Erdradius von etwa 6371 Kilometern.

7. Verwirrung stiftet zunächst die Beobachtung, dass das Flugzeug nach Westen fliegt. Behielte es während des gesamten Fluges diesen Kurs bei, würde es immer auf dem Londoner Breitenkreis bleiben und nie den Äquator erreichen. Aber das war auch nicht die Beobachtung: Nur beim Start hatte das Flugzeug Westkurs. Die kürzeste Verbindung zwischen zwei Orten auf der Erdoberfläche ist ein Großkreisbogen. Er wird in der Navigation Orthodrome genannt. Gesucht ist also der Großkreis, der durch London und den Zielflughafen am Äquator läuft. Da der Start genau nach Westen erfolgte, muss der Großkreis den Londoner Meridian – es ist der nullte Längengrad – unter 90 Grad schneiden. Der Äquator, der Nullmeridian und der gesuchte Großkreis bilden ein sphärisches Dreieck mit zwei rechten Winkeln. Solche Dreiecke kennen wir schon: Zwei Meridiane, die vom Nordpol ausgehen, treffen unter 90 Grad auf den Äquator. Der Nordpol ist ein Viertel des Erdumfangs, d. h. 90 Breitengrade vom Äquator entfernt. Bei der Aufgabe entspricht der Nordpol dem Ziel des Flugzeugs und der Äquator dem nullten Längengrad. Also landet unser Flugzeug 90 Längengrade westlich von London am Äquator, das sind die Galapagos-Inseln vor der südamerikanischen Küste im Pazifik. Das Flugzeug ändert während der Reise ständig den Kurs: Beim Start fliegt es nach Westen, dann biegt es immer weiter nach Süden ab, bis es schließlich mit einer Abweichung von 51,5 Grad aus seiner ursprünglichen Richtung am Äquator ankommt.

Quellen

1. Jules Verne, Le Tour du Monde en quatre-vingts Jours, 1873.
2. F. A. Foraker, Education 38, November 1917, S. 158.
3. E. J. Moulton, American Mathematical Monthly 51, April 1944, S. 220.
4. David Singmaster in: Elwyn Berlekamp und Tom Rodgers (Hg.), The Mathemagician and Pied Puzzler, Natick 1999, S. 53–54, 65.
5. Michael Engel, Denksport-Rätsel für Geniale, Wien 2001, S. 61, 93.
6. Heinrich Hemme, Praxis der Mathematik, 29. April 1987, S. 132–133.
7. Hugo Steinhaus, Mathematical Snapshots, New York 1950, S. 216–221 (polnische Originalausgabe: 1938).
8. Hugo Steinhaus, 100 Aufgaben, Leipzig 1968, S. 32–33, 135–136 (polnische Originalausgabe: Warschau 1958).

17 Palindrome

Buchstabenpalindrome

Der Mathematiker Karl Günter Kröber veröffentlichte 2003 ein Buch von der Mathematik der Palindrome mit dem seltsam anmutenden Titel *Ein Esel lese nie*.[1] Ein Palindrom ist ein Wort oder Satz, das oder der von links nach rechts gelesen dasselbe besagt wie von rechts nach links gelesen. Der Satz *Ein Esel lese nie* ist ein solches Palindrom.

Bereits 1984 erschien das Buch ANNASUSANNA mit dem Untertitel *Ein Pendelbuch für Links- und Rechtsleser* des Satirikers und Kabarettisten Hansgeorg Stengel.[2] Die Schreibweise mit Kapitälchen und jeweils einem großen A am Anfang und Ende des Wortes macht die Symmetrie vollkommen.

Der Begriff Palindrom stammt vom griechischen Wort παλίνδρομος und bedeutet „rückwärts laufend". Es gibt im Deutschen zahlreiche Wörter, die Palindrome sind. Hier sind einige:

Anna, Bob, Ebbe, Egge, Ehe, Elle, Esse, Hannah, Kajak, Lagerregal, Madam, Marktkram, neben, Neffen, nennen, neppen, netten, neuen, nun, Otto, Radar, Regallager, Reitstier, Reittier, Rentner, Retter, Rotor, stets, Tat, tot, Uhu.

Im Guinness-Buch der Rekorde von 1997 wird als längstes deutsches Wort, das ein Palindrom ist, *Reliefpfeiler* genannt. Es hat dreizehn Buchstaben und soll angeblich von dem Philosophen Arthur Schopenhauer gefunden worden sein. Länger als Reliefpfeiler ist jedoch das fünfzehnbuchstabige Wort *Retsinakanister*. Als längstes Wortpalindrom, das auch in der Alltagssprache verwendet wird, gilt das finnische *Saippuakivikauppias*, das *Specksteinverkäufer* bedeutet und neunzehn Buchstaben hat.

Der Lyriker und Kinderbuchautor Josef Guggenmos schrieb im letzten Jahrhundert sogar ein Gedicht für Kinder über einen Riesen, dessen Name ein Palindrom ist:

Besuch[3]

War ein Ries bei mir zu Gast,
Sieben Meter maß er fast,
Hat er nicht ins Haus gepasst,
Saßen wir im Garten.

Weil er gar so riesig war,
Saßen Raben ihm im Haar,
Eine ganze Vogelschar,
Die da schrien und schwatzten.

Er auch lachte laut und viel,
Und dann schrieb er mir zum Spiel
– Bleistift war der Besenstiel –
Seinen Namen nieder.

Und er schrieb in einem Trumm:
Mutakirorikatum.
Ebenso verkehrt herum,
Ja, so hieß der Gute.

Falls ihr einen Riesen wisst,
Dessen Namen also ist
Und der sieben Meter misst,
Sagt, ich lass ihn grüßen.

Schreibt man Wörter nicht mit lateinischen Buchstaben, sondern Morsezeichen, findet man auch in dieser Darstellung zahlreiche Palindrome.

Jahrestag:	.--- .- .... .-. . ... - .- --.
Leberleiden:	.-.. . -... .-. .-.. . .. -.. . -.
Riesin:	.-. .. . . -.
Reiher:	.-. . .. .-.

Dabei werden die Lücken zwischen den Buchstaben ignoriert. Aber auch wenn man die Lücken beachtet, gibt es Morsepalindrome.

Feudel:	..-. . ..- -. . .-..
Elfe:	. .-.. ..-. .

Einige Wörter sind sowohl mit Buchstaben als auch mit Morsezeichen geschrieben Palindrome.

    Otto: --- - - ---
    Rotor: .-. --- - --- .-.
    Reittier: .-. . .. - - .. . .-.

Blinde Menschen „sehen" mit den Fingerspitzen. Dazu muss der Text in Braille-Schrift gedruckt sein, die 1825 von dem Franzosen Louis Braille entwickelt wurde. Diese Schrift besteht aus Punktmustern, die, von hinten in das Papier geprägt, als Erhöhungen zu ertasten sind. Zwei nebeneinanderstehende Säulen aus je drei Punkten bilden ein Raster, mit dem jeweils ein Buchstabe dargestellt werden kann. Es gibt nur sehr wenige und sehr kurze Palindrome in Braille-Schrift. Eines ist das Wort „Ei".

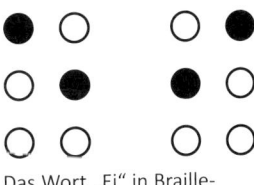

Das Wort „Ei" in Braille-Schrift.

Ganze Sätze, die Palindrome sind, sind nicht leicht zu bilden, aber keine Seltenheit. Die meisten klingen etwas holprig, wie beispielsweise *Ein Neger mit Gazelle zagt im Regen nie*. Der Satz soll ebenfalls von Arthur Schopenhauer stammen, dem seine Zeit für solche Sprachspielereien offenbar nicht zu schade war. Hier einige Kostproben von palindromischen Sätzen:

    Eine güldne, gute Tugend: Lüge nie!

    Eine Hure ruhe nie.

    Elly biss Sibylle.

    Geist ziert Leben, Mut hegt Siege, Beileid trägt belegbare Reue, Neid dient nie, nun eint Neid die Neuerer, abgelebt gärt die Liebe, Geist geht, umnebelt reizt Sieg.

    In Nagold legen Hähne Geld, log Anni.

    O, Genie, der Herr ehre dein Ego!

    Reit nie tot ein Tier.

    Eine treue Familie bei Lima feuerte nie.

    Leg in eine so helle Hose nie 'n Igel.

Leben Sie mit im Eisnebel?

Bei Liese sei lieb.

Trug Tim eine so helle Hose nie mit Gurt?

Eine Horde bedrohe nie.

Die Liebe ist Sieger; stets rege ist sie bei Leid.

Groß- und Kleinschreibung, Lücken zwischen den Buchstaben und Satzzeichen stimmen jedoch bei fast allen Satzpalindromen nicht in beiden Leserichtungen überein.

Satzpalindrome gibt es natürlich auch in anderen Sprachen. Ein besonders hübsches Palindrom ist der Satz, mit dem sich Adam im Paradies Eva vorstellte, als er ihr zum ersten Mal begegnete: „Madam, I'm Adam." (Gnädige Frau, ich bin Adam.) Das ist auch der Titel eines Buches von William Irvine über Palindrome.[4]

Als Johannes der Täufer eines Tages in der Wüste dem Satan begegnete, machte er im Vorgriff auf das Christentum das Kreuzzeichen, um den bösen Feind zu verjagen. Dieser reagierte darauf mit einem lateinischen Hexameter, der ein Palindrom ist: „Signa te, signa! Temere me tangis et angis!" Auf Deutsch: „Bekreuzige dich nur! Planlos rührst du an mir mit deinem Versuch, mir Angst einzuflößen!"

An der Hagia Sophia in Istanbul (damals Konstantinopel) soll, bevor die Türken 1453 die Stadt erobert und in die Kirche in eine Moschee umgewandelt hatten, das griechische Palindrom Νίψον ἀνομήματα, μὴ μόναν ὄψιν gestanden haben. Frei übersetzt bedeutet dies: *Reinige dich von deinen Sünden und nicht nur dein Antlitz!* Zugeschrieben wird das Palindrom dem Kirchenlehrer Gregor von Nazianz, der im 4. Jahrhundert in der heutigen Türkei lebte. Man findet es in vielen Kirchen und Klöstern, so auch in dem Kloster Panagia Malevi in Griechenland. Dort ist nicht nur der Satz ein Palindrom, sondern auch seine typografische Darstellung, denn die rechte Hälfte ist ein Spiegelbild der linken Hälfte. Damit das gelingen konnte, ließ der Künstler die Lücken zwischen den Wörtern fort und benutzte nur Großbuchstaben. A, H, I, M, O, T und Ψ sind spiegelsymmetrisch, nur das N tanzt aus der Reihe. Hier benutzte er ein kleinen Kunstgriff: In der linke Satzhälfte schrieb er es korrekt als N und in der rechten als И.

Das wahrscheinlich bekannteste Palindrom ist der lateinische Satz SATOR AREPO TENET OPERA ROTAS. Er lässt sich nicht ganz eindeutig übersetzen, und welchen Sinn der Satz hat und ob er überhaupt einen hat, ist umstritten.

Griechisches Palindrom im Kloster Panagia Malevi (Griechenland).

SATOR: „der Sämann"
AREPO: ohne Bedeutung, wird häufig als Männername angesehen, was aber sehr fraglich ist.
TENET: „hält" (von *tenere*)
OPERA: „Werke" (Nominativ oder Akkusativ Plural von *opus*) oder „mit Mühe" (Ablativ Singular von *opera*)
ROTAS: „Räder" (Akkusativ Plural von *rota*).

Der Satz könnte also bedeuten: Der Sämann Arepo hält mit Mühe die Räder. Setzt man die fünf Wörter mit ihren je fünf Buchstaben in die Felder eines 5×5-Rasters, kann man das Palindrom vierfach lesen: waagerecht von links oben nach rechts unten, waagerecht von rechts unten nach links oben, senkrecht von links oben nach rechts unten und senkrecht von rechts unten nach links oben.

Das Sator-Quadrat ist sehr alt. Die frühesten Dokumente stammen aus dem ersten nachchristlichen Jahrhundert und zeigen das Quadrat in spiegelbildlicher Form, sie beginnen also mit dem Wort ROTAS. Zwei sind in Steine der Ruinen von Pompeji geritzt. Es befindet sich auf einem Ziegelstein aus dem Jahr 107/8 aus Aquincum (Budapest), im Artemistempel in Dura Europos am Eu-

Das Sator-Quadrat.

Sator-Quadrat auf einem Stein der Befestigungsanlage von Oppède in Südfrankreich.

phrat, wo es römische Soldaten vermutlich Anfang des 3. Jahrhunderts eingeritzt haben, und im Verputz eines römischen Hauses aus dem 4. Jahrhundert in Cirencester in England. Seit dem Mittelalter ist der Text in der heute bekannten Form überliefert. In Spätantike und Mittelalter war das Sator-Quadrat weit verbreitet. Wegen der seltenen Eigenschaft eines Vierfach-Palindroms wurden ihm magische Eigenschaften zugeschrieben. Es gehörte zu den verbreitetsten Zauberformeln des Abendlandes und wurde als Amulett dazu genutzt, sich vor Seuchen und Unheil zu schützen.

Vor etwa hundert Jahren fiel einem Esoteriker auf, dass sich die Buchstaben des Sator-Quadrats zu einem griechischen Kreuz aus den beiden Wörtern Pater noster (lat. Vater unser)

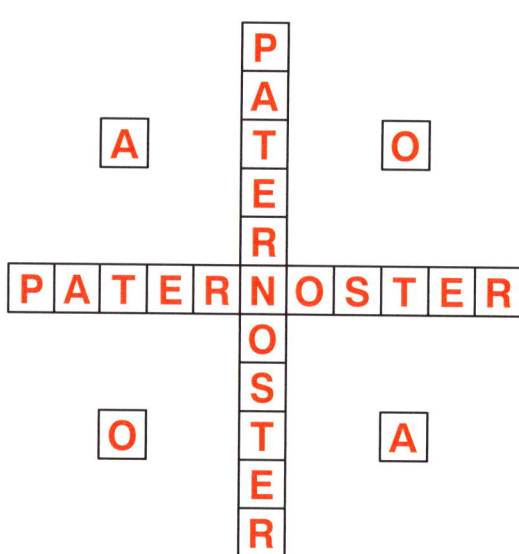

Die Buchstaben des Sator-Quadrats lassen sich zum Pater-Noster-Kreuz umstellen.

anordnen lassen, mit zwei A und zwei O für Alpha und Omega in den Ecken. Damit war das Sator-Quadrat endgültig in der christlichen Symbolik angekommen.

Musikpalindrome

Palindrome gibt es auch in der Musik. Jeder Krebs- oder Spiegelkanon ist ein musikalisches Palindrom. Wolfgang Amadeus Mozart beispielsweise hat den Spiegelkanon in G-Dur als Palindrom komponiert und Johann Sebastian Bach den Canon a 2 aus dem Musikalischen Opfer. Die Sinfonie Nr. 47 von Joseph Haydn enthält ein Menuett *al roverso*, dessen zweiter Teil und auch das Trio nicht ausnotiert sind, die Musik ergibt sich durch den Zusatz *al roverso*: der erste Teil ist rückwärts zu spielen. Haydn hat dieses Menuett noch einmal in seiner Klaviersonate Nr. 26 A-Dur verwendet. Die Handlung von Paul Hindemiths Opern-Sketch *Hin und zurück* op. 45a (1927) wird zuerst vorwärts, dann rückwärts gespielt. Das exakte Zurückdrehen der Zeit wird dargestellt durch die Umkehr der Textreihenfolge.

Zahlenpalindrome

Palindromische Zahlen zu bilden, also Zahlen, die ihren Wert nicht verändern, wenn man die Ziffern in umgekehrter Reihenfolge schreibt, ist natürlich trivial, man muss sich darum zusätzliche Spielregeln schaffen. Ein interessantes Verfahren ist die wiederholte Umkehraddition, das in vielen Fällen Palindrome erzeugt. Der Entdecker dieses Verfahrens ist unbekannt. Die älteste Quelle ist ein Artikel von Derrick Henry Lehmer in der belgischen Zeitschrift *Sphinx* aus dem Jahr 1938.[5]

Man nimmt eine beliebige positive ganze Zahl und addiert dazu die Zahl, die entsteht, wenn man ihre Ziffernfolge umkehrt. Diese Rechnung heißt Umkehraddition. Mit der entstandenen Zahl führt man wiederum Umkehradditionen durch. Dies wiederholt man so lange, bis ein Palindrom entstanden ist. Die Anzahl der Schritte, die man benötigt, um mit Umkehradditionen aus einer Zahl ein Palindrom zu erzeugen, ist die palindromische Ordnung p dieser Zahl. Sehen wir uns als Beispiel die Zahl 69 an:

1. Schritt: 69 + 96 = 165
2. Schritt: 165 + 561 = 726
3. Schritt: 726 + 627 = 1353
4. Schritt: 1353 + 3531 = 4884

Die Zahl 69 hat also die palindromische Ordnung $p = 4$. Bei Zahlen, die von vornherein Palindrome sind, braucht man natürlich keine Umkehradditionen zu machen. Sie haben die palindromische Ordnung $p = 0$.

Ein interessantes Problem ist die Frage nach der kleinsten positiven Zahl, die eine bestimmte palindromische Ordnung hat. Sie ist bisher nur für die Ordnungen von 1 bis 222 und noch für einige weitere bis 261 beantwortet worden. Für die palindromischen Ordnungen von 1 bis 20 sind die kleinsten Zahlen:

> 10, 19, 59, 69, 166, 79, 188, 193, 1397, 829, 167, 2069, 1797, 849, 177, 1496, 739, 1798, 10777, 6999

Die neunzehnstellige Zahl 1 186 060 307 891 929 990 hat die palindromische Ordnung 261 und führt zu dem 119-stelligen, im Jahr 2005 von Jason Doucette gefundenen Palindrom-Monster

> 44 562 665 878 976 437 622 437 848 976 653 870 388 884 783 662 598 425 855 963 436 955 852 489 526 638 748 888 307 835 667 984 873 422 673 467 987 856 626 544.

Es ist bis heute ungelöst, ob man mit wiederholten Umkehradditionen aus jeder ganzen Zahl ein Palindrom erzeugen kann. Bei allen zweistelligen Zahlen erhält man nach höchstens vierundzwanzig Schritten ein Palindrom. Aber schon bei den dreistelligen Zahlen tauchen Werte auf, die auch nach vielen Tausend Schritten kein Palindrom erzeugen. Keiner weiß bislang, ob diese Zahlen niemals ein Palindrom ergeben oder ob nur noch nicht genügend Umkehradditionen gemacht worden sind. Die kleinste dieser Zahlen ist 196. Es wurden schon viele Millionen Schritte berechnet, ohne auf ein Palindrom zu stoßen.

Führt man die Umkehradditionen nicht mit Zahlen des Dezimalsystems, sondern des Dualsystems aus, findet man Werte, von denen sich beweisen lässt, dass sie auch nach unendlich vielen Schritten nicht zu einem Palindrom führen. Das kleinste Beispiel ist die Zahl 101100, die im Dezimalsystem den Wert 22 hat. Nach vier Umkehradditionen wird sie zu 10*110*100, nach acht zu 10*11101*000 und nach zwölf zu 10*111101*0000. Nach jeweils vier Schritten verlängern sich die Folgen der kursiven fetten Ziffern um eine 1 bzw. eine 0.[6]

Auch in allen anderen Zahlensystemen, deren Basen die Form 2^a mit $a \in \mathbb{N}$, haben, gibt es Zahlen, die durch Umkehradditionen niemals zu Palindromen werden.[6, 7]

Akustische Palindrome

Wörter oder Sätze, die in geschriebener Form Palindrome sind, sind es meist nicht in akustischer Form. Unter einem akustischen Palindrom versteht man einen gesprochenen Text, der sich, wenn er aufgezeichnet und anschließend rückwärts wiedergegeben wird, genauso anhört. Beispiele dafür sind die nur bedingt sinnvollen Sätze „Zum nächsten Gefängnis gehen muss" und „Hei Heiner, 's ist der Sepp — es ist ein Jahr her". Überprüfen können Sie dies an der geschriebenen Form natürlich nicht.

Auch der berühmte Tarzanschrei aus den Filmen mit Johnny Weissmuller als Hauptdarsteller aus den Jahren von 1938 bis 1948 ist ein akustisches Palindrom.

Der Tarzanschrei aus den Filmen mit Johnny Weissmuller ist ein Palindrom.

Manche fassen den Begriff Palindrom auch etwas umfassender. Dann bezeichnet man jedes Wort und jeden Satz, der von links nach rechts gelesen wie auch von rechts nach links gelesen etwas Sinnvolles ergibt, als Palindrom. Dadurch wird die Menge der Palindrome natürlich viel größer. Beispiele sind folgende Wortpaare:

> Regen – Neger; Lager – Regal; Lesen – Nebel; ein – nie;
> Bart – Trab; Gurt – Trug; Zeus - Suez

Palindrome in Literatur und Kunst

Es gibt zahlreiche Rätselgedichte, die fast alle im 19. und frühen 20. Jahrhundert entstanden sind, deren Lösungen Palindrome der erweiterten Form sind.

Aufgabe 1:[8, 9]
Wenn ein wack'rer Waidmann mich erblickt
In des Forstes wilden Gründen
Und nach mir die sich're Lanze zückt,
Wird sehr bald mein Dasein schwinden.
Werd ich umgekehrt, dann sieht man mich

Rings auf grünen Hügeln stehen,
Wo der Landmann rastlos tätig, sich
Mühet, meine Frucht zu sehen.

Schöner

Aufgabe 2:[10, 11]
Ich bin die Hülle deiner Hülle,
Vor mir bebt nur der böse Thor,
Zurück gelesen sprosst's in Fülle
Bald freundlich über mir empor;
Und so lehrt dich mein Wörtchen weise:
dass nichts hier ganz vergänglich ist,
dass selbst aus der Verwesung leise
Ein neues frohes Leben spricht.

W. E. Gautsch

Aufgabe 3:[12]
Noch sitzt auf halbverfallnem Throne,
noch hält die längst bestrittne Krone
die alte Königin der Welt.
Ob sie wohl je vom Throne fällt?
Vielleicht! – Doch liest du sie von hinten,
so wirst du einen König finden,
der herrscht, seitdem die Welt besteht,
des Reich nur mit der Welt vergeht.
Sie schießt nicht ewge Donnerkeile,
doch ewig treffen seine Pfeile.

Wilhelm Hauff

Aufgabe 4:[13]
Wenn Frühlings-Wonne, neu geboren,
Des Herzens tiefsten Sinn entzückt,
Steh ich vom Wechseltanz der Horen
Als Blumenkönigin geschmückt;
Und schöne Mädchen winden mich zu Kränzen,
Als Schmuck auf ihrer Locken Gold zu glänzen.

Wird vorgesetzt das letzte Zeichen,
Als Götterknaben schaust du mich;

Zeus muss sich meinem Willen beugen,
Ich quäle, ich beglücke dich;
Aus meinen Händen fallen dir die Lose,
Doch ohne Dornen reich ich keine Rose.

Theodor Körner

Auch Bilder können Palindrome dieser erweiterten Art sein. In den *Fliegenden Blättern* wurde am 23. Oktober 1892 die Frage gestellt, welche Tiere einander am meisten gleichen.[14] Als Antwort wurde „Kaninchen und Ente" gegeben und dies mit einer Zeichnung bewiesen, auf der man je nach Blickrichtung ein nach rechts schauendes Kaninchen oder eine nach links blickende Ente erkennt.

Ein nach rechts schauendes Kaninchen und eine nach links schauende Ente.

Links und rechts zu vertauschen, kann also schnell zu Überraschungen führen. Und dies passiert häufiger als man meint. Der österreichische Lyriker Ernst Jandl hat daraus ein skurriles Gedicht gemacht, das 1966 in seinem Buch *Laut und Luise* erschien.[15]

lichtung

manche meinen
lechts und rinks
kann man nicht
velwechsern.
werch ein illtum!

Das ging auch einem alten Kapitän so. An jedem Morgen seines langen Lebens auf See öffnete er den Safe in seiner Kajüte, nahm einen kleinen Zettel heraus, las aufmerksam, was darauf stand, und legte ihn dann in den Safe zurück. Jeder Offizier und Matrose wusste von dem Zettel, aber keiner traute sich, den Kapitän danach zu fragen. Als der alte Kapitän eines Tages gestorben war, griff der Erste Offizier zum Schlüssel, öffnete den Safe, nahm den Zettel heraus und las:

> Backbord = links.
> Steuerbord = rechts.

Lösungen

1. Eber, Rebe

2. Sarg, Gras

3. Roma, Amor

4. Rose, Eros

Quellen

1. Karl Günter Kröber, Ein Esel lese nie, Reinbek 2003.
2. Hansgeorg Stengel, Annasusanna, Berlin 1984.
3. Josef Guggenmos, Was denkt die Maus am Donnerstag?, München 1971, S. 9.
4. William Irvine, Madam I'm Adam and Other Palindromes, London 1990.
5. D. H. Lehmer, Sphinx 8, Januar 1938, S. 12–13.
6. Heiko Harborth, Mathematics Magazine 46, März–April 1973, S. 96–99.
7. D. C. Duncan, Sphinx 9, Juni 1939, S. 91–92.
8. Schöner, Der Sammler, Nr. 58, 14. Mai 1831, S. 231.
9. Schöner, Der Sammler, Nr. 59, 17. Mai 1831, S. 236.
10. W. E. Gautsch, Hyllos, Nr. 21, Prag, 20. November 1819, S. 168.
11. W. E. Gautsch, Hyllos, Nr. 22, Prag, 27. November 1819, S. 176.
12. E. S. Freund, Rätselschatz, Leipzig 1885, S. 156–157, 440.
13. Theodor Körner, Sämmtliche Werke, Den Haag 1832, S. 219.
14. Anonymus, Fliegende Blätter, 23. Oktober 1892, S. 17.
15. Ernst Jandl, Laut und Luise, Olten 1966.

18 Mechanische Paradoxien

Unmögliche Verbindungen

Die Mechanik steckt voller Paradoxien. Ein wunderschönes Beispiel ist ein Holzwürfel, dessen beide Hälften durch Schwalbenschwänze miteinander verbunden sind. Beide Verbindungen sind durchgehend, laufen also jeweils von einer Seite des Würfels zur anderen. Die hintere und die linke Seite sehen darum genauso aus wie die vordere und die rechte. Kann man die beiden Würfelhälften trennen, ohne das Holz zu beschädigen?

Wenn die beiden Schwalbenschwanzverbindungen sich überkreuzen, was aber keineswegs behauptet wurde, kann man die beiden Würfelhälften natürlich nicht trennen. Verbinden sie jedoch jeweils zwei benachbarte Seiten, laufen also parallel, lässt sich der Würfel einfach diagonal auseinanderschieben.[1]

Dies ist aber nicht die einzig mögliche Lösung. Der niederländische Architekt Moshé Zwarts hat 1983 eine ganze Reihe weiterer Möglichkeiten gefunden.[2] Die Schwalbenschwanzverbindungen können auch Kreisbögen mit einer gemeinsamen Drehachse sein. Diese Drehachse muss senkrecht zur Schnittfläche stehen und durch eine der beiden Schnittflächendiagonalen laufen. Die geraden Schwalben-

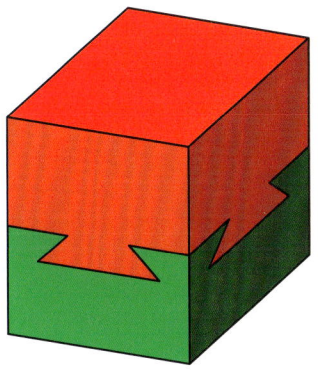

Durch zwei Schwalbenschwanzverbindungen miteinander verkoppelte Würfelhälften.

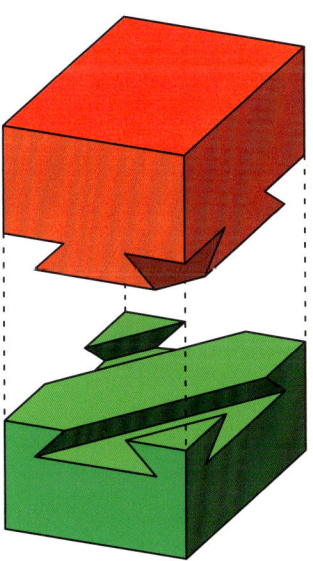

Die beiden Schwalbenschwänze verbinden jeweils eine benachbarte Seite.

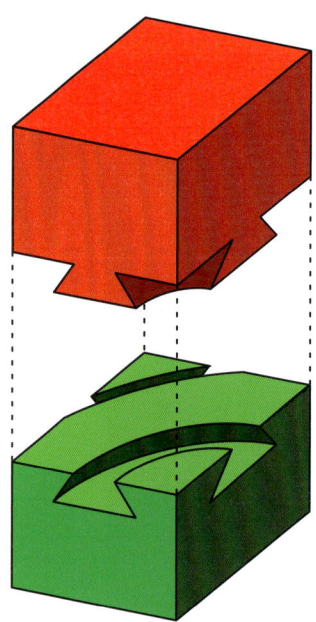

Die beiden Schwalbenschwänze können auch Kreisbögen sein.

schwanzverbindungen sind ein Spezialfall der Kreisbögen: Die gemeinsame Drehachse liegt im Unendlichen. Bei einem anderen Spezialfall läuft sie durch den Mittelpunkt der Schnittfläche.

Es gibt einige andere Lösungen, die auf komplizierten Kombinationen von Drehungen und Verschiebungen beruhen.

Aufgabe:

Eine anscheinend unmögliche Verbindung hat sich der große japanische Puzzle- und Rätselerfinder Nobuyuki Yoshigahara ausgedacht. Zwei Holzklötze sind, so wie es die Abbildung zeigt, durch eine Schwalbenschwanzverbindung miteinander verbunden.[3] Allerdings laufen die beiden Flanken des Schwalbenschwanzes nicht parallel, sondern nach außen auseinander. Es gibt keine Hohlräume in der Verbindung oder in den beiden Klötzen. Abgesehen vom Schwalbenschwanz und der Führung sind die beiden Klötze massive Quader ohne irgendwelche Einbuchtungen. Das bedeutet, dass die drei in der Zeichnung nicht sichtbaren Seiten auch ebene Rechtecke sind. Ist es möglich, die beiden Klötze voneinander zu trennen, ohne sie dabei zu zerstören?

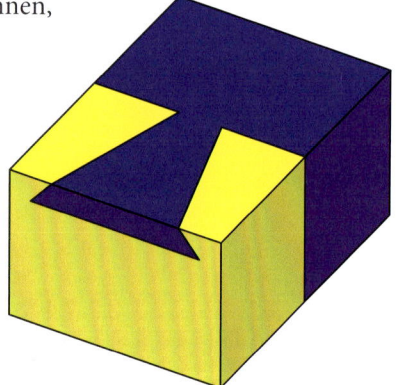

Zwei Klötze sind mit einer nach außen breiter werdenden Schwalbennase verbunden.

Der Bohrer für quadratische Löcher

Jeder Ingenieur glaubt und alle Heimwerker wissen, dass man mit einem Bohrer nur runde Löcher bohren kann. Diese vermeintliche Selbstverständlichkeit wollte der in Turtle Creek in den USA lebende englische Ingenieur Harry James Watts nicht hinnehmen. Er erfand 1914 einen Bohrer, mit dem man quadratische Löcher bohren kann. Für die Produktion seines Bohrers gründete Watts in Wilmerding, Pennsylvania die Firma Watts Brothers Tool Works, die es heute noch gibt. Watts' Quadratbohrer beruht auf einem besonderen Gleichdick, das Reuleaux-Dreieck genannt wird. Es hat seinen Namen von Franz Reuleaux, einem Maschinenbauingenieur, der die Eigenschaften dieses Gleichdicks systematisch untersuchte.

Die Dicke einer geometrischen Figur ist der Abstand zweier paralleler Geraden, die man links und rechts an die Figur zeichnet. Normalerweise ist die Dicke einer Figur nicht konstant, denn wenn man diese dreht, kann der Abstand der beiden Parallelen größer oder kleiner werden. Die Dicke eines Quadrats der Seitenlänge 1 etwa kann jeden Wert zwischen 1 und $\sqrt{2}$ annehmen.

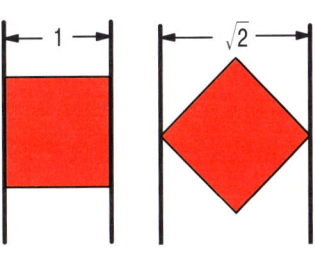

Die Dicke eines Quadrats.

Geometrische Figuren, die immer die gleiche Dicke haben, egal wie man sie dreht, nennt man Gleichdicke. Damit zum Beispiel ein Kanaldeckel nicht in den Schacht fallen kann, wie immer man ihn auch auf die Öffnung legt, müssen der Schacht und der Deckel Gleichdicke sein. Die bekanntesten Gleichdicke sind der Kreis und das Reuleaux-Dreieck. Ein Reuleaux-Dreieck entsteht, wenn man bei einem gleichseitigen Dreieck über jede Seite einen Kreisbogen schlägt, der die jeweils gegenüberliegende Ecke als Mittelpunkt hat.

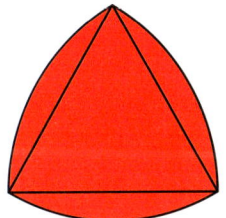

Legt man nicht nur links und rechts Geraden an ein Gleichdick, sondern auch oben und unten, bilden diese Geraden ein Quadrat, das das Gleichdick umschließt. Ganz egal, um welchen Winkel man das Gleichdick in dem Quadrat dreht, es

Das Reuleaux-Dreieck.

passt stets genau hinein und berührt alle vier Seiten. Allerdings muss dabei, außer beim Kreis, gleichzeitig sein Mittelpunkt immer etwas verschoben werden. Das Reuleaux-Dreieck ragt in bestimmten Stellungen mit seinen Ecken fast ganz in die Ecken des Quadrats hinein.

 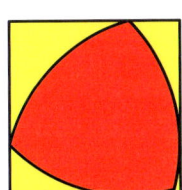 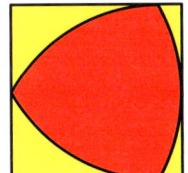 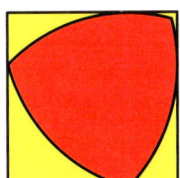

Ein Reuleaux-Dreieck im Quadrat.

Darauf beruht das Prinzip des Watts'schen Bohrers. Auf das Metall, in das ein Loch gebohrt werden soll, wird eine Führungsplatte mit einer quadratischen Öffnung gelegt. Während sich der Bohrer innerhalb der Führungsplatte dreht, schneiden die Kanten des Bohrers das quadratische Loch ins Material. Der Querschnitt des Bohrers ist ein Reuleaux-Dreieck, das an seinen drei Stellen konkav ausgefräst ist, damit die Bohrspäne abgeführt werden können. Da der Mittelpunkt des Reuleaux-Dreiecks sich ständig bewegt, während sich der Bohrer dreht, fallen die Achsen des Bohrers und seines Schafts nicht wie bei einem gewöhnlichen Bohrer zusammen, sondern verlaufen mit variierendem Abstand parallel. Eine von Watts erfundene spezielle Lagerung von Schaft und Bohrer ermöglicht die erforderliche exzentrische Bewegung des Bohrers. Das Bohrloch ist leider nicht perfekt quadratisch, sondern an den Ecken ganz leicht abgerundet. Es gibt auch Bohrer für drei-, fünf- oder sechseckige Löcher, die auf einem ganz ähnlichen Prinzip beruhen.

Mit einem Watts'schen Bohrer kann man quadratische Löcher bohren.

Herr Tur Tur und andere Scheinriesen

Jim Knopf und Lukas der Lokomotivführer ist eines der beliebtesten deutschen Kinderbücher.[4] Michael Ende schrieb es 1960, und 1976/77 wurde es von der Augsburger Puppenkiste verfilmt. Im Buch fahren Jim und Lukas mit ihrer Lokomotive Emma durch eine Wüste und treffen dort auf einen Mann namens Tur Tur. Herr Tur Tur hat die ungewöhnliche Eigenschaft, ein Scheinriese zu sein. Gewöhnliche Menschen sind Scheinzwerge. Das heißt, der Winkel, unter dem sie einem Betrachter erscheinen, ist umso kleiner, je weiter sie von ihm entfernt sind. In der Ferne erscheinen sie also wie Zwerge. Bei Herrn Tur Tur ist dies genau umgekehrt. Er ist nicht besonders groß, aber je weiter er vom Betrachter entfernt ist, umso größer ist der Winkel, unter dem er diesem erscheint. Er scheint also in der Ferne ein Riese zu sein.

Scheinriesen sind nicht nur das Fantasieprodukt eines Kinderbuchautors – in den unendlichen Weiten des Weltraums gibt es sie wirklich. Das Universum ist vor 13,8 Milliarden Jahren durch den Urknall aus einem einzigen Punkt entstanden und dehnt sich seither ununterbrochen aus. Wahrscheinlich wird diese gigantische Explosion auch niemals enden. Da sich am Anfang alles an einem Punkt befand, müssen sich Galaxien, die gegenwärtig sehr fern von uns sind, mit einer höheren Geschwindigkeit von uns entfernen als Galaxien, die in unserer Nähe sind.

Betrachten wir nun einmal eine Galaxie, die sich fast am Ende des Universums befindet. Ihr Licht, das uns heute erreicht, hat sich schon vor vielen Milliarden Jahren auf den Weg gemacht. Wir sehen darum nicht die heutige Galaxie, sondern nur ihr Jugendbildnis, blicken also in die Vergangenheit. Damals, als sich ihr Licht zu uns aufmachte, war das Universum viel kleiner und die Galaxie uns viel näher. Wir sehen die Galaxie deshalb größer als es sie aufgrund ihres tatsächlichen heutigen Ortes sein sollte.

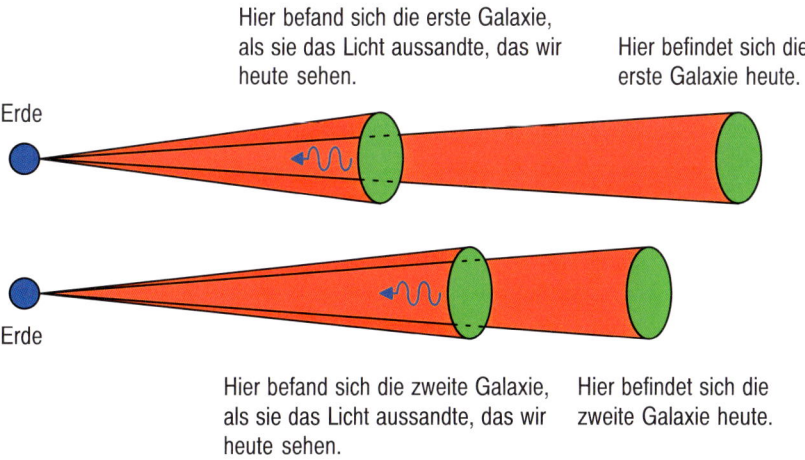

Scheinriesen unter den Galaxien.

Betrachten wir nun eine zweite Galaxie, die genauso groß ist wie die erste, uns aber deutlich näher. Sie entfernt sich deshalb langsamer von uns als die erste Galaxie. Als sich ihr Licht, das uns heute erreicht, auf den Weg machte, kann diese Galaxie aufgrund der geringeren Geschwindigkeit weiter von uns entfernt gewesen sein als die erste Galaxie, als sich deren Licht auf den Weg zu uns machte. Wir sehen folglich von der ersten Galaxie ein Jugendbild und von der zweiten ein Kinderbild. Die erste Galaxie sieht darum größer aus als die zweite, obwohl sie weiter von uns entfernt ist als diese. Die erste Galaxie ist also ein Scheinriese, während die zweite ein Scheinzwerg ist.

Lösungen

Die beiden Klötze lassen sich ohne Weiteres trennen, wenn die Schwalbenschwanzverbindung etwas anders aussieht als gewöhnlich.

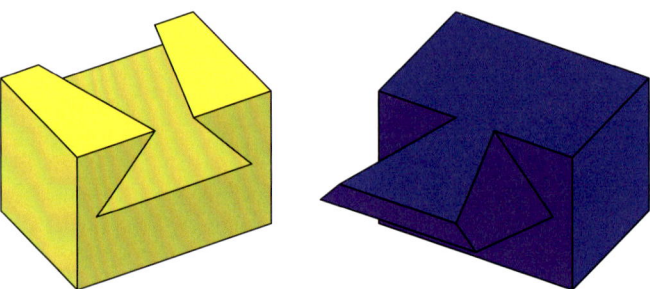

Das Geheimnis der Schwalbenschwanznase.

Normalerweise liegt eine Schwalbenschwanzverbindung parallel zu den Flächen der Klötze und ist der Schwalbenschwanz überall gleich dick. In diesem Fall läuft die Verbindung schräg von unten nach oben durch den gelben Klotz und die Dicke des Schwalbenschwanzes nimmt von innen nach außen ab. Die Unterseite des Schwalbenschwanzes und der Führung sind also Rechtecke.

Quellen

1. Johannes Cornelius Wilhelmus Pauwels, United Kingdom Patent 15307, eingereicht am 9. November 1887, vollständig spezifiziert am 9. August 1888, erteilt am 26. Oktober 1888.
2. Moshé Zwarts, Oratie in Beeld, Technische Universität Delft, Delft 1983, S. X–XII, 40–43.
3. Nobuyuki Yoshigahara, Puzzles 101, Natick 2004, S. 21, 83. (Japanische Originalausgabe: Chocho Nanmon Suri Pazuru, Tokio 2002.)
4. Michael Ende, Jim Knopf und Lukas der Lokomotivführer, Stuttgart 1960.

19 Das Möbiusband

Nimmt man einen schmalen Streifen Papier und klebt seine kurzen Seiten aneinander, erhält man einen Papierring. Dieser Ring hat eine Innenfläche und eine Außenfläche, die durch eine obere und eine untere Kante voneinander getrennt sind. Sitzt ein Käfermännchen auf der Außenfläche und ein Käferweibchen ihm genau gegenüber Fuß an Fuß auf der Innenfläche

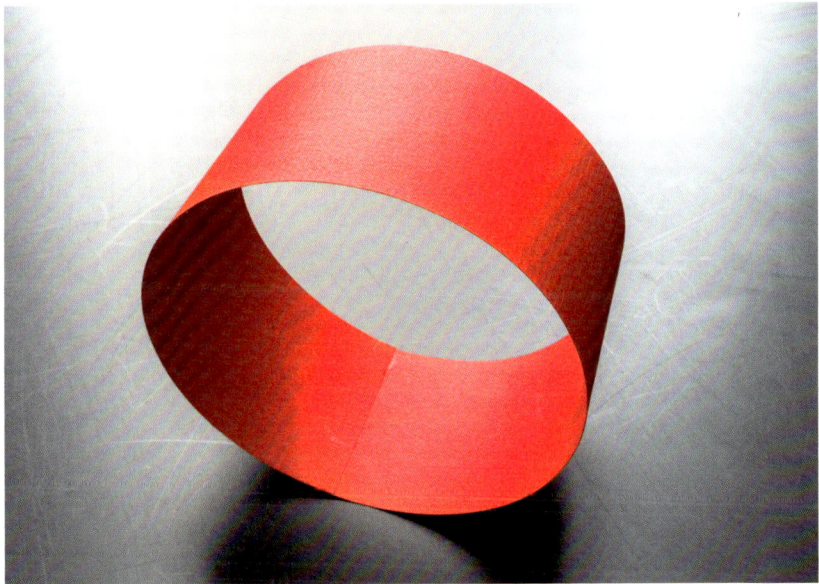

Ein Papierring.

und möchte das Männchen zum Weibchen gelangen, muss es an irgendeiner Stelle entweder über die obere oder über die untere Kante krabbeln. Schneidet man mit einer Schere den Papierring entlang seiner Mittellinie durch, erhält man zwei gleiche Papierringe, die zwar schmaler sind als der ursprüngliche Ring, aber ansonsten die gleichen Eigenschaften haben wie dieser. Alles das ist nicht besonders überraschend.

Ein Möbiusband.

Möbiusband II. Holzstich von M. C. Escher (1963).

Ganz anders sieht es aus, wenn man den Papierstreifen, bevor man seine Enden aneinanderklebt, um 180 Grad verdreht. Der so entstandene Ring hat eine ganze Reihe kurioser Eigenschaften, die 1858 unabhängig voneinander von dem Göttinger Mathematiker und Physiker Johann Benedict Listing und dem Leipziger Mathematiker und Astronomen August Ferdinand Möbius untersucht wurden.[1, 2] Möbius wurde durch seine Untersuchungen unsterblich, denn das Band trägt seither seinen Namen.

Das Möbiusband hat im Gegensatz zum gewöhnlichen Papierring nur eine Fläche und auch nur einen Rand. Das erkennt man nicht auf einen Blick. Folgt man aber im Bild mit dem Zeigefinger oder Auge dem Verlauf der Fläche oder Kante, sieht man es bestätigt. Auch das Käfermännchen hat es auf einem Möbiusband einfacher. Steht das Weibchen ihm gegenüber, würde es also mit seinen Füßen, läge nicht das Band dazwischen, die Füße des Männchens berühren, so kann es zum Weibchen gelangen, ohne über die Kante krabbeln zu müssen. Männchen und Weibchen hocken also auf derselben einen Seite des Möbiusbandes.

Dass ein Möbiusband nur eine Seite hat, sieht man wunderbar an dem Holzstich *Möbiusband II* (1963) des niederländischen Grafikers M. C. Escher. Neun große rote Ameisen sitzen scheinbar auf verschiedenen Seiten eines gitterartigen Möbiusbandes. Wenn man aber dem Weg der Ameisen folgt, zeigt sich, dass sie alle direkt hintereinander her krabbeln und auf derselben einen Seite des Bandes sitzen.

Rückt man dem Möbiusband mit einer Schere zu Leibe, zeigt es seinen wahren paradoxen Charakter. Wenn man es entlang seiner Mittellinie aufschneidet, entsteht nicht wie beim unverdrehten Papierring ein Paar gleicher Bänder, sondern nur ein einzelnes halb so breites, aber doppelt so langes Band. Das neue Band ist kein Möbiusband, denn es ist zweifach, also um 360° verdreht und hat zwei Flächen und zwei Kanten. Auch dieses aufgeschnittene Möbiusband hat M. C. Escher zu einem Kunstwerk verarbeitet. Sein Holzstich *Möbiusband I* (1961) zeigt drei Schlangen, die sich hintereinander her schlängeln und gegenseitig in den Schwanz beißen. Zieht man es in Gedanken auseinander, hat man das doppelt verdrehte Band, das durch das Aufschneiden eines Möbiusbandes entsteht. Dass es tatsächlich zweiseitig ist, erkennt man schon an den Farben: Die eine Seite ist rot, die andere blau.

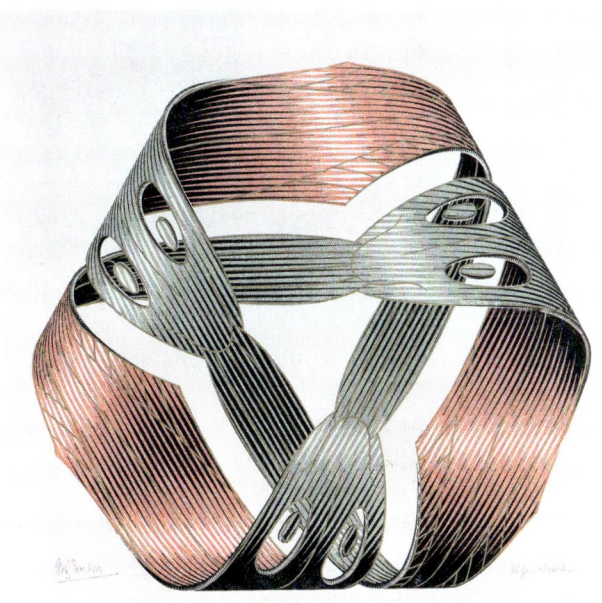

Möbiusband I. Holzstich von M. C. Escher (1961).

Ein unbekannter Dichter hat diese kuriose Eigenschaft des Möbiusbandes in einem Limerick beschrieben:[3]

> A mathematician confided
> That a Möbius strip is one-sided
> You'll get quite a laugh
> If you cut it in half,
> For it stays in one piece when divided.

Brigitte Michel und Gerd Bartmann haben ihn 1981 frei übersetzt.[4]

> Ein Mathematiker vertraute auf den Fakt
> Dass ein Möbius-Band nur eine Seite hat.
> Doch man wird lachen, bitte,
> Da auch die Teilung in der Mitte
> Aus einem Band nicht zwei macht.

Schneidet man ein Möbiusband nicht genau entlang seiner Mittellinie auf, sondern parallel dazu, verhält es sich noch viel seltsamer. Liegt die Schnittlinie auf einem Drittel der Bandbreite, bekommt man zwei Bänder: ein Möbiusband und einen zweifach verdrillten Ring, die ineinander hängen. Dieses Spiel kann man mit beliebiger Einteilung fortsetzen: Viertelt man das Band, liegt der Schnitt also ein Viertel der Bandbreite vom Rand entfernt, entstehen zwei doppelt verdrillte Bänder, die nicht nur ineinander hängen, sondern auch noch einmal mehr umeinander geschlungen sind. Fünftelt man das Band, entsteht dieselbe Figur mit einem zusätzlichen Möbiusband, das in den beiden Ringen hängt; sechstelt man das Band, erhält man zwei Ringe, die sich doppelt umschlingen und von einem weiteren Ring doppelt umschlungen werden, wobei der äußere und die beiden inneren Ringe beliebig untereinander austauschbar sind; siebtelt man es wiederum, kommt wieder ein Möbiusband hinzu, das in den drei Ringen hängt. Liegt der Schnitt allgemein $1/n$ der Bandbreite vom Rand entfernt und ist n eine gerade Zahl, erhält man $n/2$ Ringe. Ist n aber eine ungerade Zahl, erhält man $(n-1)/2$ Ringe und noch zusätzlich ein Möbiusband, das durch die Ringe geschlungen ist.

Man kann mehrere Bänder kombinieren. Klebt man einen gewöhnlichen unverdrehten Papierring und ein Möbiusband, beide aus gleich langen Papierstreifen, an einer Stelle so zusammen, dass sich die Streifen rechtwinklig kreuzen, entsteht ein Pseudomöbiusband.[5] Nun werden beide Bänder entlang ihrer Mittellinien zerschnitten. Man könnte als Ergebnis ein kompliziertes System verdrehter und verschlungener Bänder erwarten. Überraschenderweise entsteht aber ein ganz einfacher ebener quadratischer Rahmen, der etwa aussieht wie ein Bilderrahmen.

Das Pseudomöbiusband besteht aus einem Papierring und einem Möbiusband, die miteinander verbunden sind.

Dass sich Verliebte zum Valentinstag Blumen schenken, ist ein schöner Brauch. Aber Möbiusbänder wären auch ein sehr originelles Geschenk. Dazu braucht man zwei gleichlange und gleichbreite bunte Papierstreifen. Vor dem Zusammenkleben zum Möbiusband wird ein Streifen um 180 Grad im Uhrzeigersinn und der andere um 180 Grad gegen den Uhrzeigersinn verdreht. Dadurch erhält man zwei spiegelbildliche Möbiusbänder. Sie werden nun wie beim Pseudomöbiusband aufeinandergeklebt, sodass sich die Streifen rechtwinklig kreuzen.

Dieses bunte Papiergebilde schenkt man seiner Geliebten mit der Aufforderung, es entlang der beiden Mittellinien aufzuschneiden. Tut sie dies,

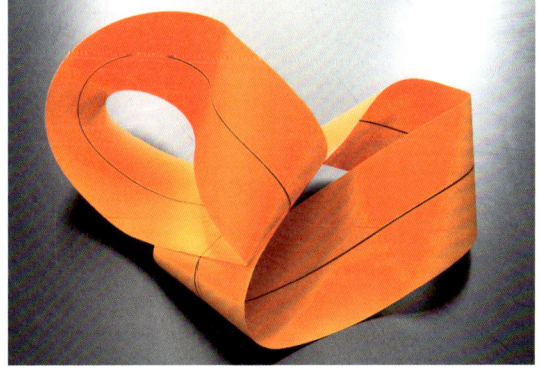

Ein links- und ein rechtsgedrehtes Möbiusband bilden ein Valentinsmöbiusband.

Aufgeschnitten bildet das Valentinsmöbiusband zwei ineinander verschlungene Herzen.

erhält sie zwei ineinander verschlungene Herzen.[6] Mathematik kann so romantisch sein!

Das Möbiusband mit seinen seltsamen Eigenschaften fasziniert so sehr, dass allerhand Verbände und Unternehmen es als Logo benutzen. Bei der Deutschen Mathematiker-Vereinigung mag das nicht überraschen, bei der Commerzbank oder dem Dienstleister Grant Thornton würde man dies jedoch nicht unbedingt erwarten. Auch die drei Pfeile des Recycling-Symbols bilden ein Möbiusband. Selbst auf Briefmarken findet man es.

Das Logo der Deutschen Mathematiker-Vereinigung ist ein Möbiusband.

Die Commerzbank hat als Logo ein Möbiusband.

Das Recycling-Symbol ist ein Möbiusband aus drei Pfeilen.

Brasilianische Briefmarke von 1967 mit einem Möbiusband.

Luxemburgische Briefmarke von 1969 mit einem Möbiusband.

Zum Schluss dieses Kapitels möchte ich Ihnen noch vier kleine Aufgaben stellen.

1. Sie benötigen zwei gleichbreite und gleichlange Papierstreifen. Den einen Streifen kleben Sie zu einem gewöhnlichen unverdrehten Ring zusammen. Den zweiten Streifen verbinden Sie so mit dem Ring, wie es die Abbildung zeigt.[7] Dabei entsteht eine Art papierner String-Tanga. Nun werden beide Streifen entlang ihrer Mittellinien zerschnitten. Wie sieht das Gebilde aus, das dabei entsteht? Versuchen Sie die Frage zu beantworten, bevor Sie die Streifen zerschneiden.

Was entsteht, wenn man den Papierring und den angeklebten Papierstreifen entlang der Mittellinien zerschneidet?

2. Ist der in der Zeichnung dargestellte Ring ein Möbiusband?[8]

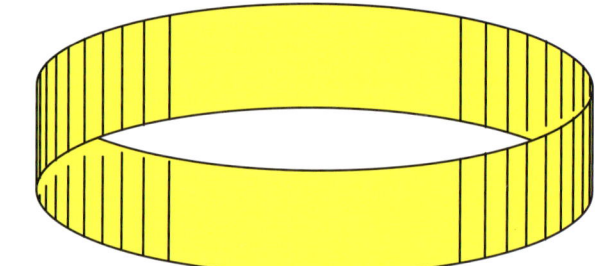

Ein seltsamer Ring.

3. Im Jahr 1996 entwarf der amerikanische Physiker Donald E. Simanek einen hübschen, aber seltsam anmutenden Ring. Ist er ein Möbiusband?

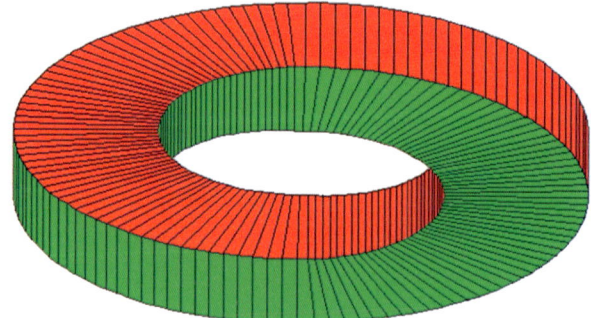

Der Simanek-Ring.

4. Im Jahr 1865 wies August Ferdinand Möbius darauf hin, dass man ein Möbiusband auch aus einigen Dreiecken herstellen kann.[1] Wie viele Dreiecke braucht man dazu mindestens, wenn alle Dreiecke eben sein sollen und die Kanten von zwei Dreiecken, die man aneinanderklebt, mit ihren Eckpunkten aufeinanderfallen müssen? Die Dreiecke dürfen dabei auch nicht flach aufeinanderliegen, das heißt, es muss ein dreidimensionales Gebilde entstehen.

Lösungen

1. Es entsteht, wie beim Zerschneiden des Pseudomöbiusbandes, ein einfacher ebener quadratischer Rahmen.

2. Der Ring ist kein Möbiusband, sondern ein unmögliches Objekt, das dem Penrose-Dreieck ähnelt.

3. Simaneks Ring ist kein Möbiusband, sondern ein unmögliches Objekt, ähnlich dem Ring aus der Aufgabe zuvor.

4. Mit fünf Dreiecken kann man ein Möbiusband basteln, mit weniger jedoch geht es nicht. Das Schnittmuster des Bandes könnte etwa aus vier gleichseitigen Dreiecken der Kantenlänge a bestehen und aus einem gleichschenkligen Dreieck, dessen Kanten die Längen a, a und

$$b = \sqrt{\frac{8}{3}}a \approx 1{,}633a$$

haben und dessen spitze Winkel

$$\alpha = \arcsin\left(\frac{1}{3}\sqrt{3}\right) \approx 35{,}264°$$

groß sind. Die Dreiecke werden nach dem Falten an den mit A markierten Kanten zusammengeklebt.

Ein Streifen aus vier Dreiecken, der sich zu einem Möbiusband falten lässt.

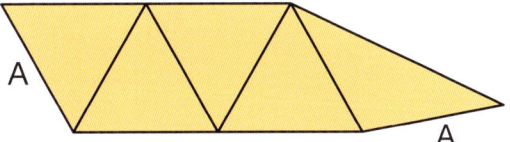

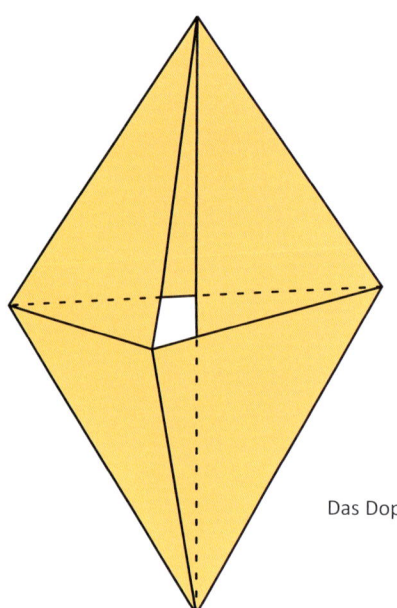

Das dadurch entstehende Möbiusband hat die Form einer Doppelpyramide aus zwei aufeinandergesetzten regelmäßigen Tetraedern, der allerdings die obere vordere rechte Seite und die untere hintere Seite fehlen. Dafür ist im Inneren eine Fläche eingezogen, die die obere, die rechte und die untere Ecke miteinander verbindet.

Das Doppelpyramiden-Möbiusband.

Quellen

1. August Ferdinand Möbius, Berichte über die Verhandlungen der Königlich Sächsischen Gesellschaft der Wissenschaften zu Leipzig, Mathematisch-Physikalische Klasse 17, 1865, S. 39.
2. August Ferdinand Möbius, Gesammelte Werke, Band II, Leipzig 1886, S. 521.
3. Martin Gardner, Scientific American, Dezember 1968, S. 113.
4. Martin Gardner, Mathematische Hexereien, Berlin 1981, S. 126.
5. Stephen Barr, 2nd Miscellany of Puzzles, New York 1969, S. 23, 112.
6. Albrecht Beutelspacher und Marcus Wagner, Wie man durch eine Postkarte steigt, Freiburg 2008, S. 83–84.
7. Alain Bouvier und Michel George, Dictionnaire des mathématiques, Paris 1979, S. 477.
8. Clifford A. Pickover, The Möbius Strip, New York 2006, S. 198, 208.

20 Das Phänomen der kleinen Welt

Der ungarische Schriftsteller Frigyes Karinthy glaubte, durch die immer größere Vernetzung der Menschen untereinander würde die Welt zum globalen Dorf. 1929 veröffentlichte er eine Kurzgeschichte mit dem Titel *Láncszemek* (ungar. Kettenglieder), in der er einen Protagonisten glauben lässt, dass jeder Mensch von jedem anderen Menschen nur fünf Kontakte entfernt sei.

1967 überprüfte der amerikanische Psychologe Stanley Milgram Karinthys Kleine-Welt-Phänomen.[1] Sechzig zufällig aus Omaha und Wichita ausgewählte Menschen sollten je ein Paket an jeweils eine vorher festgelegte Person in Boston schicken, das sozial und geografisch weit entfernt lag. Die Teilnehmer sollten das Paket nur dann direkt an den Adressaten schicken, wenn sie ihn persönlich kannten. Andernfalls sollten sie es jemandem schicken, den sie persönlich kannten und von dem sie vermuteten, dass er den Adressaten persönlich kannte. Diese „Zwischenhändler" sollten mit den Paketen genauso verfahren wie die ursprünglichen Absender.

Längst nicht alle Pakete erreichten ihr Ziel, aber die, die ankamen, hatten bis dahin im Mittel knapp sechs Zwischenhändler gebraucht. Milgram schloss daraus, dass jeder Amerikaner mit jedem anderen Amerikaner über im Mittel sechs andere Personen persönlich bekannt ist. Karinthy lag in seiner Kurzgeschichte mit fünf Zwischenstationen also gar nicht so falsch. Milgrams Experiment und seine Folgerungen daraus wurden vielfach kritisiert, doch auch verfeinerte und zuverlässigere Experimente kamen zum gleichen Ergebnis.

Gegenwärtig sind die Menschen noch viel stärker miteinander vernetzt als in den 1960er-Jahren. Eine Untersuchung an der Universität Mailand zeigte 2011, dass die Menschen inzwischen im Mittel über nur vier Zwischenstationen miteinander bekannt sind.[2] Die Welt ist also tatsächlich nur ein Dorf.

Das Kleine-Welt-Phänomen kennt man auch unter Mathematikern. Einer ihrer bedeutendsten Vertreter im 20. Jahrhundert war der Ungar Paul Erdős. Er veröffentlichte gemeinsam mit über fünfhundert Kollegen als Koautoren eine riesige Zahl von Arbeiten zur Kombinatorik, Zahlentheorie und Graphentheorie. 1969 schrieb der amerikanische Mathematiker Caspar Goffman einen vielbeachteten Artikel mit dem Titel *And what is your Erdős number?* (Und wie hoch ist Ihre Erdős-Zahl?), in dem er die Erdős-Zahl definierte.[3]

Nach dieser Definition hat Paul Erdős selbst die Erdős-Zahl 0, und alle Koautoren, die mit ihm Artikel publiziert haben, bekommen die Erdős-Zahl 1. Autoren, die mit Koautoren von Paul Erdős, aber nicht mit Erdős selbst Artikel geschrieben haben, bekommen die Erdős-Zahl 2, die Koautoren der Koautoren der Koautoren von Paul Erdős die Erdős-Zahl 3 usw. Jemand, für den sich keine solche Autorenkette zu Paul Erdős herstellen lässt, hat die Erdős-Zahl unendlich. Es zeigt sich, dass die Erdős-Zahl der meisten Menschen entweder unendlich groß oder sehr klein ist.

2004 startete an der Oakland University das Erdős-Zahl-Projekt, in dem untersucht wurde, wie groß die Erdős-Zahlen aller Menschen ist, die jemals einen mathematischen Aufsatz publiziert haben. Von den 268 000 untersuchten Menschen haben nur etwa 84 000 die Erdős-Zahl unendlich. Die anderen haben im Mittel eine Erdős-Zahl von 4,65. Die größte endliche Erdős-Zahl, die hierbei ermittelt wurde, ist 13.

William Tozier, Mathematiker mit der Erdős-Zahl 4, bot 2004 eine Mitautorschaft in einer eBay-Auktion an und ermöglichte so dem Gewinner, die Erdős-Zahl 5 zu erwerben. Die Versteigerung gewann ein spanischer Mathematiker mit einem Gebot von 1031 Dollar. Allerdings weigerte er sich anschließend zu bezahlen und erklärte, er habe sein Gebot nur abgegeben, um die Versteigerung zu torpedieren, die er als Farce empfand.[4]

Was für Mathematiker die Erdős-Zahl ist, ist für Schauspieler die Bacon-Zahl. Die Idee dazu hatten 1994 vermutlich Craig Fass, Brian Turtle und Mike Ginelli.[5] Der amerikanische Schauspieler Kevin Bacon, nach dem sie benannt ist, hat die Bacon-Zahl 0. Schauspieler, die mit ihm gemeinsam in einem Film gespielt haben, bekommen die Bacon-Zahl 1. Schauspieler, die gemeinsam mit einem Schauspieler in einem Film gespielt haben, der mit Bacon in einem Film gespielt hat, bekommen die Bacon-Zahl 2. Und so geht dies entsprechend den Erdős-Zahlen weiter.

Elvis Presley etwa war zusammen mit Edward Asner 1969 in dem Film *Change of Habit* zu sehen. Edward Asner spielte 1991 zusammen mit Kevin Bacon in dem Film *JFK*. Elvis Presley spielte in keinem Film mit Kevin Bacon, folglich hat er die Bacon-Zahl 2.

Quellen

1. Jeffrey Travers und Stanley Milgram, Sociometry 32, 1969, S. 425–443.
2. Lars Backstrom, Paolo Boldi, Marco Rosa, Johan Ugander und Sebastiano Vigna, Internet, http://arxiv.org/abs/1111.4570, 5. Januar 2012.
3. Casper Goffman, American Mathematical Monthly 76, 1969, S. 791.
4. Erica Klarreich, Science News 165, Nr. 24, 12. Juni 2004, S. 376–377.
5. Craig Fass, Brian Turtle und Mike Ginelli, Six Degrees of Kevin Bacon, New York 1996.

Ende

Den Schluss dieses Buches hat Wilhelm Busch 1872 in seinen *Bildern zur Jobsiade* vorweggenommen:

> Also geht alles zu Ende allhier:
> Feder, Tinte, Tobak und auch wir.
> Zum letztenmal wird eingetunkt,
> dann kommt der große schwarze

Personenverzeichnis

Die Staaten, die in diesem Personenverzeichnis hinter den Geburts- und sterbeorten genannt werden, sind die Staaten, zu denen die Orte gegenwärtig gehören. Sie können zu Lebzeiten der dazugehörigen Personen Teile anderer Staaten gewesen sein.

al-Ghazali, Abu Hamid Muhammad Ibn Muhammad, persischer Theologe, Philosoph und Mystiker, * 1058 in Tus bei Maschhad, Iran, † 19. Dezember 1111

al-Haitam, Abu Ali al-Hasan ben al-Hasan Ibn, persischer oder arabischer Mathematiker, Optiker und Astronom, * um 965 in Basra, Irak † 1039 oder 1040 in Kairo, Ägypten

Archimedes von Syrakus, griechischer Mathematiker, Physiker und Ingenieur, * um 287 v. Chr. vermutlich in Syrakus, Italien, † 212 v. Chr. ebd.

Arcimboldo, Giuseppe, italienischer Maler, * um 1526 in Mailand, Italien, † 11. Juli 1593 ebd.

Aristoteles, griechischer Philosoph,* 384 v. Chr. in Stageira, Griechenland, † 322 v. Chr. in Chalkis, Griechenland

Asner, Edward, amerikanischer Schauspieler und Filmproduzent, * 15. November 1929 in Kansas City, USA

Aulus Gellius, römischer Schriftsteller, * wahrscheinlich 130, † um 180 vermutlich in Rom, Italien

Bach, Johann Sebastian, deutscher Komponist, * 21. März[jul.] in Eisenach, † 28. Juli 1750 in Leipzig

Bacon, Kevin Norwood, amerikanischer Schauspieler, Regisseur und Produzent, * 8. Juli 1958 in Philadelphia, USA

Beckett, Samuel, irischer Schriftsteller, * 13. April 1906 in Dublin, † 22. Dezember 1989 in Paris

Benford, Frank Albert, amerikanischer Physiker und Elektroingenieur, * 29. Mai 1883 in Johnstown, Pennsylvania, USA, † 4. Dezember 1948 in Schenectady, New York, USA

Bernoulli, Daniel, Schweizer Mathematiker und Physiker, * 29. Januar[jul.] 1700 in Groningen, Niederlande, † 17. März 1782 in Basel, Schweiz

Bernoulli, Jacob, Gewürzhändler, ließ sich um 1620 in Basel, Schweiz nieder

Bernoulli, Nikolaus I., Schweizer Mathematiker, * 10. Oktober$^{jul.}$ 1687 in Basel, Schweiz, † 29. November 1759 ebd.

Berry, George Godfrey, britischer Bibliothekar, * 1867, † 1928

Bertrand, Joseph Louis François, französischer Mathematiker und Pädagoge, * 11. März 1822 in Paris, Frankreich, † 5. April 1900 ebd.

Black, Max, amerikanischer Philosoph, * 24. Februar 1909 in Baku, Aserbaidschan, † 27. August 1988 in Ithaca, New York, USA

Borg, Andy, eigentlich Adolf Andreas Meyer, österreichischer Schlagersänger und Moderator, * 2. November 1960 in Wien, Österreich

Borromeo, Carlo, Kardinal und Erzbischof von Mailand, * 2. Oktober 1538 bei Arona, Italien, † 3. November 1584 in Mailand, Italien

Braille, Louis, Erfinder der Blindenschrift, * 4. Januar 1809 in Coupvray, Frankreich, † 6. Januar 1852 in Paris, Frankreich

Braess, Dietrich, deutscher Mathematiker, * 16. Juni 1938 in Hamburg

Bromberger, Otto, deutscher Zeichner und Maler, * 20. Juni 1862 in Leipzig, † 1943 in München

Buridan, Johannes, französischer Philosoph, Physiker und Logiker, * um 1300 in Béthune, Grafschaft Artois, † kurz nach 1358

Busch, Wilhelm, deutscher Dichter und Zeichner, * 15. April 1832 in Wiedensahl, † 9. Januar 1908 in Mechtshausen

Bush, George Walker, 43. Präsident der USA, * 6. Juli 1946 in New Haven, Connecticut, USA

Casanova, Giacomo Girolamo, venezianischer Schriftsteller und Abenteurer, * 2. April 1725 in Venedig, † 4. Juni 1798 auf Schloss Duchcov in Böhmen

Clemens von Alexandria, griechischer Theologe und Kirchenschriftsteller, * um 150 in Athen, Griechenland, † um 215 in Kappadokien, Türkei

Collodi, Carlo, eigentlich Carlo Lorenzini, italienischer Schriftsteller und Journalist, * 24. November 1826 in Florenz, Italien, † 26. Oktober 1890 in Florenz, Italien

Copeland, Edmund, britischer Physiker

Cramer, Gabriel, Genfer Mathematiker, * 31. Juli 1704 in Genf, † 4. Januar 1752 in Bagnols-sur-Cèze, Frankreich

Cunningham, Corbin A., amerikanischer Psychologe

Curry, Haskell Brooks, amerikanischer Logiker und Mathematiker, * 12. September 1900 in Millis, Massachusetts, USA, † 1. September 1982 in State College, Pennsylvania, USA

Curry, Paul J., amerikanische Amateurmagier und Autor, * 19. August 1917, † 19. Februar 1986

Daumier, Honoré, französischer Maler, Bildhauer, Grafiker und Karikaturist, * 26. Februar 1808 in Marseille, Frankreich, † 10. Februar 1879 in Valmondois, Val-d'Oise, Frankreich

d'Alembert, Jean-Baptiste le Rond, französischer Mathematiker, Physiker und Philosoph, * 16. November 1717 in Paris, Frankreich, † 29. Oktober 1783 in Paris, Frankreich

de Bruyn, Günter, deutscher Schriftsteller, * 1. November 1926 in Berlin

de Dinteville, Jean, französischer Diplomat, * 1504, † 1555

DeLand, Theodore L., amerikanischer Zauberkünstler, Autor und Erfinder, * 25. September 1873 in den USA, † 25. Januar 1931

de Montmort, Pierre Rémond, französischer Mathematiker, * 27. Oktober 1678 in Paris, † 7. Oktober 1719 ebd.

de Selve, Georges, französischer Bischof und Diplomat, * 1508, † 12. April 1541

Dodgson, Charles Lutwidge, alias Lewis Carroll, englischer Schriftsteller, * 27. Januar 1832 in Daresbury, England, † 14. Januar 1898 in Guildford, England

Doucette, Jason, kanadischer Mathematiker

Dudeney, Henry Ernest, englischer Rätselerfinder, * 10. April 1857 in Mayfield, Großbritannien, † 24. April 1930 in Lewes, Großbritannien

Dürer, Albrecht, deutscher Maler, Grafiker und Mathematiker, * 21. Mai 1471 in Nürnberg, † 6. April 1528 ebd.

Efron, Bradley, amerikanischer Statistiker, * 24. Mai 1938 in St. Paul, Minnesota, USA

Ehrenstein, Walter Ludwig, deutscher Psychologe, * 10. Oktober 1899 in Altenkirchen, † 16. Oktober 1961 in Bonn

Einstein, Albert, amerikanisch-schweizerischer Physiker, * 14. März 1879 in Ulm, † 18. April 1955 in Princeton, New Jersey, USA

Ende, Michael, deutscher Schriftsteller, * 12. November 1929 in Garmisch-Partenkirchen, † 28. August 1995 in Filderstadt

Epimenides, griechischer Philosoph, lebte in Knossos auf Kreta und in Athen im 5., 6. oder 7. vorchristlichen Jahrhundert

Erdős, Paul, ungarischer Mathematiker, * 26. März 1913 in Budapest, Ungarn, † 20. September 1996 in Warschau, Polen

Escher, Maurits Cornelis, niederländischer Grafiker, * 17. Juni 1898 in Leeuwarden, Niederlande, † 27. März 1972 in Hilversum, Niederlande

Euathlos, Schüler des antiken griechischen Philosophen Protagoras, lebte im 5. Jahrhundert v. Chr.

Eubulides von Milet, griechischer Philosoph, lebte im 4. Jahrhundert v. Chr.

Exekias, griechischer Töpfer und Vasenmaler, arbeitete um 550 bis 530 v. Chr. in Athen, Griechenland

Fechner, Gustav Theodor, deutscher Psychologe, Physiker und Natur-Philosoph, * 19. April 1801 in Groß Särchen bei Muskau, † 18. November 1887 in Leipzig

Ferdinand I., deutscher Kaiser, * 10. März 1503 in Alcalá de Henares bei Madrid, Spanien, † 25. Juli 1564 in Wien, Österreich

Frikell, Wiljalba, eigentlich Frickel, Friedrich Wilhelm, deutscher Zauberkünstler, * 27. Juni 1817, 27. Oktober 1817 oder 27. Juni 1818 in Sagan, Polen, † 10. Oktober 1903 in Kötzschenbroda

Franz I., französischer König, * 12. September 1494 auf der Burg Cognac, Frankreich, † 31. März 1547 in Rambouillet, Frankreich

Frege, Friedrich Ludwig Gottlob, deutscher Logiker, Mathematiker und Philosoph, * 8. November 1848 in Wismar, † 26. Juli 1925 in Bad Kleinen

Gamow, George Anthony, russischer Physiker, * 20. Februar 1904$^{jul.}$ in Odessa, Ukraine, † 19. August 1968 in Boulder, Colorado, USA

Gardner, Martin, amerikanischer Wissenschaftsjournalist, * 21. Oktober 1914 in Tulsa, Oklahoma, USA, † 22. Mai 2010 in Norman, Oklahoma, USA

Giacomo Gaetani Stefaneschi, italienischer Kardinal, * um 1270 in Rom, † 23. Juni 1343 in Avignon, Frankreich

Gilbreath, Norman Laurence, amerikanischer Amateurmathematiker, Informatiker und Amateurzauberer, * 1936

Giotto di Bondone, italienischer Maler, * 1267 oder 1276 in Vespignano bei Florenz, Italien, † 8. Januar 1337 in Florenz, Italien

Gödel, Kurt Friedrich, österreichisch-amerikanischer Mathematiker und Logiker, * 28. April 1906 in Brünn, Österreich-Ungarn, heute Tschechien, † 14. Januar 1978 in Princeton, New Jersey, USA

Goffman, Caspar, amerikanischer Mathematiker, * 1. Juni 1913, † 25. September 2006

Goodman, Theodore R., amerikanischer Physiker

Gore, Albert Arnold, 45. Vizepräsident der USA, * 31. März 1948 in Washington, D.C., USA

Grabarchuk, Peter, ukrainischer Spiele- und Rätselerfinder

Grabarchuk, Serhiy Junior, ukrainischer Spiele- und Rätselerfinder

Grabarchuk, Serhiy Senior, ukrainischer Spiele- und Rätselerfinder

Grandi, Luigi Guido, italienischer Mathematiker und Kamaldulenser, * 1. Oktober 1671 in Cremona, Italien, † 4. Juli 1742 in Pisa, Italien

Gregor von Nazianz, Bischof von Sasima, * um 329 in Arianzos bei Nazianz in Kappadokien (Türkei), † 25. Januar 390 in Arianzos in Kappadokien

Grelling, Kurt, deutscher Mathematiker, Logiker und Philosoph, * 2. März 1886 in Berlin, † vermutlich September 1942 im KZ Auschwitz

Guggenmos, Josef, deutscher Kinderbuchautor, * 2. Juli 1922 in Irsee, † 25. September 2003 ebd.

Hall, Monty, kanadischer Showmaster und Fernsehproduzent, * 25. August 1921 in Winnipeg, Manitoba, Kanada

Hauff, Wilhelm, deutscher Dichter, * 29. November 1802 in Stuttgart,
† 18. November 1827 ebd.
Haydn, Franz Joseph, österreichischer Komponist, * 31. März oder
1. April 1732 in Rohrau, Österreich, † 31. Mai 1809 in Wien, Österreich
Hempel, Carl Gustav, deutscher Philosoph, * 8. Januar 1905 in Oranienburg, † 9. November 1997 in Princeton, New Jersey, USA
Hermann, Ludimar, deutscher Physiologe, * 21. Oktober 1838 in Berlin,
† 5. Juni 1914 in Königsberg
Hilbert, David, deutscher Mathematiker, * 23. Januar 1862 in Königsberg,
† 14. Februar 1943 in Göttingen
Hill, Theodore P., amerikanischer Mathematiker, * 28. Dezember 1943
Hindemith, Paul, deutscher Komponist, * 16. November 1895 in Hanau,
† 28. Dezember 1963 in Frankfurt/M.
Hogan, Joseph T., amerikanischer Chemieingenieur
Holbein, Hans, der Jüngere, deutscher Maler, * 1497 oder 1498 in
Augsburg, † 29. November 1543 in London
Hooper, William, englischer Arzt und Autor, 18. Jahrhundert
Hosiasson-Lindenbaum, Janina, polnische Logikerin und Philosophin,
* 1899, † 1942
Hume, David, schottischer Philosoph, Ökonom und Historiker,
* 26. April$^{jul.}$ 1711 in Edinburgh, † 25. August 1776 ebd.
Jandl, Ernst, österreichischer Dichter, * 1. August 1925 in Wien, † 9. Juni 2000 ebd.
Jourdain, Philip Edward Bertrand, englischer Mathematiker, * 16. Oktober 1879 in Ashbourne, England, † 1. Oktober 1919 in Crookham, England
Kallimachos von Kyrene, griechischer Dichter, Gelehrter und Bibliothekar, * zwischen 320 und 303 v. Chr. in Kyrene, † nach 245 v. Chr. in Alexandria
Kanizsa, Gaetano, italienischer Psychologe, * 18. August 1913 in Triest,
† 14. März 1993 ebd.
Karinthy, Frigyes, ungarischer Schriftsteller, * 25. Juni 1887 in Budapest, Ungarn, † 29. August 1938 in Siófok, Ungarn
Karl I., englischer König, * 19. November 1600 in Dunfermline, Schottland, † 30. Januar 1649 in London, England
Karl V., deutscher Kaiser, * 24. Februar 1500 in Gent, Belgien,
† 21. September 1558 im Kloster San Jerónimo, Spanien
Kasner, Edward, amerikanischer Mathematiker, * 2. April 1878 in New York, USA, † 7. Januar 1955 in New York, USA
Keller, Wilfrid, deutscher Mathematiker, * 1936 in Wetzlar
Keynes, John Maynard, britischer Ökonom, Politiker und Mathematiker,
* 5. Juni 1883 in Cambridge, England, † 21. April 1946 in Tilton, Firle, East Sussex, England

Kim, Scott, Rätsel- und Spieleerfinder und Autor, * 1955 in Washington, D.C., USA

King, Lloyd, Rätselerfinder

Knuth, Donald Ervin, amerikanischer Informatiker, * 10. Januar 1938 in Milwaukee, Wisconsin, USA

Körner, Carl Theodor, deutscher Dichter, * 23. September 1791 in Dresden, † 26. August 1813 im Forst Rosenow bei Lützow

Kraitchik, Maurice Borissowitsch, belgischer Mathematiker, * 21. April 1882 in Minsk, † 19. August 1957 in Brüssel

Kröber, Karl Günter, deutscher Mathematiker, * 12. Februar 1933, † 16. November 2012 in Berlin

Laisant, Charles-Ange, französischer Politiker und Mathematiker, * 1. November 1841 in Indre bei Nantes, † 5. Mai 1920 in Asnières-sur-Seine

Langdon, John, amerikanischer Typograf, * 19. April 1946

Lanners, Edi, Schweizer Architekt, * 1929, † 1996

Laplace, Pierre-Simon, französischer Mathematiker, Physiker und Astronom, * 28. März 1749 in Beaumont-en-Auge in der Normandie, † 5. März 1827 in Paris

Lehmer, Derrick Henry, amerikanischer Mathematiker, * 23. Februar 1905 in Berkeley, Kalifornien, USA, † 22. Mai 1991 ebd.

Leibniz, Gottfried Wilhelm, deutscher Philosoph, Mathematiker und Diplomat, * 21. Juni 1646[jul.] in Leipzig, † 14. November 1716 in Hannover

Leonardo da Pisa, auch Fibonacci genannt, italienischer Mathematiker, * um 1170 in Pisa, Italien, † nach 1240 ebd.

Leonardo da Vinci, italienischer Maler, Bildhauer, Architekt, Anatom und Ingenieur, * 15. April 1452 in Anchiano bei Vinci, Italien, † 2. Mai 1519 auf Schloss Clos Lucé, Amboise, Frankreich

Lindgren, Astrid, schwedische Kinderbuchautorin, * 14. November 1907 in Södra Vi, Schweden, † 28. Januar 2002 in Stockholm, Schweden

Listing, Johann Benedict, deutscher Mathematiker und Physiker, * 25. Juli 1808 in Frankfurt/M., † 24. Dezember 1882 in Göttingen

Loewy, Raymond Fernand, französisch-amerikanischer Industriedesigner, * 5. November 1893 in Paris, † 14. Juli 1986 in Monaco

Loyd, Samuel, amerikanischer Spiele- und Rätselerfinder, * 30. Januar 1841 in Philadelphia, Pennsylvania, USA, †10. April 1911 in New York

Loyd, Samuel, Junior, eigentlich Walter Loyd, amerikanischer Spiele- und Rätselerfinder, * 15. Juni 1873 in Elizabeth, New Jersey, USA, † 24. Februar 1934

Luther, Martin, deutscher Theologe, * 10. November 1483 in Eisleben, † 18. Februar 1546 ebd.

Magritte, René François Ghislain, belgischer Maler, * 21. November 1898 in Lessines, Belgien, † 15. August 1967 in Brüssel, Belgien

Mercator, Gerhard, eigentlich Gerard de Kremer, deutscher Geograf und Kartograf, * 5. März 1512 in Rupelmonde, Belgien, † 2. Dezember 1594 in Duisburg

McClellan, John, Grafiker

McKinley, William, Junior, 25. Präsident der USA, * 29. Januar 1843 in Niles, Ohio, USA, † 14. September 1901 in Buffalo, New York, USA

Meyer, Jerome Sidney, amerikanischer Sachbuchautor, * 1895, † 1975

Milgram, Stanley, amerikanischer Psychologe, * 15. August 1933 in New York, USA, † 20. Dezember 1984 in New York, USA

Misra, Baidyanath

Möbius, August Ferdinand, deutscher Mathematiker und Astronom, * 17. November 1790 in Schulpforte, † 26. September 1868 in Leipzig

Moore, George Edward, englischer Philosoph, * 4. November 1873 in London, † 24. Oktober 1958 in Cambridge

Morgenstern, Christian, deutscher Dichter, * 6. Mai 1871 in München, † 31. März 1914 in Untermais, Österreich

Morgenstern, Oskar, österreichisch-amerikanischer Wirtschaftswissenschaftler, * 24. Januar 1902 in Görlitz, † 26. Juli 1977 in Princeton, USA

Morris, Scot, amerikanischer Rätselerfinder

Mozart, Wolfgang Amadeus, österreichischer Komponist, * 27. Januar 1756 in Salzburg, † 5. Dezember 1791 in Wien

Nelson, Leonard, deutscher Philosoph, * 11. Juli 1882 in Berlin, † 29. Oktober 1927 in Göttingen

Neumann, John von, amerikanischer Mathematiker, * 28. Dezember 1903 in Budapest, Ungarn, † 8. Februar 1957 in Washington, D.C., USA

Newcomb, Simon, kanadischer Astronom und Mathematiker, * 12. März 1835 in Wallace, Kanada, † 11. Juli 1909 in Washington, D.C., USA

Newcomb, William A., amerikanischer Physiker, † 29. Mai 1999

Newell, Peter Sheaf Hersey, amerikanischer Zeichner und Schriftsteller, * 5. März 1862, † 15. Januar 1924 in Lettle Neck, New York, USA

Newton, Isaac, englischer Physiker und Mathematiker, * 25. Dezember 1642$^{jul.}$ in Woolsthorpe-by-Colsterworth in Lincolnshire, † 20. März 1726$^{jul.}$ in Kensington

Nigrini, Mark J., * in Kapstadt, Südafrika

Nozick, Robert, amerikanischer Philosoph, * 16. November 1938 in New York, USA, † 23. Januar 2002 in Cambridge, USA

Odlyzko, Andrew Michael, polnischer Mathematiker, * 23. Juli 1949 in Tarnów, Polen

Paraquin, Karl-Heinz, deutscher Buchautor, * 1911, † 1989

Parmenides von Elea, griechischer Philosoph, lebte in Elea in Süditalien, * um 520/515 v. Chr., † um 460/455 v. Chr.

Pascal, Blaise, französischer Mathematiker, Physiker und Philosoph, * 19. Juni 1623 in Clermont-Ferrand, Frankreich, † 19. August 1662 in Paris, Frankreich

Paul III., eigentlich Alessandro Farnese, Papst, * 29. Februar 1468 in Canino, Italien, † 10. November 1549 in Rom, Italien

Peirce, Charles Sanders, amerikanischer Mathematiker, Philosoph, Logiker und Semiotiker, * 10. September 1839 in Cambridge, Massachusetts, USA, † 19. April 1914 in Milford, Pennsylvania, USA

Penrose, Lionel Sharples, britischer Psychiater, Genetiker und Mathematiker, * 11. Juni 1898 in London, † 12. Mai 1972 in London

Penrose, Roger, britischer Mathematiker und Physiker, * 8. August 1931 in Colchester, England

Poincaré, Jules Henri, französischer Mathematiker, Physiker und Astronom, * 29. April 1854 in Nancy, Frankreich, † 17. Juli 1912 in Paris, Frankreich

Popper, Karl Raimund, österreichisch-britischer Philosoph, * 28. Juli 1902 in Wien, † 17. September 1994 in London

Presley, Elvis Aaron, amerikanischer Sänger, Musiker und Schauspieler, * 8. Januar 1935 in Tupelo, Mississippi, USA, † 16. August 1977 in Memphis, Tennessee, USA

Proklos der Lykier, griechischer Philosoph, * wahrscheinlich 7. oder 8. Februar 412 in Konstantinopel, † 17. April 485 in Athen

Protagoras von Abdera, griechischer Philosoph, * vermutlich um 490 v. Chr. in Abdera, † vermutlich um 411 v. Chr.

Proth, François, französischer Landwirt und Amateurmathematiker aus Vaux-devant-Damloup bei Verdun, * 1852, † 1879

Plunkett, Edward John Moreton Drax, 18. Baron of Dunsany, irischer Schriftsteller, * 24. Juli 1878 in London, † 25. Oktober 1957 in Dublin

Plutarch, griechischer Schriftsteller und Biograf, * um 45 in Chaironeia, † um 125

Pratt, Vaughan Ronald, australischer Informatiker, * 12. April 1944, Melbourne, Australien

Quine, Willard Van Orman, amerikanischer Philosoph und Logiker, * 25. Juni 1908 in Akron, Ohio, USA, † 25. Dezember 2000 in Boston, Massachusetts, USA

Randow, Gero von, deutscher Autor und Publizist, * 22. Januar 1953 in Hamburg

Reuleaux, Franz, deutscher Maschinenbauingenieur, * 30. September 1829 in Eschweiler, † 20. August 1905 in Berlin

Reutersvärd, Oscar, schwedischer Künstler, * 29. November 1915 in Stockholm, Schweden, † 2. Februar 2002 in Lund, Schweden

Ringelnatz, Joachim, eigentlich Hans Gustav Bötticher, deutscher Dichter, Kabarettist und Maler, * 7. August 1883 in Wurzen, † 17. November 1934 in Berlin

Ripley, Robert Leroy, amerikanischer Comiczeichner, Radioreporter und Gründer von Kuriositätenkabinetten, * 25. Dezember 1893 in Santa Rosa, Kalifornien, USA, † 27. Mai 1949

Risset, Jean-Claude, französischer Komponist, * 18. März 1938 in Le Puy-en-Velay, Frankreich

Rogers, William Penn Adair „Will", amerikanischer Komiker, Schauspieler und Autor, * 4. November 1879 in Oologah, Oklahoma, USA, † 15. August 1935 am Point Barrow, Alaska, USA

Roosevelt, Theodore, 26. Präsident der USA, * 27. Oktober 1858 in New York, USA, † 6. Januar 1919 in Oyster Bay, New York, USA

Russell, Bertrand Arthur William, britischer Philosoph, Mathematiker und Logiker,* 18. Mai 1872 bei Trellech, Monmouthshire, Wales, † 2. Februar 1970 in Penrhyndeudraeth, Gwynedd, Wales

Sallows, Lee Cecil Fletcher, britischer Elektroingenieur und Unterhaltungsmathematiker, * 30. April 1944 in Welwyn, Großbritannien

Savant, Marilyn vos, amerikanische Kolumnistin und Schriftstellerin, * 11. August 1946 in St. Louis, Missouri, USA

Schlömilch, Oskar Xavier, deutscher Mathematiker, * 13. April 1823 in Weimar, † 7. Februar 1901 in Dresden

Schmidt, Manfred, Comiczeichner und Reiseschriftsteller, * 15. April 1913 in Bad Harzburg, † 28. Juli 1999 in Ambach

Schnitzler, Arthur, österreichischer Schriftsteller, * 15. Mai 1862 in Wien, † 21. Oktober 1931 ebd.

Schön, Erhard, deutscher Grafiker und Maler, * um 1491 in Nürnberg, † 1542 ebd.

Schopenhauer, Arthur, deutscher Philosoph, * 22. Februar 1788 in Danzig, † 21. September 1860 in Frankfurt/M.

Schwoerer, Matthias, deutscher Illustrator

Scriven, Michael John, australischer Mathematiker und Philosoph, * 1928

Shepard, Roger Newland, amerikanischer Kognitionswissenschaftler, * 30. Januar 1929 in Palo Alto, Kalifornien, USA

Sillke, Torsten, deutscher Mathematiker, * 1961 in Berlin

Simanek, Donald E., amerikanischer Physiker, * 10. Dezember 1936

Simpson, Edward Hugh, britischer Statistiker, * 1922

Sirotta, Milton, * 1911, † 1981

Smullyan, Raymond Merrill, amerikanischer Mathematiker und Logiker, * 25. Mai 1919 in New York, USA, † 6. Februar 2017 ebd.

Stengel, Hansgeorg, deutscher Journalist, Dichter, Satiriker und Kabarettist, * 30. Juli 1922 in Greiz, † 30. Juli 2003 in Berlin

Stoppard, Tom, britischer Dramatiker, * 3. Juli 1937 in Zlín, Tschechien

Stover, Melville Edward, kanadischer Amateurmagier, * Mai 1912 in Winnipeg, Kanada, † 27. März 1999 in Los Angeles, USA

Sudarshan, E. C. George, * 1931

Thomson, James F., britischer Philosoph, * 1921 in London, † 1984

Tozier, William, Mathematiker

Tripp, Franz Josef, deutscher Maler und Zeichner, * 7. Dezember 1915 in Essen, † 18. Februar 1978

Ulrichs, Timm, deutscher Künstler, * 31. März 1940 in Berlin

Vaulezard, Jean-Louis, französischer Geometer, 17. Jahrhundert

Verbeek, Gustave, niederländisch-amerikanischer Illustrator und Comic-Zeichner, * 1867 in Nagasaki, Japan, † 5. Dezember 1937 in New York, USA

Wason, Peter Cathcard, englischer Psychologe, * 22. April 1924 in Bath, England, † 17. April 2003 in Wallingford, England

Watts, Harry James, englischer Ingenieur

Weber, Ernst Heinrich, deutscher Physiologe und Anatom, * 24. Juni 1795 in Wittenberg, † 26. Januar 1878 in Leipzig

Weißmüller, Johann Peter, genannt Johnny Weissmuller, getauft auf János Weißmüller, amerikanischer Sportler und Filmschauspieler, * 2. Juni 1904 in Szabadfalu, Rumänien, † 20. Januar 1984 in Acapulco, Mexiko

Whistler, Alan Charles Laurence, britischer Dichter, * 21. Januar 1912 in Eltham, England, † 19. Dezember 2000

Whistler, Reginald John „Rex", britischer Maler und Illustrator, * 24. Juni 1905 in Eltham, England, † 18. Juli 1944 in der Normandie, Frankreich

Xie Zhaozhi, chinesischer Autor, um 1600

Yablo, Stephen, amerikanisch-kanadischer Philosoph, * 1957

Yoshigahara, Nobuyuki, japanischer Puzzle- und Rätselerfinder, * 27. Mai 1936, † 19. Juni 2004

Zenon von Elea, griechischer Philosoph, * um 490 v. Chr. in Elea, † um 430 v. Chr. vermutlich in Elea oder Syrakus

Zwarts, Moshé, niederländischer Architekt, * 27. August 1937 in Haifa, Israel

Register

Die *kursiven* Seitenzahlen verweisen auf die Abbildungen.

Achilles 19 ff., *20*, 22 f.
Ajax *20*
Akustische Palindrome 249
Algazel (Abu Hamid Muhammad ibn Muhammad al-Ghazali) 76
– *Inkohärenz der Philosophie* 76
Allwissenheit 78
Ambigrammatische Zahlen 128
Ambigramme 121-130
Amsterdamer Pegel 229 f.
Anamorphosen 102-106
Anti-Quanten-Zenon-Effekt 25
Archimedes 21
Arcimboldo, Giuseppe 117
– *Der Gemüsegärtner* 117, *117*
Aristoteles 19, 75
– *Nikomachische Ethik* 75
Asner, Edward 270
Aulus Gellius 25

Baarle 232, *232*
Bach, Johann Sebastian 247
Bacon, Kevin 270
Bacon-Zahl 207
Barbier von Sevilla 34
Barbier-Paradoxon 34-39
Beckett, Samuel 177
– *Warten auf Godot* 177
Beghilos 125
Bendibs, Khalil 162
Benfords Gesetz 190 ff.
Benford-Test 190
Bergen, James R. 98
Bernoulli, Daniel 62, 64
– *Specimen theoriae novae de mensura sortis* 62
Bernoulli, Jacob 62
Bernoulli, Nikolaus 62 ff.
Berry, George Godfrey 36
Berry-Paradoxon 37

Bertrand, Joseph Louis 206
– *Calcul des probabilités* 206
Black, Max 36
Borromeische Ringe 167
Botrange 230
Braess, Dietrich 82
Braess-Paradoxon 82 ff.
Braille, Louis 243
Braille-Schrift 24
Breuer, Hans 178 f.
– *Der Zupfgeigenhansl* 178
Bromberger, Otto 118
– *Drehbilderbuch mit Versen* 118
Brooks Curry, Haskell 17
Brown, Dan 127
– *Illuminati* 127
Buchstabenpalindrome 241
Bümstedt 34
Buridan, Johannes 75
Buridans Esel 75 f., *75*
Busch, Wilhelm 270
Büsingen 234 f., *234*
Bwenford, Frank 190

Cam Carpets 106
Carroll, Lewis 111, 208 f.
– *Alice im Wunderland* 111, 208
– *Pillow Problems: Thought out during wakeful hours* 208
Casanova, Giacomo 70 f.
– *Geschichte meines Lebens* 71
Chesire-Katze 111, *111*
Clemens von Alexandria 10
Collodis, Carlo 17
– *Abenteuer des Pinoccio* 17
Copeland, Edmund 202
Corporate Europe Observatory 162
Cramer, Gabriel 63, 65
Cunningham, Corbin A. 100, 112
Curry, Paul 138 f.

Register **283**

Datumsgrenze 230 ff., *231*
Daumier, Honoré 118
de Bruyn, Günter 76
– *Buridans Esel* 76
de Montmort, Pierre Rémond 62
de Selve, George 104
DeLand, Theodore 150, *151*
Demetrios Phaleros 26
Deutsche-Mathematiker-Vereinigung 264
DIN 476 21
Dominotreppe 24, *24*
Doucette, Jason 248
Droste-Effekt 181
Dudeney, Henry Ernest 140

Efron, Bradley 89
Efron-Würfel 89 ff., *90, 92*
Ehrenstein, Walter 97
Ehrenstein-Täuschung 97 f., *97*
Einstein, Albert 40
Elefant (mit fünf Beinen) 17, *171*
Elementarteilchen 25
Elemente 34
Ende, Michael 256
– *Jim Knopf und Lukas der Lokomotivführer* 256
Epimenides 10 ff.
E-Puzzle 110, *111*
Erdős, Paul 61, 269 f.
Erdös-Zahl 270
Erdös-Zahl-Projekt 270
Escher, Maurits Cornelis 159, *159*, 161 ff., *172* f., *173*, 187, *187*, *188*, 260 f., *260*, *261*
– *Belvedere* 172, *173*
– *Bildgalerie* 187, *188*
– *Möbiusband I.* 261, *261*
– *Möbiusband II.* 260 f., *260*
– *Treppauf Treppab* 159, *159*
– *Wasserfall* 164, *164*
– *Zeichnende Hände* 187, *187*
Euathlos 25 f.
Eubulides von Milet 11
Euler'sche Zahl 65
Exekias 20
Exklaven 232 ff.

Falsifikation 53 f.
Fass, Craig 270
Fechner, Gustav Theodor 66
Fibonacci (Leonardo von Pisa) 137
Fibonaccizahlen 136 f.
Frege, Gottlob 35

– *Grundgesetz der Arithmetik* 35
Frikell, Wiljalba 204
– *Hanky Panky* 204

Gamow, George 58
– *One Two Three … Infinity* 58, 86
Gardner, Martin 61, 126, 134, 138 f.
Geburtstagsparadoxon 58 ff.
Gilbreath, Norman L. 52
Gincili, Mike 270
Giotto die Bondone 182
Gitter, szintillierende 98
Gödel, Kurt 35
Goffman, Caspar 270
Goldener Schnitt 183
Goodman, Theodore R. 210
Google 107
Googleplex 107
Googol 107, *107*
Googolplex 107
Grabarchuk, Serhiy 106, 108
Grandi, Guido 202
Grandi-Reihe 202
Gregor von Nazianz 244
Grelling, Kurt 35
Guggenmos, Josef 241
– *Besuch* 241

Hagia Sophia 244
Harmonische Reihe 24
Haydn, Joseph 247
Heisenberg'sche Unschärferelation 25
Hempel, Carl Gustav 47 ff.
Hermann, Ludimar 97
Hermann-Gitter-Täuschung 97, *97*
Hilbert, David 89
Hilberts Hotel 85-88
Hill, Theodore 190
Hindemiths, Paul 247
Hinrichtung, unerwartete 40-46
Hofstadter, Douglas R. 125
– *Metamagical Themas* 125
Hogan, Joseph T. 210 f.
Holbein d. J., Hans 103
– *Die Gesandten* 103 f., *103*
Holmes, Sherlock 123 f.
Hooper, William 135
Hosiasson-Lindenbaum, Janina 59
Hsiung, Chuan-Chih 133
Hume, David 50

Indifferenzprinzip 80 f.

Irvine, William 244

Jandl, Ernst 251
– *Laut und Luise* 251
Jourdain, Philip 15

Kallimachos von Kyrene 10
Kanizsa, Gaetano 95
Kanizsa-Dreieck 95 f., *95, 96*
Karinthy, Frigyes 269
– *Láncszemek* 269
Kartenparadoxon 15
Kasner, Edward 1047
Keller, Wilfried 51
Keyens, John Maynard 80
– *Treatise on Probability* 80
Kim, Scott 126
King, Lloyd 108
Kiribati 231
Kleine-Welt-Phänomen 269
Knatterton, Nick 180, *180*
Knuth, Donald E. 153
Kopernikus, Nikolaus 231
Kraitchik, Maurice Borissowitsch 79 f.
– *La mathématique des jeux* 79
Kreissehnenparadoxon 206
Kröber, Karl Günther 241
– *Ein Esel lese nie* 241

Laisant, Charles-Ange 22
Lampenparadoxon 21 f.
Landkarten 223 ff.
Langdon, Jack 127
Lanners, Edi 107 f.
Laplace, Pierre-Simon 80
Lehmer, Derrick Henry 247
Leibnitz, Gottfried Wilhelm 24
Leonardo da Vinci 102 ff.
– *Codex Atlanticus* 102 ff., *103*
Leonardo von Pisa 137
Lindgren, Astrid 195
– *Pippi Langstrumpf* 195
Lingelbach, Bernd 98
Lingelbach, Elke 98
Linienparadoxon 151
Listung, Johann Benedict 260
Loewy, Raymond Fernand 128
Loh Shu 129, *129*
Lord Dunsany (eigentl. Edward John Moreton Drax Plunkett, 18. Baron Dunsany) 16
Loxodrome 239
Loyd, Sam 100, 109 f., *109*, 140 ff., 144 ff.
– *Get off the Earth Puzzle* 140 f., *141*, 143 f., 146
– *Pony-Puzzle* 110, *110*
– *Puzzle of Teddy and the Lions* 144 f., *144*
– *Saling under false Colors* 146 f., *147*
– *The Disappearing Bicyclist* 145, *145*
Loyd, Sam (Jr.) 136
Lügnerparadoxon 10 f., 15,
Luther, Martin 116 f.

MAD 169
Magellan, Ferdinand 230
Magritte, René 18 f.
– *Ceci n'est pas une pipe* 18, *18*
Marseiller Pegel 229 f.
Martingale 68 ff.
Martingale-Strategie 70 f.
McCartney, Paul 128
– *Chaos and Creation in the Backyard* 128
Mechanische Paradoxien 253-257
Meeresspiegel 229 f.
– Amsterdamer Pegel 229 f.
– Marseiller Pegel 229 f.
– Ostender Pegel 229 f.
Mengenlehre 34
Mercator, Gerhard 225, 227
Mercatorprojektion *224*, 225 ff., *226, 227*
Meyer, Jerome S. 129
Meyer, W. Weston 210 f.
Milgram, Stanley 269
Miller, Marvin 102
Minos 11
Minotaurus 26
Misra, Baidyanath 25
Möbius, August Ferdinand 260, 267
Möbiusband 259-267, *260, 261, 263, 264, 265*
Monty Python 7
– *Das Leben des Brian* 7
Moore, George Edward 16
Morgenstern, Christian 108
– *Der Lattenzaun* 108
Morgenstern, Oskar 65
– *Theory of Games and Economics* 65
Morris, Scot 110
Moser, Leo 50 f.
Mozart, Wolfgang Amadeus 247
Musikpalindrome 247

Nash-Gleichgewicht 83
Nelson, Leonard 35
Neumann, John von 65
– *Theory of Games and Economics* 65

Newcomb, Simon 78, 190
Newcomb, William 78
Newcomb-Paradoxon 78 f.
Newell, Peter S. 126 f.
– *Topsys & Turvys* 126 f., *127*
Newton, Isaac 24
Nigrini, Mark 193
Nozick, Robert 78

Ockham, Wilhelm von 75
Odins Dreieck 167, *167*
Odlyzko, Andrew M. 52
Orthodrome 240
Ostender Pegel 229 f.
Ouroboros 184, *184*

Padilla, Tony 202
Palindrome 241, 249
– Akustische Palindrome 249
– Buchstabenpalindrome 241
– Musikpalindrome 247
– Zahlenpalindrome 247
Paradoxien, mechanische 253-257
Paradoxon der materialen Implikation 42 f.
Paraquin, Karl-Heinz 102
Parmenides 19 f.
Pascal, Blaise 76 ff.
– *Pensées* 76
Pascals Wette 75 ff.
Paulusbrief an Titus 10
Pegel 229 f.
– Amsterdamer 229 f.
– Marseiller 229 f.
– Ostender 229 f.
Peirce, Charles Sanders 43
Penrose, Lionel S. 158 ff., 163, 166
Penrose, Roger 158 ff., 163, 166
Penrose-Dreieck 163 ff., *163*, *165*
Penrose-Treppe 158, *158*, 161, 163
Peuker, Hartmut *166*
Pferd von Uffington 110
Pierce, Charles Sanders 206
Pinocchio 17, *17*
Pippi-Langstrumpf-Theoreme 195 ff.
Plutarch 26
Poincaré, Jules Henri 219
Poiuyt 169 f., *170*
Popper, Karl R. 53 f.
Praquin, Karl-Heinz 100
Pratt, Vaughan Ronald 128
Presley, Elvis 270
Primzahlen 51 f.
Proklos 19

Protagoras von Abdera 25 f.
Proth, François 52
Pseudomöbiusband 263, *263*
Pythagoras 47

Quantenmechanik 25
Quanten-Zenon-Effekt 25
Rabenparadoxum 47-55
Randow, Gero von 61
Regress, unendlicher 176-188
Reihe, harmonische 24
Reuleaux, Franz 255
Reuleaux-Dreieck 255, *255*
Reutersvärd, Oscar 166, 169
– *Opus I* 166
– *Teufelsgabel* 169, *169*
Rhein 230
Ringe, borromeische 167 f., *167*
Ringelnatz, Joachim 40
– *Logik* 40
Ripley, Robert 141
Risset, Jean-Claude 163
Rogers, Will 57 f.
Roosevelt, Theodore 144
Roulette 68 f.
Russell, Bertrand 10 f., 16, 34 ff.

Sallows, Lee 169
Sator-Quadrat 245 f., *245*, *246*
Satz des Pythagoras 47, *47*
Savant, Marilyn vos 61
Scheinriesen 256 f.
Scheinzwerge 257
Schildkröte, Wettlauf der 19 f., 23
Schlesinger, Ludwig 130
Schlömilch, Oskar 135 f.
Schmidt, Manfred 180
Schnick, Schnack, Schnuck 92 ff.
Schnitt, Goldener 183
Schnitzler, Arthur 176, 179
– *Flucht in die Finsternis* 176
Schön, Erhard 104 f., *104*, *105*
Schopenhauer, Arthur 241 f.
Schrauf, Michael 98
Schwoerer, Matthias 19, *19*
– *Die Rache der Pfeife* 19, *19*
Scriven, Michael 44
Shepard, Roger 163, 170
Shepard-Skala 163
Sieben Schläfer von Ephesus 10
Sillke, Torsten 110
Simanek, Donald E. 266
Simanek-Ring *266*

Simpson, Edward Hugh 72
Simpson-Paradox 71 ff.
Sirotta, Milton 107
Smullyan, Raymond M. 26
Sophistik 25 f.
St.-Petersburg-Paradoxon 62 ff.
Stefaneschi-Triptychon 182, *182*
Stengel, Hansgeorg 241
– ANNASUSANNA 241
Stoppard, Tom 56
– *Rosenkranz und Güldenstern sind tot* 56
Stover, Mel 151 f., *152*, 168
Sudarshan, E. C. George 25
Szintillierende Gitter 98

Tangram 132, *132*, 140
Tarzanschrei 249
Tautologien 42 f.
Teilungsparadoxon 23
Teufelsgabel 169, *169*
Teufelskreis-Irrtümer 37
Theseus, Schiff des 26 ff.
Thomson, James F. 21 f.
Tozier, William 270
T-Puzzle 110, *110*
Tur Tur 256
Turtle, Brian 270

Ulrichs, Timm 95
– *ordnung – unordnung* 95, *95*
Umtauschparadoxon 79 ff.
Unendlicher Regress 176-188
Ungleichswiderspruch 205
Unmögliche Verbindungen 253 ff.
Unmöglicher Würfel 171 ff., *172*, 174, *174*

Van Orman Quine, Willard 43 f.
Vaulezard, Jean-Louis 105
– *Perspective cilindrique et conique, concave et convex ou traité des apparences vueus par le moyen* 105
Vennbahn 232 f., *234*
Verbeek, Gustave 119, 126
– *A Fish Story* 119, *121*
Verbindungen, unmögliche ff:
Verne, Jules 231
– *In achtzig Tagen um die Welt* 231
Vexierbilder 99 ff., 102 ff.
Vier-Karten-Problem 40 f., *41*

Wahrscheinlichkeitsrechnung 56 f., 206
Wang, Fu Traing 133

Wason, Peter 40 f.
Watts, Harry James 255
Watts'sche Bohrer 256, *256*
Weber, Ernst Heinrich 66
Weber-Fechner-Gesetz 66
Weltzeit (UTC) 232
Wemple & Company 148
– *The Magic Egg Puzzle* 148 f., *148*, *149*
Wendeköpfe 116-119
Whistler, Reginald John „Rex" 119, *119*
– *¡OHO!* 119
Will-Rogers-Phänomen 57 f.
Windrose 236
Winkle, Rip van 10
Wolga 229
World Rock Paper Scissors Society 93
Wörter, autologische 35 f.
Wörter, heterologische 35 f.
Würfel, transitive 89
Würfel, unmöglicher 171 ff., *172*, *174*, *174*

Xenophobie-Paradoxon 73 f.
Xie Zhaozhi 93
– *Wuzazu* 93

Yablo, Stephen 15 f.
YoshigAhara, Nobuyuki 109, 254

Zahlen, ambigrammatische 128
Zahlenpalindrome 247
Zeitzonengrenzen 231
Zenon 19 ff.
Ziegenproblem 60 f.
Zwarts, Moshé 253

Bildnachweis

© **Albertina, Wien**
Seite 105 o.

Bridgeman Images
Seite 103 o.: Anamorphosis, study of eye, with juvenile face from Atlantic Codex (Codex Atlanticus) by Leonardo da Vinci, folio 98 recto, Vinci, Leonardo da (1452-1519)/Biblioteca Ambrosiana, Milan, Italy/De Agostini Picture Library; 117 u.: The Vegetable Gardener, c. 1590 (oil on panel), Arcimboldo, Giuseppe (1527-93)/Museo Civico Ala Ponzone, Cremona, Italy/

© **Foto: Commerzbank AG**
Seite 264 u.

Corporate Europe Observatory/© Khalil Bendib
Seite 162 (u.)

© **Deutsche Mathematiker-Vereinigung**
Seite 264 Mitte

© **2017 The M.C. Escher Company-The Netherlands. All rights reserved. www.mcescher.com**
Seite 159, 164, 173 (o.), 187, 188, 260 (u.), 261

Interfoto, München
Seite 116 beide (© Sammlung Rauch), 118 o. (© La Collection/Jean-Paul Dumontier)

Lappan Verlag, Oldenburg
Seite 180 (© Aus: Band ‚Die aufregenden Abenteuer des berühmten Meisterdetektivs' Nick Knatterton, 2007)

Courtesy, The Lilly Library, Indiana University, Bloomington, Indiana
Seite 141, 143, 144, 145, 146, 148, 149 o., 149 u., 150

mauritius images, Mittenwald
Seite 17 (© Paul Fearn/Alamy), 18 (© Azoor Photo/Alamy), 69 (© FALKENSTEIN-FOTO/Alamy), 182 (© ART Collection/Alamy), 229 (Arterra Picture Library/Alamy)

picture-alliance, Frankfurt am Main
Seite 101 o. (© HIP), 181 u. (© Bianchetti/Leemage), 184 (CPA Media), 195 (© dpa-Fotoreport), 251 (© Heritage-Images)

© **Roger Shepard**
Seite 171

© **Donald E. Simanek**
Seite 266 u.

© **Mel Stover**
Seite 152 o. (Courtesy, The Lilly Library, Indiana University, Bloomington, Indiana), 152 u.

© **Matthias Schwoerer (www.schwoe.net)**
Seite 19

Archiv Verlag
Seite 75, 101 (u.), 104, 110, 117 o., 118 u., 121, 147 o., 147 u., 151

© **Andreas Vollmann**
Seite 122, 181 (o.), 259, 260 o., 263 alle, 264 o.

Wikimedia Commons
Seite 20 (Vatikanische Museen, Museo Gregoriano Etrusco, Sala XIX), 103 u., 105 u., 119, 155, 158, 233, 234 (u.): Julian Fleischer, Wikimedia Commons, lizensiert unter Creative-Commons-Lizenz Attribution-Share-Alike 3.0 Germany, URL: https//creativecommons.org/licenses/by-sa/3.0/deed.en, 245: Christina Kekka, Wikimedia Commons, lizensiert unter Creative-Commons-Lizenz Attribution-Share-Alike 2.0 Generic, URL: https://creativecommons.org/licenses/by/2.0/deed.en, 246: Poecus Wikimedia Commons, lizensiert unter Creative-Commons-Lizenz Attribution-Share-Alike 3.0 Germany, URL: https://creativecommons.org/licenses/by-sa/3.0/deed.de, 265

Alle übrigen Bilder und Illustrationen: **Heinrich Hemme**

Leider konnten die Rechteinhaber trotz eingehender Bemühungen nicht in allen Fällen ermittelt werden. Rechtmäßige Ansprüche werden auf Nachfrage abgegolten.